高等职业教育园林类专业系列教材

园林工程计量与计价实训及习题集

YUANLIN GONGCHENG JILIANG YU JIJIA SHIXUN JI XITIJI

主　编　饶　莉　孙媛媛
副主编　段晓鹃　张巾爽

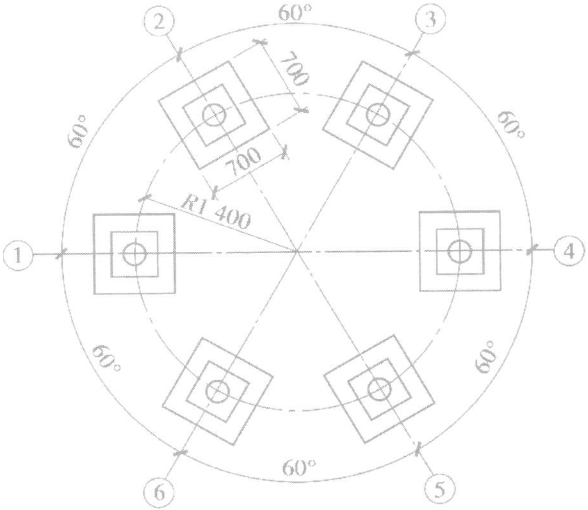

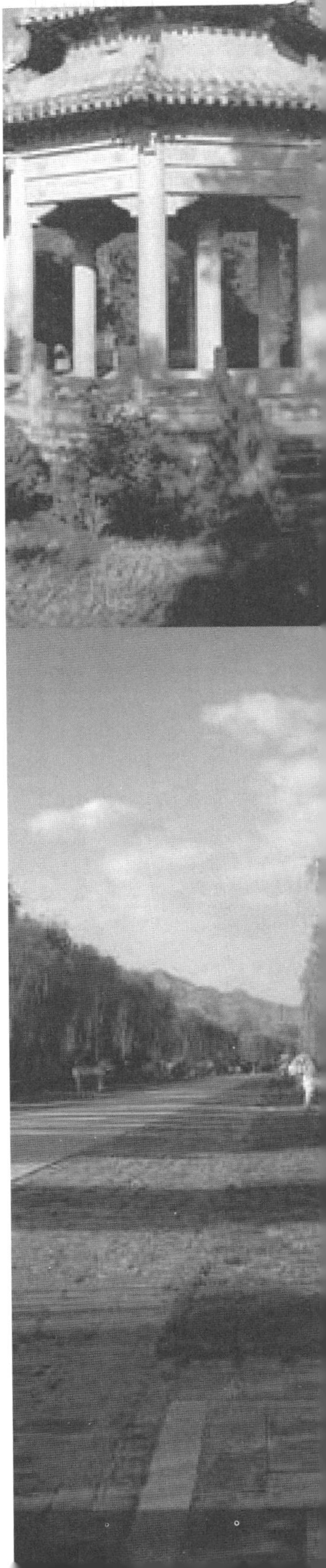

重庆大学出版社

内容提要

本书是高等职业教育园林类专业系列教材之一,是与《园林工程计量与计价》配套的实训及习题集。全书分为两部分,第1部分为园林工程工程量清单计量与计价实训,包括招标工程量清单编制实训、招标控制价编制实训;第2部分为习题,包括工程量清单计价概述、定额的组成及应用、建筑面积计算、园林绿化工程工程量清单编制、园林工程造价计算等内容。

本书依据现行工程量清单计价规范和工程量计算规范,结合当前园林工程清单计价的实际情况编写而成。本书图例丰富,不仅有代表性的工程图例,还有完整的施工图纸,从简单到复杂、局部到完整,有利于学习者计量能力和计价能力的螺旋式提升。

本书既可与高等职业院校园林类专业园林工程计量与计价课程配套使用,也可与工程造价管理等专业课程配套使用,还可作为工程造价人员的参考用书。

图书在版编目(CIP)数据

园林工程计量与计价实训及习题集 / 饶莉, 孙媛媛主编. -- 重庆 : 重庆大学出版社, 2024. 10. -- (高等职业教育园林类专业系列教材). -- ISBN 978-7-5689-4607-0

Ⅰ. TU986.3-44

中国国家版本馆 CIP 数据核字第 2024NS2249 号

园林工程计量与计价实训及习题集

主　编　饶　莉　孙媛媛

副主编　段珧鹃　张巾爽

主　审　万　国

策划编辑:杨　漫

责任编辑:陈　力　　版式设计:何　明

责任校对:刘志刚　　责任印制:赵　晟

*

重庆大学出版社出版发行

出版人:陈晓阳

社址:重庆市沙坪坝区大学城西路21号

邮编:401331

电话:(023)88617190　88617185(中小学)

传真:(023)88617186　88617166

网址:http://www.cqup.com.cn

邮箱:fxk@cqup.com.cn(营销中心)

全国新华书店经销

重庆长虹印务有限公司印刷

*

开本:787mm×1092mm　1/16　印张:13.75　字数:354千

2024年10月第1版　2024年10月第1次印刷

印数:1—2 000

ISBN 978-7-5689-4607-0　定价:39.00元

前 言

园林工程作为城市建设的重要组成部分，不仅能改善城市的生态环境，而且也能有效提升城市居民的生活质量。园林工程建设规模日益扩大，分工也越来越细，园林工程造价人员已成为其重要组成部分。作为高等职业院校园林专业的学生，计算工程量和确定园林工程造价是应具备的基本能力，只有理论联系实际，多操作多练习，才能快速掌握工程量计算的方法、熟悉工程造价的计算程序。

目前，园林工程造价教材大多以理论为主，几乎没有与教材配套的实训及习题集。在多年教学和调研中，我们发现如果采用单一教材学习模式，学生对园林工程造价的理解和实践能力不能达到课程标准要求，本着高等职业院校培养面向职业的应用型人才的理念和以学生为中心的思想，我们编制了该实训及习题集，让学生或读者边学边练，在实训提升的过程中切实掌握园林工程造价编制知识，体会与培养精益求精的工匠精神，以及吃苦耐劳的劳动精神。

本书是与教材《园林工程计量与计价》配套的实训及习题集，主要依据《建设工程工程量清单计价规范》（GB 50500—2013）、《园林绿化工程工程量计算规范》（GB 50858—2013）、《房屋建筑与装饰工程工程量计算规范》（GB 50854—2013）、《建筑工程建筑面积计算规范》（GB/T 50353—2013）、《建筑安装工程费用项目组成》（建标〔2013〕44 号）、2020 年《四川省建设工程工程量清单计价定额》及国家现行设计标准等编写而成。

本书的主要特点如下：

1. 内容全新。本书是依据最新颁布的工程量清单计价规范、计算规范、定额、相关计价规定来编写的，力求体现行业最新发展水平。

2. 实用性强。本书具有较强的实用性和可读性，符合高等职业院校技能型人才培养要求。为培养学生的动手能力，编写了题型丰富的习题和完整的实训案例，所用的工程图例和施工图纸简明适用、易懂易学。

3. 遵循由浅入深、螺旋式提高的教学规律。本书不仅提供了大量的单个图例供学生练习，还提供了两套完整的典型园林工程图纸作为实训使用，从简单到复杂、局部到整体，有利于学生能力螺旋式提升。

4. 理论联系实际，注重专业技能训练。本书的编写人员既有长期在高等职业院校从事园林工程造价管理课程教学工作的一线教师，也有一直在园林企业从事造价管理的专业人员。因此本书贴近实际工作，有利于学生掌握工程量清单计量计价的相关技能，以更快适应工作岗位。

本书由成都大学万国教授担任主审，饶莉、孙媛媛任主编，段晓鹃、张巾爽任副主编，四川建筑职业技术学院工程造价专业和园林专业教师团队、园林企业相关专业技术人员共同编写。第1部分由饶莉、段晓鹃共同编写；第2部分中习题1、习题2由段晓鹃编写；习题3由饶莉编写；习题4由饶莉、孙媛媛、张巾爽共同编写；习题5由张巾爽编写。实训图纸由园林企业技术人员提供。

由于编者的学识和经验有限，书中难免存在疏漏之处，敬请有关专家和读者予以批评指正。

编者

2024年5月

目 录

第1部分 园林工程工程量清单计量与计价实训

第2部分 园林工程工程量清单计量与计价习题

第1部分

园林工程工程量清单计量与计价实训

实训1 某私家别墅庭院园林工程招标工程量清单编制实训

1.1 招标工程量清单编制实训

1）实训目的

编制招标工程量清单是一个重要的实践性教学环节，是园林专业学生必须独立完成的课程设计。通过招标工程量清单的编制，使学生受到一次模拟实践的训练，将所学的理论知识与实际工程更好地结合起来，理解园林工程工程量计算规则，掌握编制园林工程工程量清单的技能，提高学生的动手能力，培养学生独立分析问题、解决问题的能力。

2）编制依据

①《建设工程工程量清单计价规范》（GB 50500—2013）和《园林绿化工程工程量计算规范》（GB 50858—2013）、《房屋建筑与装饰工程工程量计算规范》（GB 50854—2013）等相关工程的计算规范。

②国家或省级、行业建设主管部门颁发的计价定额和办法。

③建设工程设计文件及相关资料。

④与建设工程有关的标准、规范、技术资料。

⑤拟定的招标文件。

⑥施工现场情况、地勘水文资料、工程特点及常规施工方案。

⑦其他相关资料。

3）实训方法

采用真实的园林工程施工图纸、清单表格，收集真实的造价资料，模拟实际工作环境进行园林工程招标工程量清单编制仿真训练。

①划分实训小组，开展小组讨论。每个学生独立完成所有实训内容。

②全面阅读设计文件、标准图集等资料，进行图纸会审。

③根据施工现场情况、地勘水文资料、工程特点，拟订常规施工方案。

④熟悉工程量清单计算规范，按计算规范附录的顺序或施工顺序正确列项。

⑤运用统筹法减少工程量的重复计算，工程量计算准确。

⑥提倡相互讨论、询问老师，禁止抄袭。

4）实训步骤

（1）做好准备工作

领取实训任务书、设计文件、招标工程量清单表格。收集实训所需资料：标准、规范、技术资料、政策法规等有关规定。认真听取老师布置实训任务，清楚实训的内容和要求。认真阅读设计文件、标准图集、图纸会审记录等，全面了解工程项目。

（2）列项

列项是否正确直接关系到工程量清单编制的完整性和准确性。在熟悉计算规范、阅读设计文件、拟订常规施工方案的基础上，列出需计算的分部分项工程项目名称。

（3）工程量计算

施工图纸出现矛盾时，应在图纸会审中明确，或者按照常规做法处理，并在编制说明中注明。运用统筹法进行工程量计算，减少工程量的重复计算。单个分部分项工程计算顺序，可按顺时针方向计算法、“先横后竖、先上后下、先左后右”计算法、图纸分项编号顺序计算法、按图纸上定位轴线编号等顺序计算。

（4）编制招标工程量清单

①编制分部分项工程和单价措施项目清单与计价表。根据计价规范和计算规范的规定编制项目编码、项目名称、项目特征、计量单位并计算工程量。综合单价、合价、定额人工费和定额机械费在编制招标工程量清单时不填写。

a. 项目编码：项目编码按照工程量计算规范附录的规定编制，同一招标工程的项目编码不得有重码。

b. 项目名称：项目名称按照计算规范附录的项目名称结合拟建工程的实际确定。

c. 项目特征：项目特征按照计算规范附录中规定的项目名称结合拟建工程的实际确定。

d. 计量单位：计量单位按照计算规范附录中规定的计量单位确定，有两个以上计量单位的，应根据分项工程特点确定一个计量单位。

e. 工程量：工程量按照工程量计算规范附录规定的计算规则进行计算。以“t”为单位，应保留小数点后三位数字，第四位小数四舍五入；以“m”“m^2”“m^3”为单位，应保留小数点后两位数字，第三位小数四舍五入；以“株”“丛”“个”等为单位，应取整数。

②编制总价措施项目清单与计价表。总价措施项目清单与计价表应根据拟建工程的实际情况列项，包括安全文明施工、夜间施工、二次搬运、冬雨季施工等项目，以“项”为计量单位编制。其中安全文明施工属于不可竞争费，应按本地区建设行业主管部门的规定计取。

③编制其他项目清单与计价汇总表。其他项目清单包括暂列金额、暂估价、计日工、总承包服务费等。暂列金额、暂估价属于招标人的费用，其金额大小及内容由招标人确定，提供给投标人。暂列金额可按分部分项工程费和措施项目费的10%～15%计取。计日工、总承包服务费属于投标人的费用，由投标人在投标时报价。

a. 编制暂列金额明细表。填写暂列金额与拟用项目明细，如不能详列，也可只列暂列金额总额。

b. 编制材料（工程设备）暂估单价表。填写材料（工程设备）的暂估单价，并在备注栏说明暂估价的材料、工程设备拟用在哪些清单项目上。

c. 编制专业工程暂估价表。暂估价中的专业工程金额应分不同专业，按有关计价规定估算。

d. 编制计日工表。计日工应列出项目名称、计量单位和暂估数量。

e. 编制总承包服务费计价表。总承包服务费应列出服务项目及其内容等。

(5) 填制总说明和封面、扉页

①填写园林工程工程量清单总说明，总说明应包括下述内容。

a. 工程概况：建设规模、工程特征、计划工期、施工现场实际情况、自然地理条件、环境保护要求等。

b. 工程招标和专业工程发包范围。

c. 工程量清单编制依据。

d. 工程质量、材料、施工等的特殊要求。

e. 其他需要说明的问题：重点是说明对投标人投标报价的规定和要求。

②填写封面。封面应填写招标工程的具体工程名称、招标人、造价咨询人名称等。

③填写扉页。扉页应按规定的内容填写并签字、盖章。

(6) 装订成册

招标工程量清单装订顺序：

招标工程量清单封面→招标工程量清单扉页→招标工程量清单总说明→分部分项工程和单价措施项目清单表与计价表→总价措施项目清单表与计价表→其他项目清单与计价汇总表→暂列金额明细表→材料(工程设备)暂估单价及调整表→专业工程暂估价及结算价表→计日工表→总承包服务费计价表→工程量计算表。

(7) 实训成果

每名学生应提交内容完整的招标工程量清单和工程量计算表。

5) 考核办法

(1) 考核内容

实训成果的完整性、规范性；重点考核学生的职业能力，兼顾方法能力和社会能力。

(2) 评分办法

实训过程占30%，内容考核占30%；格式考核占20%，纪律考核占20%。

实训过程：是否独立完成工程量清单实训任务，实训过程中协作能力、团队意识、沟通能力是否体现，是否具有创新意识和开拓精神。

内容考核：内容是否完整、方法是否正确、计算结果是否准确。

格式考核：格式是否规范、卷面是否整洁。

纪律考核：是否遵守学校作息时间，有无无故缺席、迟到、早退现象。

6) 评分标准

采取五级记分制，即优、良、中、及格、不及格。

①优：准时到规定地点进行集中实训，有良好的团队意识和协作精神，能独立完成实训、实训成果完整、工程量计算准确、具备分析问题、处理问题的能力，书写工整，格式规范，口试回答问题正确。

②良：准时到规定地点进行集中实训，有良好的团队意识和协作精神，独立完成实训、实训

成果完整、工程量计算较准确、具有一定分析问题、处理问题的能力，书写较工整，格式规范，口试回答问题基本正确。

③中：准时到规定地点进行集中实训，有较好的团队意识和协作精神，能完成实训、实训成果完整、工程量计算基本准确、书写基本工整，格式规范，口试回答问题基本正确。

④及格：能到规定地点进行集中实训，有一定团队意识和协作精神，能完成实训，实训成果基本完整，格式基本规范，口试能回答一些问题。

⑤不及格：不到规定地点进行集中实训，抄袭实训成果或实训成果不完整，不能回答口试问题。

1.2 招标工程量清单表格组成

1.2.1 招标工程量清单封面

________________________工程

招标工程量清单

招　标　人：____________________

（单位盖章）

造价咨询人：____________________

（单位盖章）

年　　月　　日

1.2.2　招标工程量清单扉页

______________________工程

招标工程量清单

投　标　人：______________________
（单位盖章）

造价咨询人：______________________
（单位盖章）

法定代表人
或其授权人：______________________
（签字或盖章）

法定代表人
或其授权人：______________________
（签字或盖章）

编　制　人：______________________
（造价人员签字盖专用章）

复　核　人：______________________
（造价工程师签字盖专用章）

编制时间：　　年　月　日　复核时间：　　年　月　日

1.2.3 工程计价总说明

总说明

工程名称： 第 页 共 页

1.2.4　分部分项工程和单价措施项目清单与计价表

分部分项工程和单价措施项目清单与计价表

工程名称：　　　　　　　　　标段：　　　　　　　　　　　　　　第　页　共　页

序号	项目编码	项目名称	项目特征描述	计量单位	工程量	金额(元)				
						综合单价	合价	其中		
								定额人工费	定额机械费	暂估价
本页小计										
合　计										

1.2.5 总价措施项目清单与计价表

总价措施项目清单与计价表

工程名称：　　　　　　　　　　　　标段：　　　　　　　　　　　　第　页　共　页

序号	项目编码	项目名称	计算基础	费率（%）	金额（元）	调整费率（%）	调整后金额（元）	备注
		安全文明施工费						
		夜间施工增加费						
		二次搬运费						
		冬雨季施工增加费						
		已完工程及设备保护费						
		工程定位复测费						
合　计								

1.2.6　其他项目清单与计价表

其他项目清单与计价汇总表

工程名称：　　　　　　　　　　标段：　　　　　　　　　　第　页　共　页

序号	项目名称	金额(元)	结算金额(元)	备注
1	暂列金额			
2	暂估价			
2.1	材料(工程设备)暂估价			
2.2	专业工程暂估价			
3	计日工			
4	总承包服务费			
5	索赔与现场签证			
合　计				

注：材料(工程设备)暂估单价进入清单项目综合单价，此处不汇总。

1.2.7 暂列金额明细表

暂列金额明细表

工程名称： 标段： 第 页 共 页

序号	项目名称	计量单位	暂定金额(元)	备注
1				
2				
3				
4				
5				
6				
7				
8				
9				
10				
11				
合 计				

注：此表由招标人填写，如不能详列，也可只列暂列金额总额，投标人应将上述暂列金额计入投标总价中。

1.2.8 材料（工程设备）暂估单价及调整表

材料（工程设备）暂估单价及调整表

工程名称：　　　　　　　　　　　　　　标段：　　　　　　　　　　　　　　第　页　共　页

序号	材料（工程设备）名称、规格、型号	计量单位	数量		暂估（元）		确认（元）		差额±（元）		备注
			暂估	确认	单价	合价	单价	合价	单价	合价	
合　计											

注：此表由招标人填写“暂估单价”，并在备注栏说明暂估价的材料、工程设备拟用在哪些清单项目上，投标人应将上述材料、工程设备暂估价单价计入工程量清单综合单价报价中。

1.2.9 专业工程暂估单价及调整表

专业工程暂估单价及调整表

工程名称： 标段： 第 页 共 页

序号	工程名称	工程内容	暂估金额/元	结算金额/元	差额±(元)	备注
合 计						

注：此表“暂估金额”由招标人填写，投标人应将“暂估金额”计入投标总价中。

1.2.10 计日工表

计日工表

工程名称：　　　　　　　　　　　　标段：　　　　　　　　　　　　第　页　共　页

编号	项目名称	单位	暂定数量	实际数量	综合单价（元）	合价（元）	
						暂定	实际
一	人　　工						
1							
2							
3							
人工小计							
二	材　　料						
1							
2							
3							
4							
材料小计							
三	施工机械						
1							
2							
3							
施工机械小计							
总　　计							

注：1. 此表项目名称、暂定数量由招标人填写，编制招标控制价时，单价由招标人按有关计价规定确定；投标时，单价由投标人自主报价，按暂定数量计算合价计入投标总价中。结算时，按发承包双方确认的实际数量计算合价。若采用一般计税法，材料单价、施工机械台班单价应不含税。

2. 此表综合单价中包括管理费、利润、安全文明施工费等。

1.2.11 总承包服务费计价表

总承包服务费计价表

工程名称： 标段： 第 页 共 页

序号	项目名称	项目价值(元)	服务内容	计算基础	费率(%)	金额(元)
1	发包人发包专业工程					
2	发包人提供材料					
合 计		—	—		—	

注：此表项目名称、服务内容由招标人填写，编制招标控制价时，费率及金额由招标人按有关计价规定确定；投标时，费率及金额由投标人自主报价，计入投标总价中。

1.2.12 工程量计算表

工程量计算表

工程名称： 标段： 第 页 共 页

序号	项目编码	项目名称	计量单位	工程量	计算式

1.3 某私家别墅庭院景观设计施工图纸

图纸使用建议

为提高练习者应用专业技术知识编制园林工程招标工程量清单的能力,培养练习者分析和解决园林工程造价实际问题的能力,在此选择了一套具有代表性的某私家别墅庭院景观设计施工图纸,供教学练习使用。

1. 施工图纸若存在错误、遗漏、矛盾之处,建议练习者应模拟设计单位,提出合理的设计文件变更方案,以图纸补充说明的方式作为施工图补充。

2. 涉及施工方案的内容,建议练习者应模拟工程技术人员,根据质量验收规范及工程实际情况,选择常规的施工方案,在施工组织设计中明确。

3. 需要招标人明确的内容,建议练习者模拟招标人,在招标文件中明确相关内容,作为编制招标工程量清单的依据。

某私家别墅庭院景观设计

施工图

图纸目录

项目：某私家别墅庭院景观设计

序号	图纸编号	图纸名称	图幅	页码
1	ML	图纸目录	A3	01
2	SJSM	设计说明	A3	02-03
		总图部分		
3	ZT-01	总平面索引图	A3	04
4	ZT-02	总平面放线图	A3	05
5	ZT-03	竖向设计图	A3	06
		详图部分		
6	YS-01	园路1详图	A3	07
7	YS-02	石板踏步详图	A3	08
8	YS-03	园路2详图	A3	09
9	JS-01-01	游泳池铺装详图	A3	10
10	JS-01-02	游泳池底部及池壁详图	A3	11
11	JS-02	座凳详图	A3	12
12	JS-03	现代亭详图	A3	13

序号	图纸编号	图纸名称	图幅	页码
		绿施部分		
13	LS-01	绿化种植设计说明	A3	14
14	LS-02	植物配置总平面图	A3	15
15	LS-03	乔木配置图	A3	16
16	LS-04	花灌木及地被配置图	A3	17
17	LS-05	乔木放线图	A3	18
18	LS-06	花灌木及地被放线图	A3	19
19	LS-07	植物配置表	A3	20

备注：具体施工内容详见施工图。

设计说明（1）

一、工程概况：

1.项目名称：某私家别墅庭院景观设计。

2.建设地点：四川省成都市。

3.项目简介：此项目是四川省成都市一别墅区中独栋别墅的庭院景观设计，绿化场地为庭院后花园，地势平坦。园林规划面积为558.35 m²，园内土壤为回填种植土，种植条件比较好。北侧为邻家别墅庭院，东侧为小区主道路，南侧为市政用地，西侧与河一路之隔，为滨河观景别墅。总体地势情况为北低南高、西低东高。

二、设计依据：

1.业主设计委托书。

2.业主认可的规划设计方案。

3.与业主方案讨论会议纪要及电话交流。

4.中华人民共和国建筑及景观相关规范。

《公园设计规范》（GB 51192—2016）

《砌体结构设计规范》（GB 50003—2011）

《建筑结构荷载规范》（GB 50009—2012）

《无障碍设计规范》（GB 50763—2012）

《城市绿地设计规范（2016年版）》（GB 50420—2007）

5.业主提供的电子文件及现场勘查。

三、图纸基本说明：

1.本项目为私家别墅庭院景观设计。

2.施工设计主要涉及用地红线内的绿化种植设计、苗木品种配置、泳池水系设计、铺装设计、构筑物小品设计、标识系统、公共服务设施等。

3.图例：以国家制图规范为准，特殊图例见各图纸图例表示。

4.图纸单位:所标注尺寸长度单位为mm，坐标、高程标注单位为m。

5.图纸修改：设计人有权在委托方认可的条件下对本设计图进行修改。

6.说明:节点放线以图纸及现场实际尺寸为准，方格网仅作辅助作用。

7.高程:总图竖向设计的高程是以现有建筑脚点高程为依据。

四、施工注意事项：

1.绿化应比铺装低50~100 mm，草坪修建后和铺装广场大致相平。

2.景观小品竖向变化见各剖立面详图。

3.广场铺装坡度不小于0.3%，绿地坡度不小于0.5%。

4.与周边场地交接，如有铺装问题，委托方应通知设计方，共同协商解决问题。

5.保留现状乔木与实际现状乔木位置不符时由设计方做出相应调整后方可施工。

6.施工前应先核实场地尺寸和地上下构筑物，图纸有出入的请与设计方协商解决。

7.施工图中未标出的尺寸请按方格网进行施工。

8.施工中场地低洼地易积水处，根据地表植被情况适当回填土。

9.花池、挡土墙直线长度≥20 m应设伸缩缝，做法按12J003图集D1页ⓐ。

10.凡图中未注明之处，参见有关国家地方现行规范、规定及有关标准图集。

11.设计图纸与实地条件不符时，须通知设计人员，协商解决后方可施工。

12.凡管线需穿砖墙、混凝土板，不论图中有无规定，均应事先予埋套管，或留孔洞不得事后打凿，应予先留出墙槽或先立管线后砌墙，避免事后大量开挖墙槽，影响工程质量。

五、铺装：

1.材料:本工程中所用铺装主要以大理石、花岗岩、防腐木为主。

2.铺装主要规格见相应详图，厚度见对应区域的详图。施工前由施工方提供样品。

3.铺装木板均为进口防腐木，颜色、规格详见图纸。相应技术指标达到国家标准。

六、材料要求：

1.所有材料均有出厂合格证。

2.铺装密缝拼接，缝隙对齐，混凝土分缝处铺装铺设见相关大样，铺装与地面建筑物交接处，需保证异型铺装需严格按设计尺寸切割，密缝拼接，缝宽是3~5 mm。

3.钢筋、水泥、砂、石等主要材料应先进行试验，合格后方能用于施工。

4.所有材料须由施工单位、监理单位及会同设计单位确定后才能用于施工。

5.本图景观木构件外露部分采用进口防腐木材和经过防腐处理的硬杂木。

6.图中所选砖砌体均为非黏土实心砖，MU>7.5；水泥砂浆的强度等级为M5。

7.施工过程中，如因材料供应困难或建设单位提出改变原设计的布置或用料，或发现本工程各工种图纸存在矛盾和不符处，应及时与设计人员联系解决。

××园林景观规划设计建设有限公司

NOTES（备注）：

1.本设计图版权为××园林景观规划设计建设有限公司拥有，任何人未经允许不得翻印本图纸的任何部分。
2.除列明尺寸或以方格代替比例外，尺寸量度以实地实物为准。
3.图纸上内容如有遗漏，须通知负责该工程的设计师。
4.除经特别说明外，本图不可作为建筑或其他用途。

PROJECT（工程项目）：

某私家别墅庭院景观设计

TITLE（图纸名称）：

设计说明-1

DRAWING INFORMATION（图纸资料）：

设计人	
审　核	
图　号	SJSM-1
比　例	
日　期	
页　码	02

设计说明（2）

七、特别说明：

1.垃圾箱等级标识由专业厂家进行二次设计，经甲方确认后方可施工。

2.所有注明铁件均做防腐防锈处理，刷防锈漆两道，调合漆两道。被水淹没的铁件、螺栓、螺钉均为不锈钢材料。

八、植物种植：

1.土壤：基层土壤应为排水良好，土质为中性及富含有机质的壤土，不应含砾石，或其他有毒或有碍生长之杂物。

2.表层种植土：园林植物生长所必需的最低种植土层厚度应符合下表。

植被类型	草本花卉	草坪地被	小灌木	大灌木	浅根乔木	深根乔木
土层厚度/mm	300	300	450	600	900	1 500

种植土应选用适于植物生长的优质土壤，如腐殖酸土、草坪肥、草炭土，确保完全疏松，草坪种植区土壤应有平整度。

3.苗木选择:常绿及灌木高度指梢顶至地面之高度。冠幅指树木定植修剪后树冠之尺寸。苗木应选用适于当地生长的苗木，苗木应发育端正、良好、造型姿态优美，适于园林种植。

4.苗木种植：植物种植应在适当季节进行，以确保成活率。

落叶乔灌木：4—5月

常绿植物及其他植物：2—3月

种植定位应根据图纸要求，并参照国家规范合理避让管线，植坑应大于最低种植层厚度要求，回填种植土应分层压实以确保植物能牢固地植于地上，大规格苗木应做支撑，种植后应立即用水浇灌，如做树耳宜做平耳。如反季节施工，应采取特殊施工措施。

5.大树移植：断根前修剪整形时应注意尽量保证树冠完整性，以保持树形树姿优美。

6.养护：移植前应根据不同树木做相应切根等必要措施，运输中应予以足够保护以免植物受损。

××园林景观规划设计建设有限公司

NOTES（备注）：

1.本设计图版权为××园林景观规划设计建设有限公司拥有，任何人未经允许不得翻印本图纸的任何部分。

2.除列明尺寸或以方格代替比例外，尺寸量度以实地实物为准。

3.图纸上内容如有遗漏，须通知负责该工程的设计师。

4.除经特别说明外，本图不可作为建筑或其他用途。

PROJECT（工程项目）：

某私家别墅庭院景观设计

TITLE（图纸名称）：

设计说明-2

DRAWING INFORMATION（图纸资料）：

设计人	
审 核	
图 号	SJSM-2
比 例	
日 期	
页 码	03

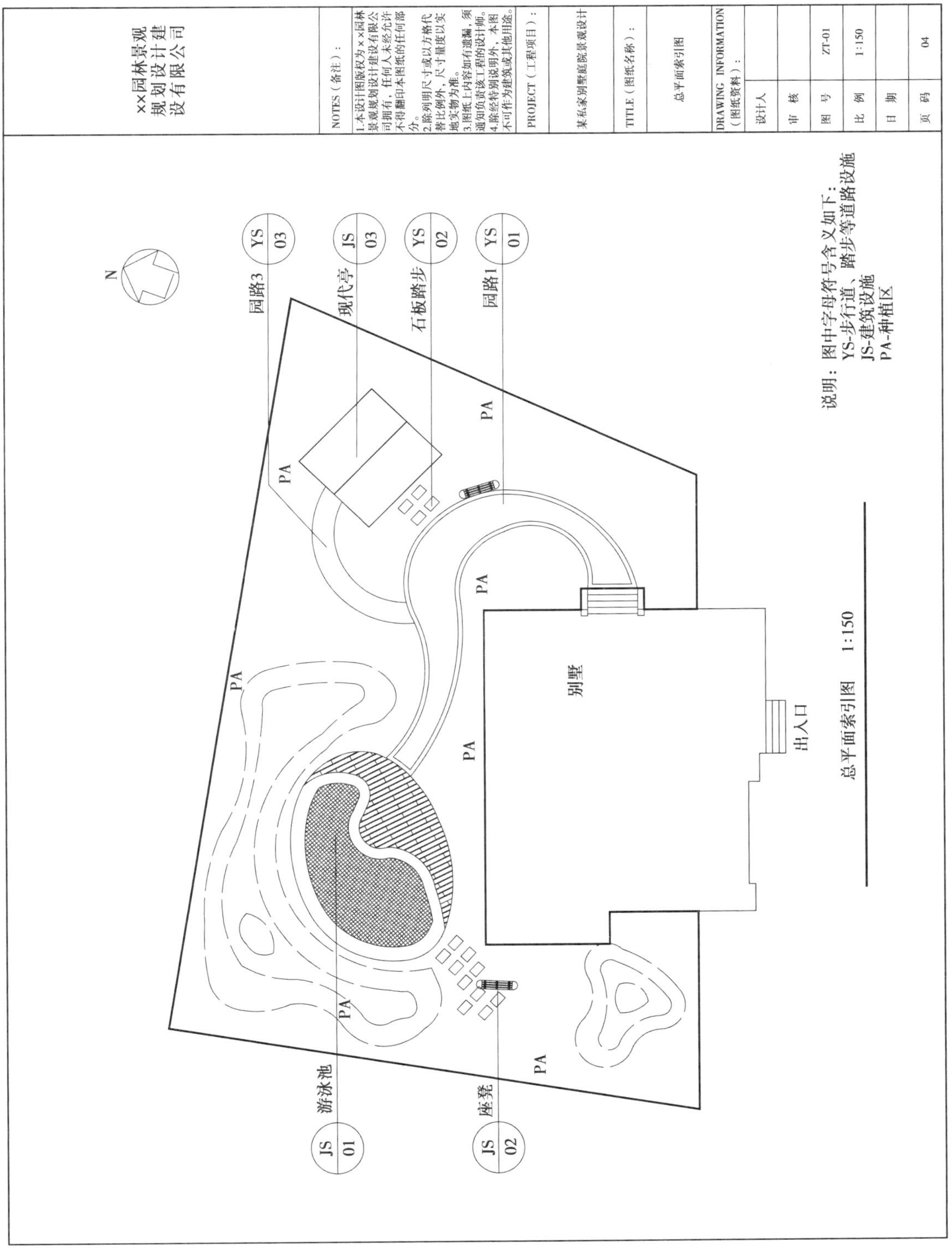
××园林景观规划设计建设有限公司
NOTES（备注）：
1.本设计图版权为××园林景观规划设计建设有限公司拥有，任何人未经允许不得翻印本图纸的任何部分。
2.除列明尺寸或以方格代替比例外，尺寸量度以实地实物为准。
3.图纸上内容如有遗漏，须通知负责该工程的设计师。
4.除经特别说明外，本图不可作为建筑或其他用途。
PROJECT（工程项目）：
某私家别墅庭院景观设计
TITLE（图纸名称）：
总平面索引图
DRAWING INFORMATION（图纸资料）：
设计人
审　核
图　号　ZT-01
比　例　1:150
日　期
页　码　04
N
YS 03 园路3
JS 03 现代亭
YS 02 石板踏步
YS 01 园路1
JS 01 游泳池
JS 02 座凳
PA
别墅
出入口
说明：图中字母符号含义如下：
YS-步行道、踏步等道路设施
JS-建筑设施
PA-种植区
总平面索引图　1:150

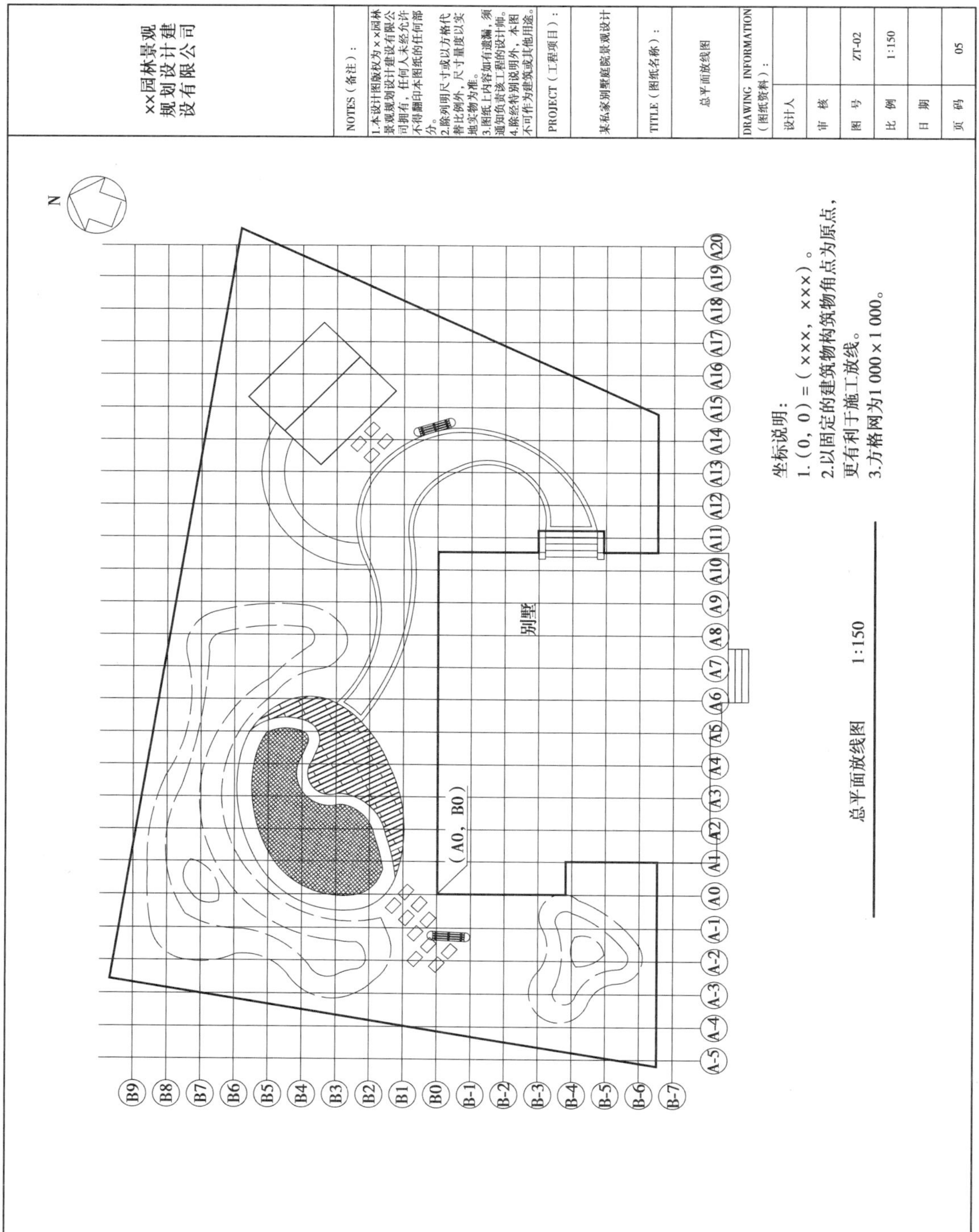
××园林景观规划设计建设有限公司
NOTES（备注）：
1.本设计图版权为××园林景观规划设计建设有限公司拥有，任何人未经允许不得翻印本图纸的任何部分。
2.除列明尺寸或以方格代替比例外，尺寸量度以实地实物为准。
3.图纸上内容如有遗漏，须通知负责该工程的设计师。
4.除经特别说明外，本图不可作为建筑或其他用途。
PROJECT（工程项目）：
某私家别墅庭院景观设计
TITLE（图纸名称）：
总平面放线图
DRAWING INFORMATION（图纸资料）：
设计人
审核
图号 ZT-02
比例 1:150
日期
页码 05
N
别墅
（A0，B0）
坐标说明：
1.（0，0）=（×××，×××）。
2.以固定的建筑物构筑物角点为原点，更有利于施工放线。
3.方格网为1 000×1 000。
总平面放线图 1:150

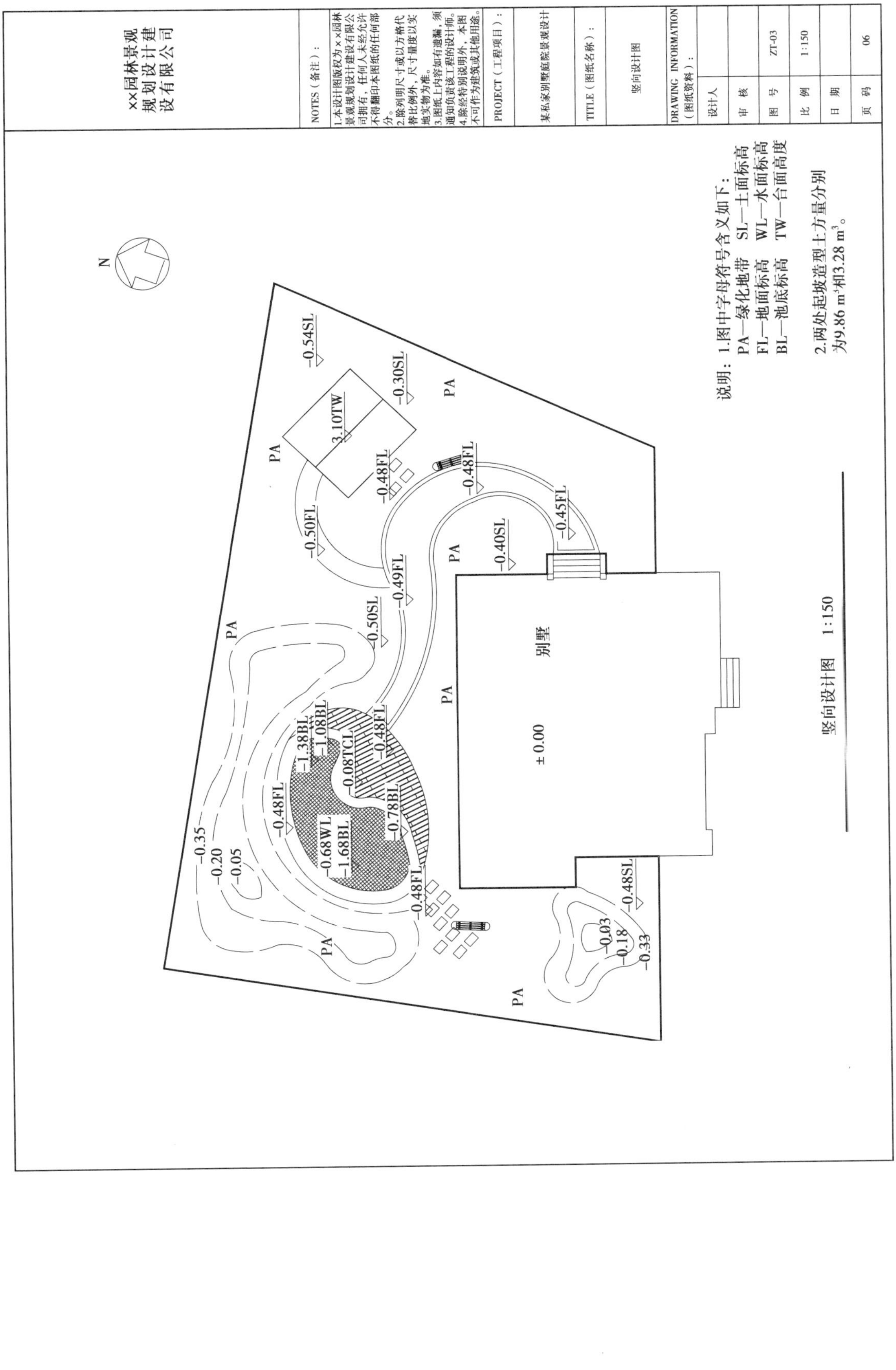
××园林景观规划设计建设有限公司
NOTES（备注）：
1.本设计图版权为××园林景观规划设计建设有限公司拥有，任何人未经允许不得翻印本图纸的任何部分。
2.除列明尺寸或以方格代替比例外，尺寸量度以实地实物为准。
3.图纸上内容如有遗漏，须通知负责该工程的设计师。
4.除经特别说明外，本图不可作为建筑或其他用途。
PROJECT（工程项目）：
某私家别墅庭院景观设计
TITLE（图纸名称）：
竖向设计图
DRAWING INFORMATION（图纸资料）：
设计人
审核
图号 ZT-03
比例 1:150
日期
页码 06
N
-0.54SL
-0.30SL
3.10TW
PA
-0.48FL
-0.48FL
-0.45FL
-0.50FL
-0.40SL
-0.49FL
-0.50SL
别墅
±0.00
-1.38BL
-1.08BL
-0.08TCL
-0.48FL
-0.78BL
-0.68WL
-1.68BL
-0.48FL
-0.35
-0.20
-0.05
-0.48SL
-0.03
-0.18
-0.33
说明：1.图中字母符号含义如下：
PA—绿化地带　SL—土面标高
FL—地面标高　WL—水面标高
BL—池底标高　TW—台面高度
2.两处起坡造型土方量分别为9.86 m³和3.28 m³。
竖向设计图　1:150

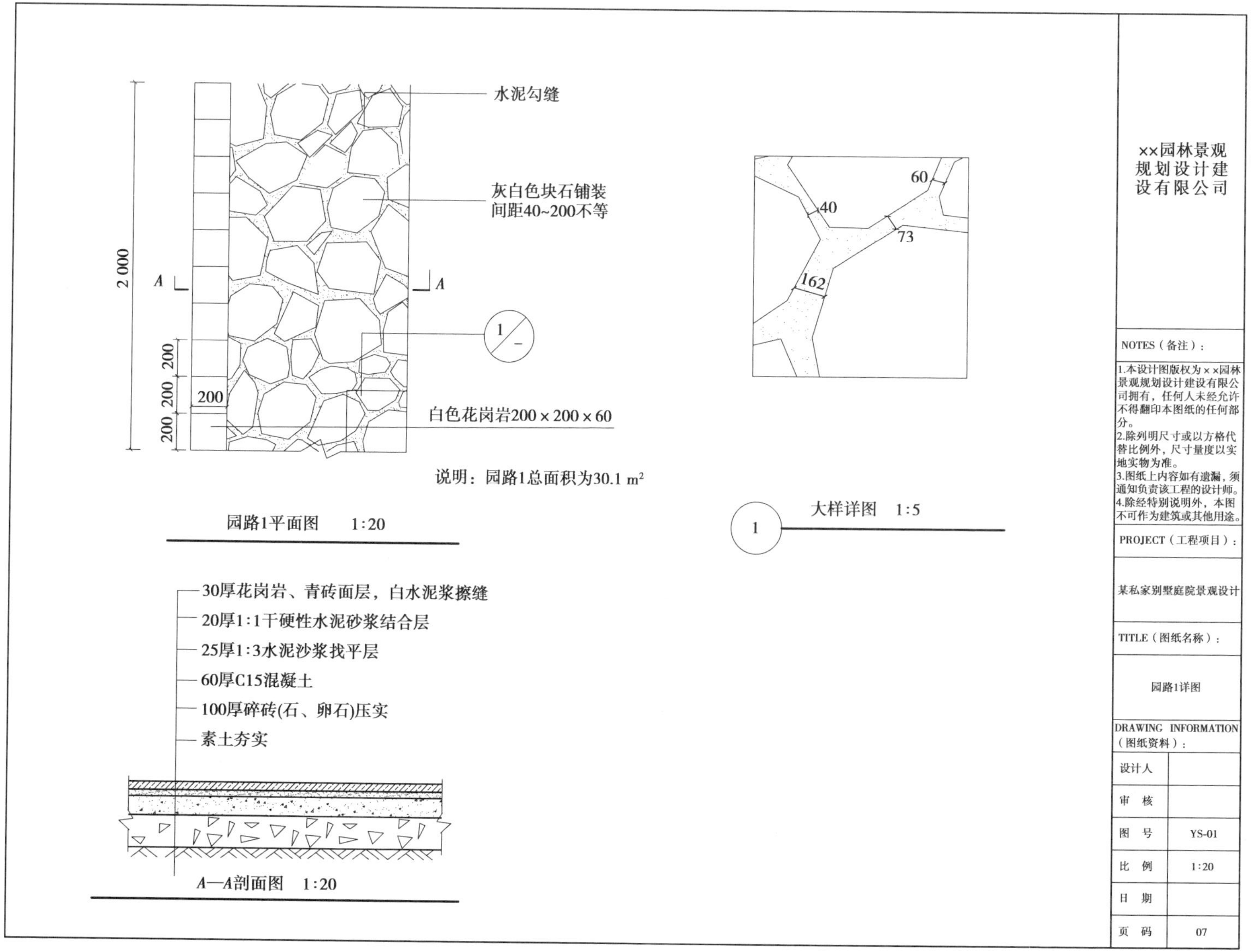
水泥勾缝
灰白色块石铺装
间距40~200不等
白色花岗岩200×200×60
2 000
200
200
200
200
A
A
1
说明：园路1总面积为30.1 m²
园路1平面图 1:20
60
40
73
162
大样详图 1:5
1
30厚花岗岩、青砖面层，白水泥浆擦缝
20厚1:1干硬性水泥砂浆结合层
25厚1:3水泥沙浆找平层
60厚C15混凝土
100厚碎砖(石、卵石)压实
素土夯实
A—A剖面图 1:20
××园林景观规划设计建设有限公司
NOTES（备注）：
1.本设计图版权为××园林景观规划设计建设有限公司拥有，任何人未经允许不得翻印本图纸的任何部分。
2.除列明尺寸或以方格代替比例外，尺寸量度以实地实物为准。
3.图纸上内容如有遗漏，须通知负责该工程的设计师。
4.除经特别说明外，本图不可作为建筑或其他用途。
PROJECT（工程项目）：
某私家别墅庭院景观设计
TITLE（图纸名称）：
园路1详图
DRAWING INFORMATION（图纸资料）：
设计人
审 核
图 号
YS-01
比 例
1:20
日 期
页 码
07

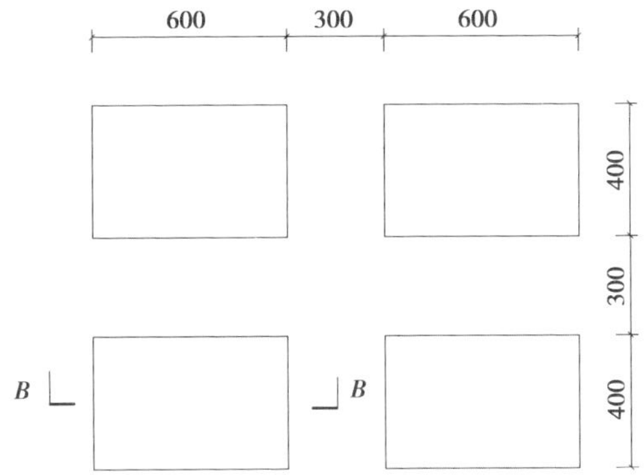

石板踏步平面图　1:15

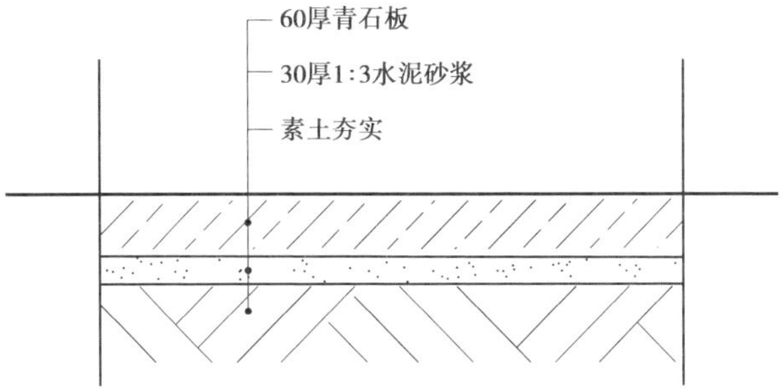

B—B剖面图　1:5

石板踏步示意图

××园林景观规划设计建设有限公司

NOTES（备注）：

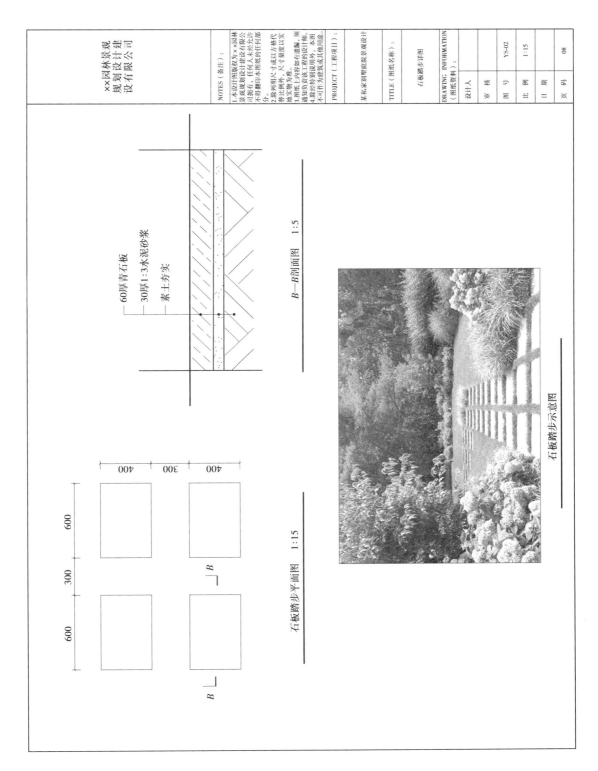

1.本设计图版权为××园林景观规划设计建设有限公司拥有，任何人未经允许不得翻印本图纸的任何部分。
2.除列明尺寸或以方格代替比例外，尺寸量度以实地实物为准。
3.图纸上内容如有遗漏，须通知负责该工程的设计师。
4.除经特别说明外，本图不可作为建筑或其他用途。

PROJECT（工程项目）：

某私家别墅庭院景观设计

TITLE（图纸名称）：

石板踏步详图

DRAWING INFORMATION（图纸资料）：

设计人	
审　核	
图　号	YS-02
比　例	1:15
日　期	
页　码	08

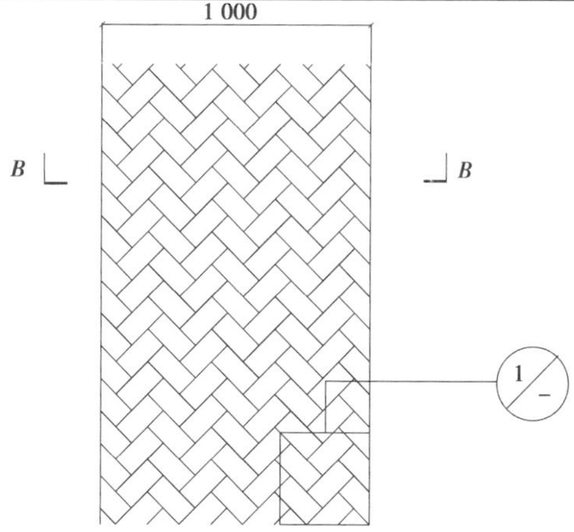

说明：园路1总面积为8.11 m^2

园路2平面图　1:20

园路2示意图

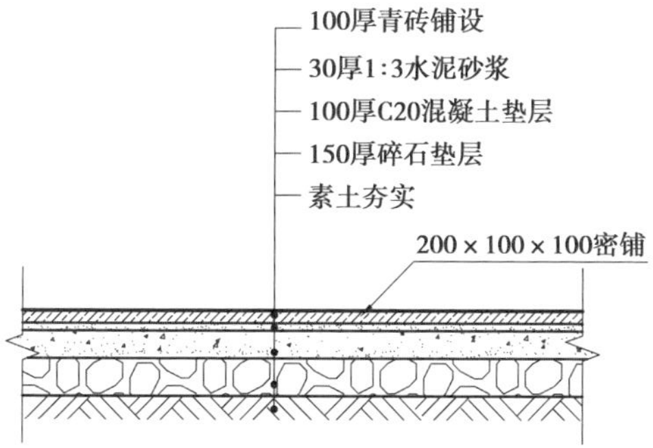

B—B剖面图　1:20

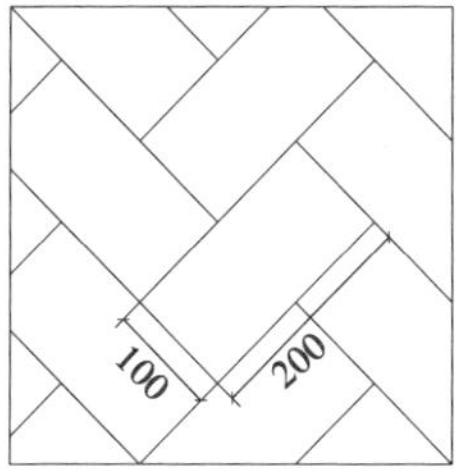

1　大样详图

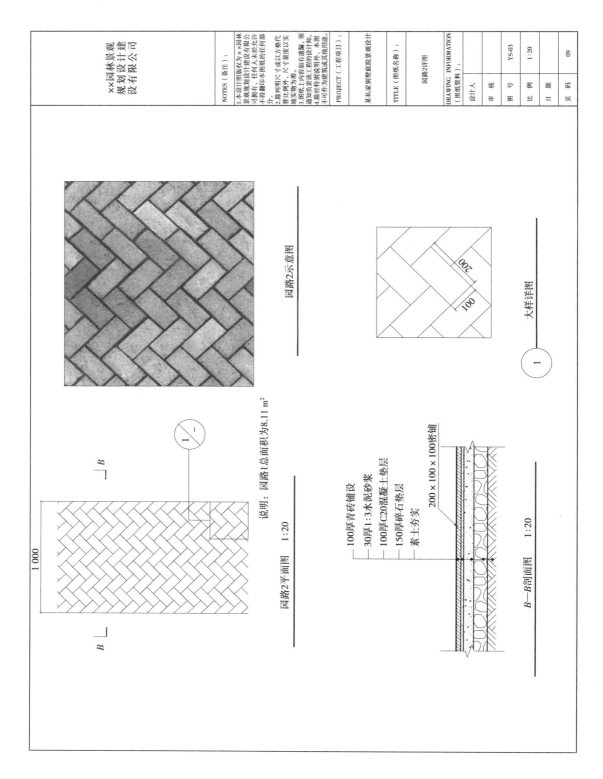

××园林景观规划设计建设有限公司	
NOTES（备注）：	
1.本设计图版权为××园林景观规划设计建设有限公司拥有，任何人未经允许不得翻印本图纸的任何部分。 2.除列明尺寸或以方格代替比例外，尺寸量度以实地实物为准。 3.图纸上内容如有遗漏，须通知负责该工程的设计师。 4.除经特别说明外，本图不可作为建筑或其他用途。	
PROJECT（工程项目）：	
某私家别墅庭院景观设计	
TITLE（图纸名称）：	
园路2详图	
DRAWING INFORMATION（图纸资料）：	
设计人	
审　核	
图　号	YS-03
比　例	1:20
日　期	
页　码	09

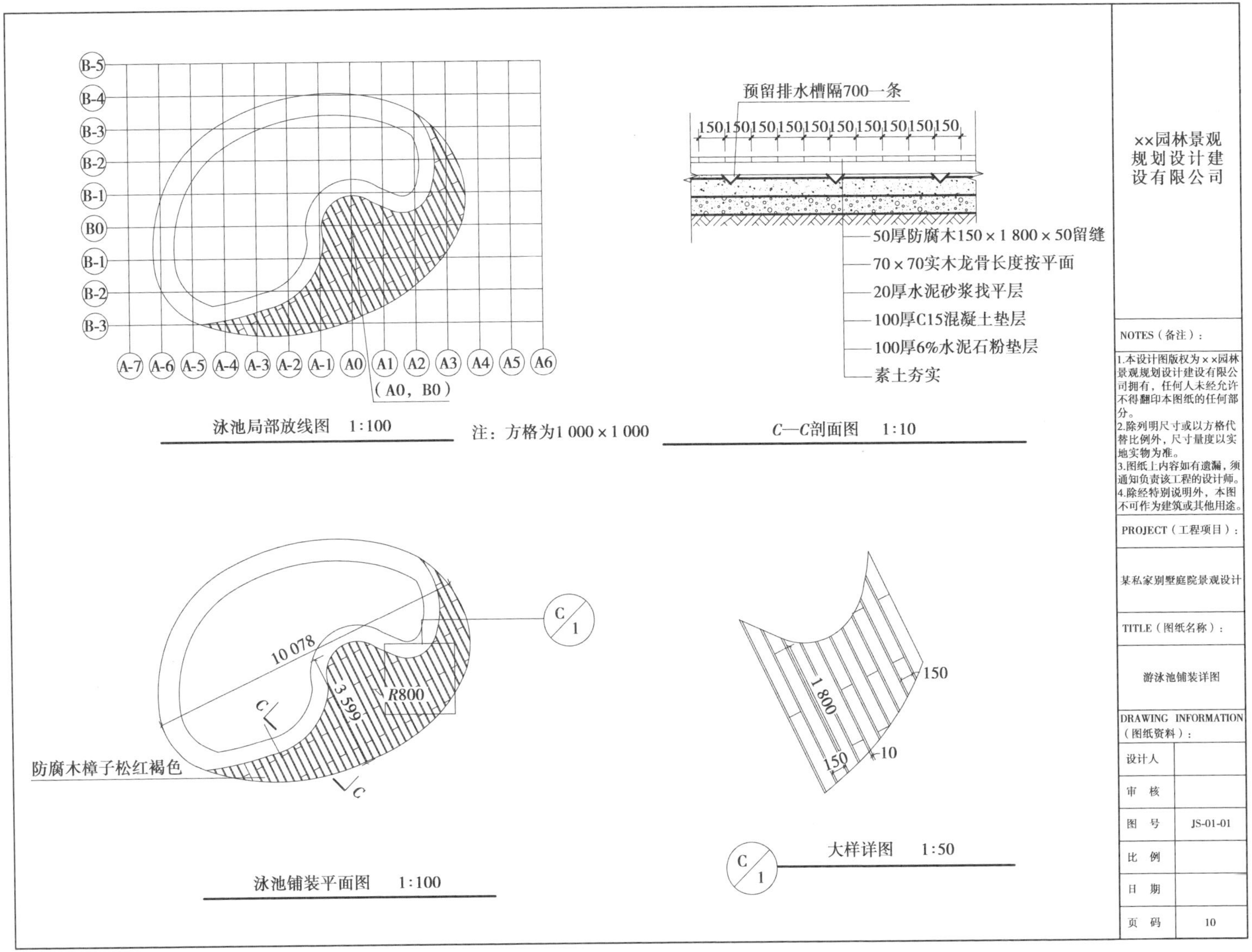
B-5
B-4
B-3
B-2
B-1
B0
B-1
B-2
B-3
A-7
A-6
A-5
A-4
A-3
A-2
A-1
A0
A1
A2
A3
A4
A5
A6
（A0，B0）
泳池局部放线图　1:100
注：方格为1 000×1 000
预留排水槽隔700一条
150 150 150 150 150 150 150 150 150 150
50厚防腐木150×1 800×50留缝
70×70实木龙骨长度按平面
20厚水泥砂浆找平层
100厚C15混凝土垫层
100厚6%水泥石粉垫层
素土夯实
C—C剖面图　1:10
10 078
3 599
R800
C
C
防腐木樟子松红褐色
泳池铺装平面图　1:100
1 800
150
150
10
大样详图　1:50
××园林景观规划设计建设有限公司
NOTES（备注）：
1.本设计图版权为××园林景观规划设计建设有限公司拥有，任何人未经允许不得翻印本图纸的任何部分。
2.除列明尺寸或以方格代替比例外，尺寸量度以实地实物为准。
3.图纸上内容如有遗漏，须通知负责该工程的设计师。
4.除经特别说明外，本图不可作为建筑或其他用途。
PROJECT（工程项目）：
某私家别墅庭院景观设计
TITLE（图纸名称）：
游泳池铺装详图
DRAWING INFORMATION（图纸资料）：
设计人
审　核
图　号　JS-01-01
比　例
日　期
页　码　10

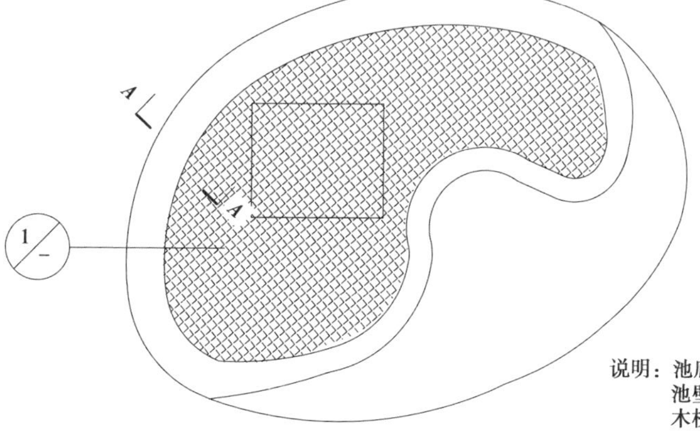

说明：池底面积为27 m^2
池壁总长度为40 m
木栈道面积为14 m^2
环形铺装面积为17 m^2

泳池底部铺装平面图　1:60

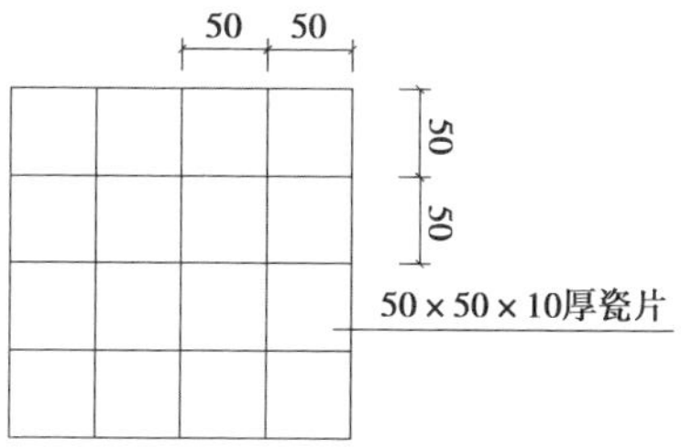

1　大样详图　1:5

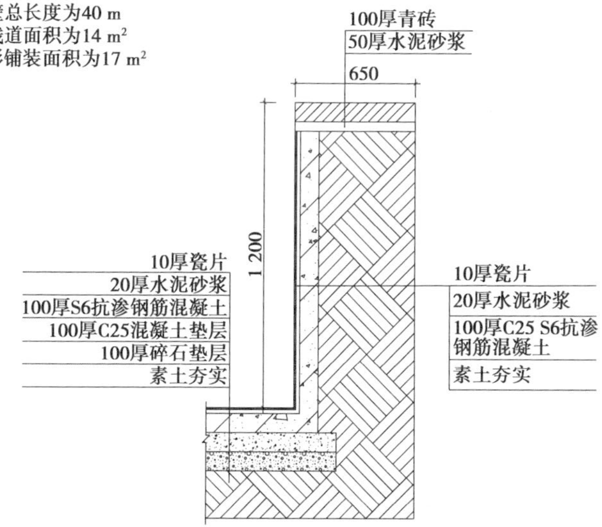

泳池A—A剖面图　1:10

××园林景观规划设计建设有限公司

NOTES（备注）：

1.本设计图版权为××园林景观规划设计建设有限公司拥有，任何人未经允许不得翻印本图纸的任何部分。
2.除列明尺寸或以方格代替比例外，尺寸量度以实地实物为准。
3.图纸上内容如有遗漏，须通知负责该工程的设计师。
4.除经特别说明外，本图不可作为建筑或其他用途。

PROJECT（工程项目）：

某私家别墅庭院景观设计

TITLE（图纸名称）：

游泳池底部及池壁详图

DRAWING INFORMATION（图纸资料）：

设计人	
审　核	
图　号	JS-01-02
比　例	1:60
日　期	
页　码	11

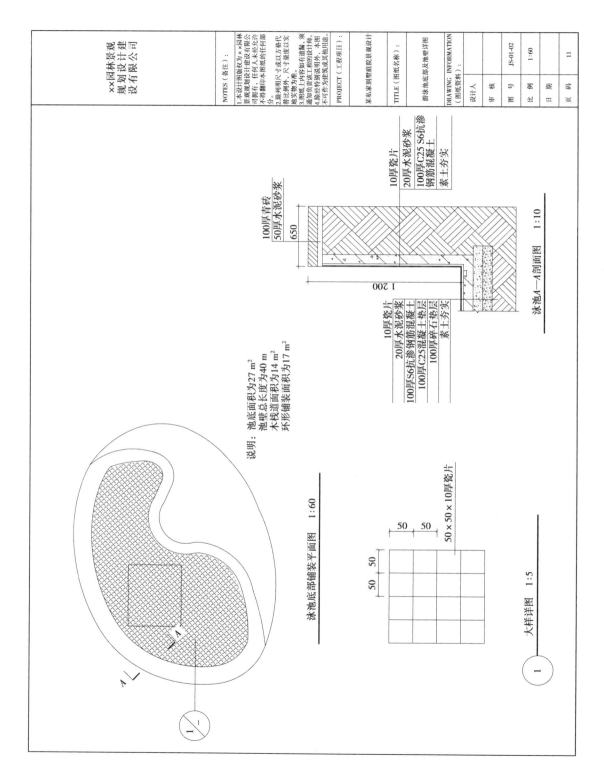

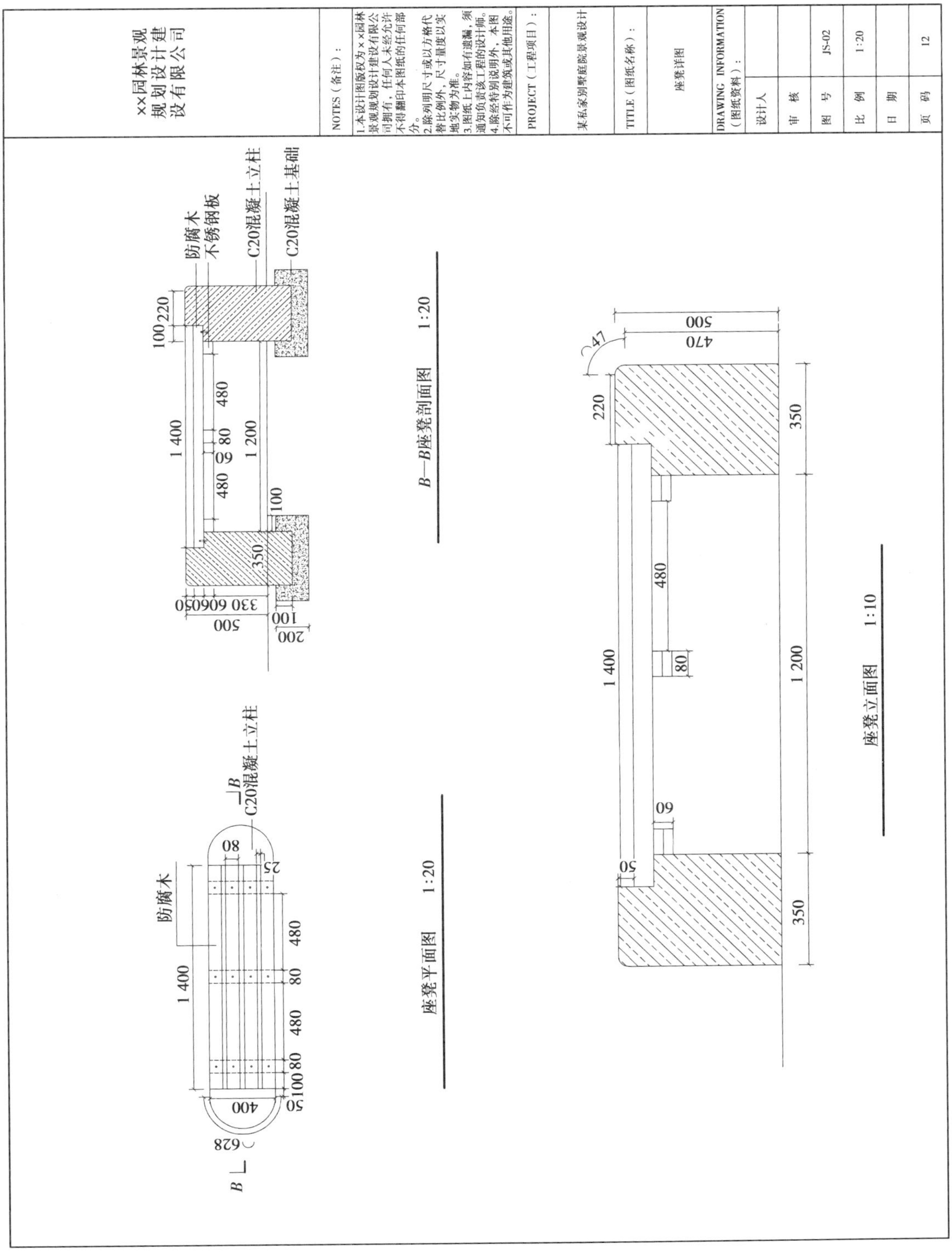
××园林景观规划设计建设有限公司
NOTES（备注）：
1.本设计图版权为××园林景观规划设计建设有限公司拥有，任何人未经允许不得翻印本图纸的任何部分。
2.除列明尺寸或以方格代替比例外，尺寸量度以实地实物为准。
3.图纸上内容如有遗漏，须通知负责该工程的设计师。
4.除经特别说明外，本图不可作为建筑或其他用途。
PROJECT（工程项目）：
某私家别墅庭院景观设计
TITLE（图纸名称）：
座凳详图
DRAWING INFORMATION（图纸资料）：
设计人
审核
图号 JS-02
比例 1:20
日期
页码 12
防腐木
不锈钢板
C20混凝土立柱
C20混凝土基础
B—B座凳剖面图　1:20
座凳平面图　1:20
座凳立面图　1:10

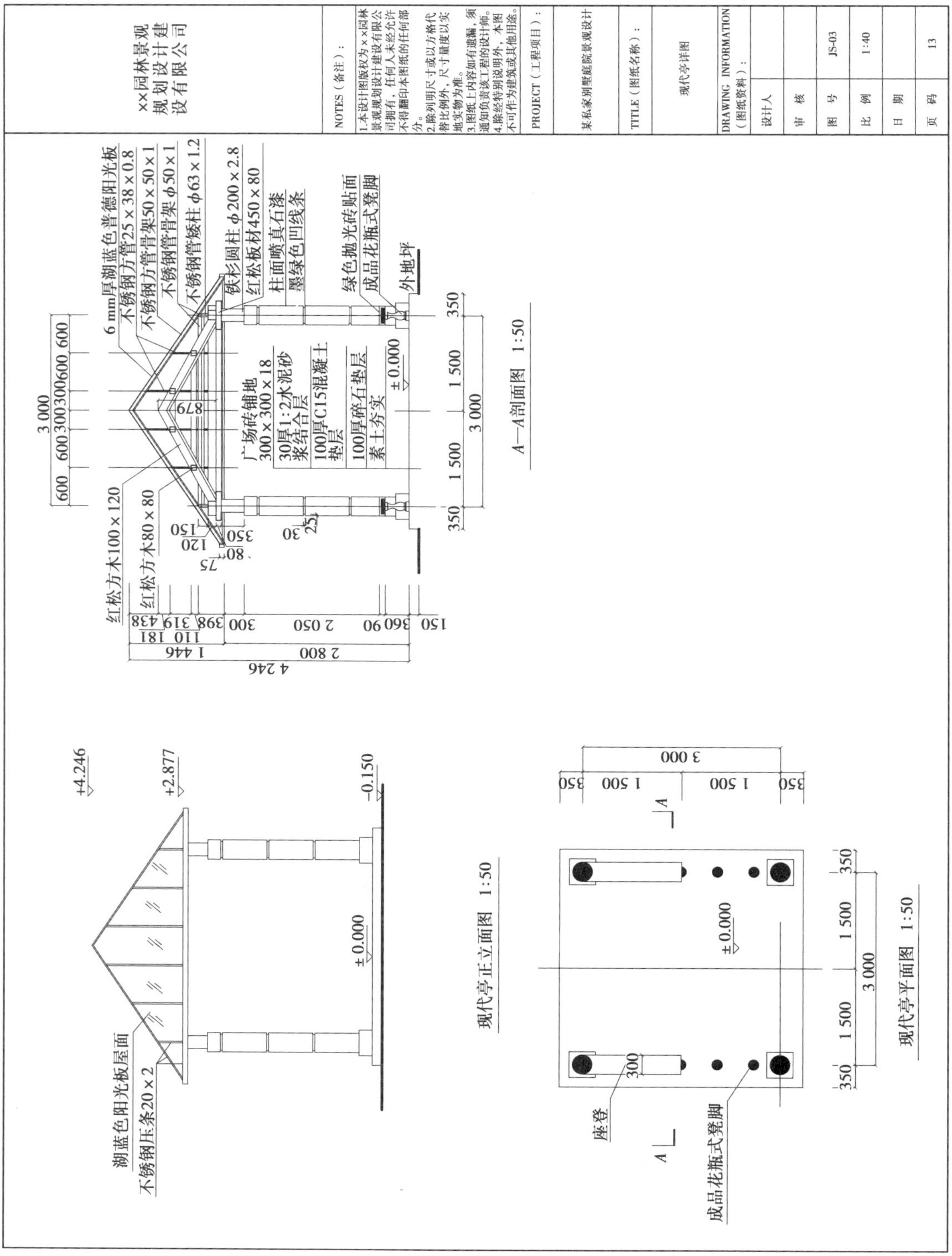
××园林景观规划设计建设有限公司
NOTES（备注）：
1.本设计图版权为××园林景观规划设计建设有限公司所有，任何人未经允许不得翻印本图纸的任何部分。
2.除列明尺寸或以方格代替比例外，尺寸量度以实地实物为准。
3.图纸上内容如有遗漏，须通知负责该工程的设计师。
4.除经特别说明外，本图不可作为建筑或其他用途。
PROJECT（工程项目）：
某私家别墅庭院景观设计
TITLE（图纸名称）：
现代亭详图
DRAWING INFORMATION（图纸资料）：
设计人
审核
图号 JS-03
比例 1:40
日期
页码 13
6 mm厚湖蓝色普德阳光板
不锈钢方管25×38×0.8
不锈钢方管骨架50×50×1
不锈钢管骨架ϕ50×1
不锈钢管矮柱ϕ63×1.2
铁杉圆柱ϕ200×2.8
红松板材450×80
柱面喷真石漆
墨绿色凹线条
绿色抛光砖贴面
成品花瓶式凳脚
外地坪
广场砖铺地300×300×18
30厚1:2水泥砂浆结合层
100厚C15混凝土垫层
100厚碎石垫层
素土夯实
±0.000
红松方木100×120
红松方木80×80
A—A剖面图 1:50
湖蓝色阳光板屋面
不锈钢压条20×2
+4.246
+2.877
−0.150
现代亭正立面图 1:50
座凳
成品花瓶式凳脚
现代亭平面图 1:50

种植设计说明

本工程为“某私家别墅庭院景观设计”工程中种植设计部分。

本工程绿化面积为558.35 m²。设计中采用乔木10种，灌木12种，地被6种。

一、设计范围

本次种植施工图包括景观设计中各广场及其相关连接道路的所有种植区设计，不包括由市政负责的相关道路绿化及规划公建周围的种植区设计。

二、设计及施工依据

《环境景观绿化种植设计》（03J012—2）寒带地区

《园林绿化工程施工及验收规范》（CJJ 82—2012）

《公园设计规范》（GB 51192—2016）种植设计

1.所有种植设计详见种植图纸；

2.种植图纸中的定位如模纹外轮廓线，采用方格网定位，施工中插点定位应保持曲线光滑准确。

三、植物设计

a.图纸中规格表内的规格为植物进场修剪后的规格。

b.图纸中大型阔叶乔木的定干高度在1.8 m以上，小型阔叶乔木定干高度点在0.8 m以上。

a.图纸中所有植物数量只作为参考之用，施工方应因地制宜作出相应调整，以达到最佳效果，工程估算以大数为准。

b.模纹每平方米所需植物数量由施工方根据采苗冠幅大小，制订植物间距，定出实际数量。

a.所选购的乔木皆需具备以下特征：叶片丰满，形状秀美，多枝条/枝条均匀；所选购的灌木皆需具备以下特征：叶片丰满，形状秀美，叶片分布均匀，盆植不少于两个生长季。

b.灌木植物如果冠幅达不到要求可使用多株拼凑。

c.模纹种植中，根据设计者的种植意图，如果为下木模纹，只需自然种植，控制其高度;如果为图案模纹，须修剪整齐，要求图案性强。所有模纹种植密度以修剪后不露出地面土壤为标准。

四、绿化种植施工

a.种植施工时要按植物配置图施工，如有改变，需征得设计单位同意。

b.现场起伏地形处，未作特殊标明的以自然放坡为主，需作整平处理，换土要求：乔木穴：1.5 m×1.5 m×1.6 m；花灌木穴：1.0 m×1.0 m×0.8 m；地被换土0.5 m深；草坪换土0.3 m深。

c.严格按苗木表规格购苗，应选择枝干健壮，形体完美，无病虫害的苗木。大苗移植，尽量减少截枝量，严禁出现没枝的单干草木。

乔木分枝点不少于3个。

d.规则式种植的乔灌木，同一树种规格大小应统一。从植和群植乔灌木应高低错落。

e.分层种植的花带，植物带边缘轮廓种植密度应大于规定密度，平面线型应流畅，边缘成弧形，高低层次分明，且与周边点缀植物高差不少于30 cm。

f.孤植树应选择姿态优美的苗木，且应获得甲方与设计单位认同。

g.整形装饰篱苗木规格大小应一致，修建整形的观赏面应为圆滑曲线弧形，起伏有致。

h.大苗移植严格按土球设计要求。

i.草皮移植平整度误差≤1 cm，草皮边缘与路面或路基石交界处应保持齐平，统一低于路面或路基石3 cm左右。草皮种类建议为美国优质1号。

j.苗木规格具体要求:

*土坨大小：指苗木移栽过程中为保证成活和迅速复壮，而在原栽植地围绕苗木根系取的土球，一般视树种和苗木具体生长状况的实际情况而定，苗木清单中不作具体规定。土坨大小的确定见图。

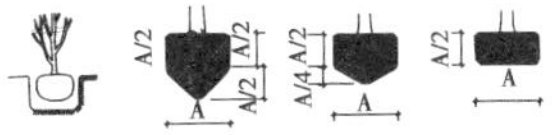

所挖穴坑的直径要比土坨稍大，其垂直高度要略超过土坨垂直高度，并将底部土壤松软。	弹头型土坨适于深根性树种如黑松等	普通型土坨适于中根性树种如银杏、枫树等	蝶型土坨适于浅根性树种如蜀桧等

k.种植树穴要求：

在栽苗木之前应以所定的灰点为中心沿四周向下挖穴，种植穴的大小依土球规格及根系情况而定。带土球的应比土球大16~20 cm，栽裸根苗的穴应保证根系充分舒展，穴的深度一般比土球高度稍深些(10~20 cm)，穴的形状一般为圆形，但必须保证上下口径大小一致。

五、绿化主要种植形式说明

1.规则搭配基本表现形式

行植树配置平面图

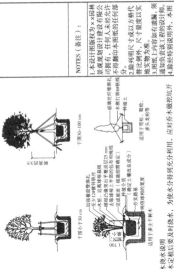

注：树木栽植位置不能局限于图中所示，应根据现场具体情况在适当范围内，做适当调整。

行植树配置立面图（正确）

行植树配置立面图（不正确）

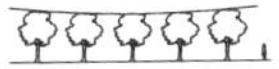

种植要求：种植间距相等，若遇到下水管道等阻碍物，适当调整。将较高苗木种植在树列中间位置，使林冠线呈拱形，杜绝形成凹形。

2.自然搭配基本表现形式

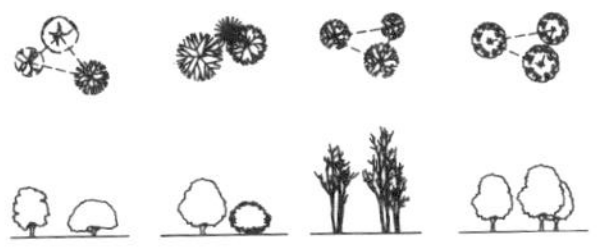

搭配可分为不同树种和相同树种搭配两种形式。

①不同树种搭配根据树种体形特征进行搭配，要求体量相当，在空间上达到平衡协调。

②相同树种搭配根据树形单株或几株成丛依不等边三角形种植，空间上最高或占主体地位的植株必须竖直，不可种斜。外侧或较低植株可根据造型需要适当斜植，但倾斜方向必须偏离中心向外。

六、苗木支撑说明

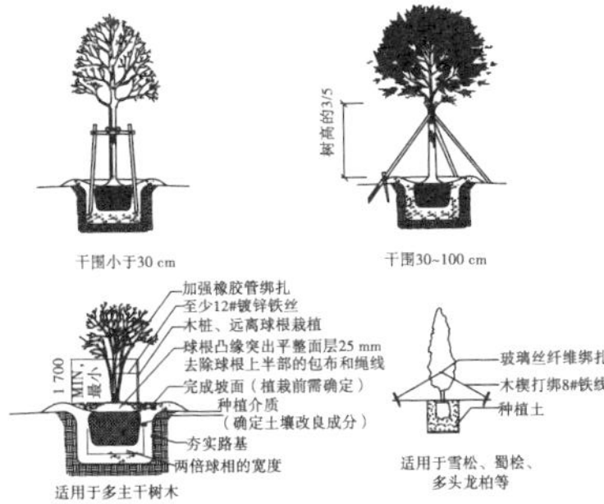

七、苗木浇水说明

苗木定植后要及时浇水，为使水分得到充分利用，应对乔木做挖坑开堰处理。通常浇水坑的规格尺寸如下：

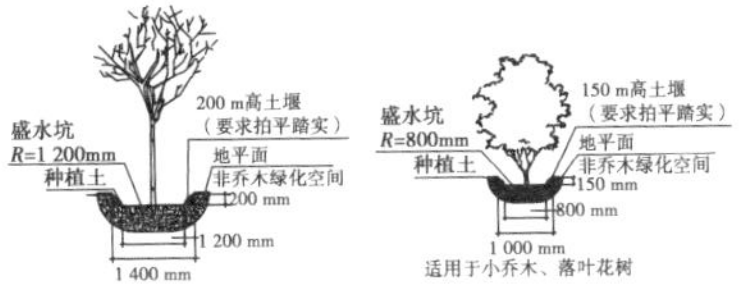

八、植物栽植注意事项

1.所有植物选择应健康、旺盛、无病虫害。

2.所有植物尺寸应符合图纸要求标准和相关国家规范。

3.土壤改良应根据现场土壤报告，按报告要求进行。

4.枫类植物土壤应特别注意，严格根据土壤报告施工。

九、其他

1.图纸中的植物如果因某种原因无法现场种植需要替代，其替代植物需经委托方、设计方、施工方三方认同而确定；

2.施工过程按国家相关规范执行，不明处与设计方联系；

3.绿化施工技术措施详见附件《绿化工程施工技术指南》

××园林景观规划设计建设有限公司

NOTES（备注）：

1.本设计图版权为××园林景观规划设计建设有限公司拥有，任何人未经允许不得翻印本图纸的任何部分。

2.除列明尺寸或以方格代替比例外，尺寸量度以实地实物为准。

3.图纸上内容如有遗漏，须通知负责该工程的设计师。

4.除经特别说明外，本图不可作为建筑或其他用途。

PROJECT（工程项目）：

某私家别墅庭院景观设计

TITLE（图纸名称）：

绿化种植设计说明

DRAWING INFORMATION（图纸资料）：

设计人	
审　核	
图　号	LS-01
比　例	1:150
日　期	
页　码	14

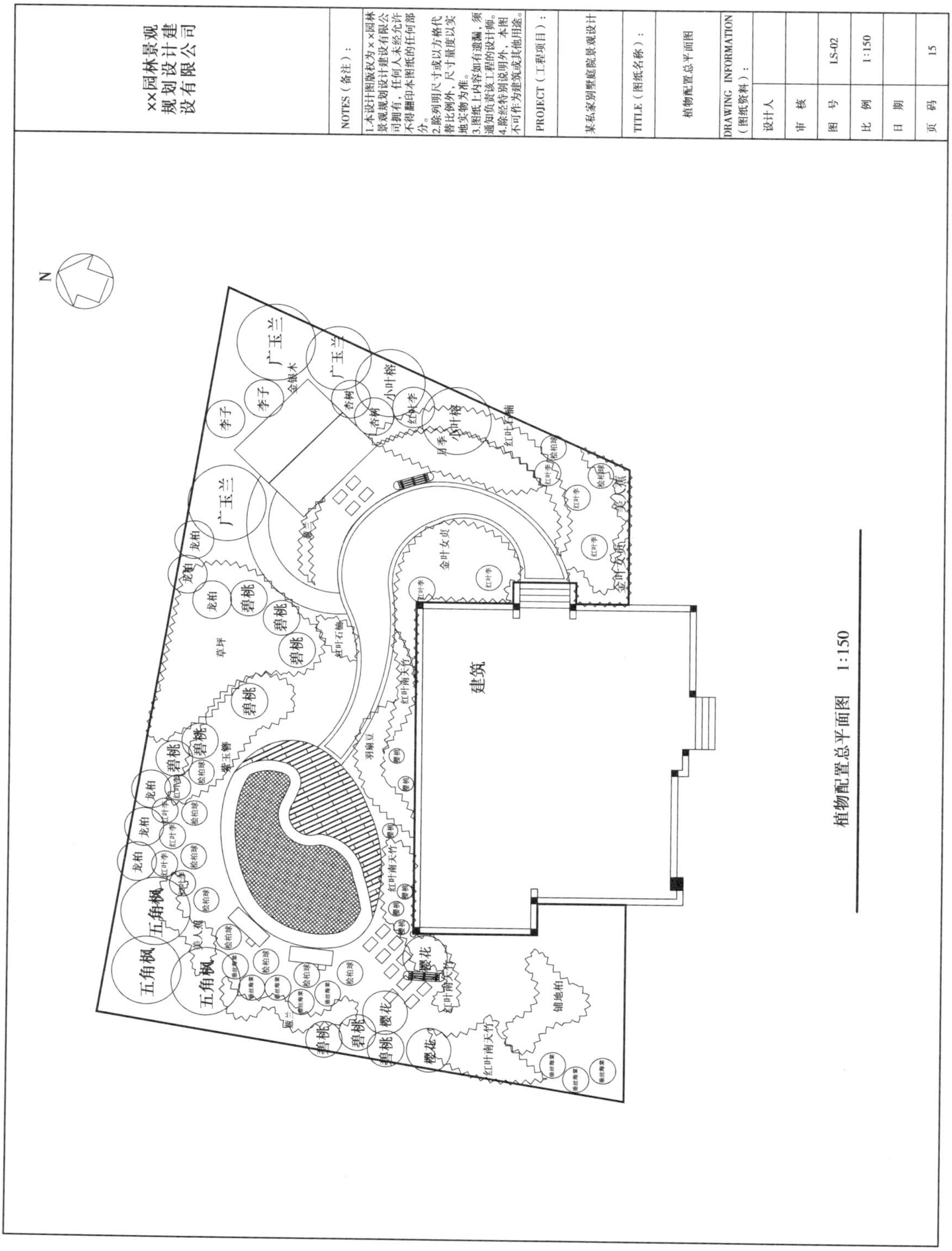

植物配置总平面图 1:150

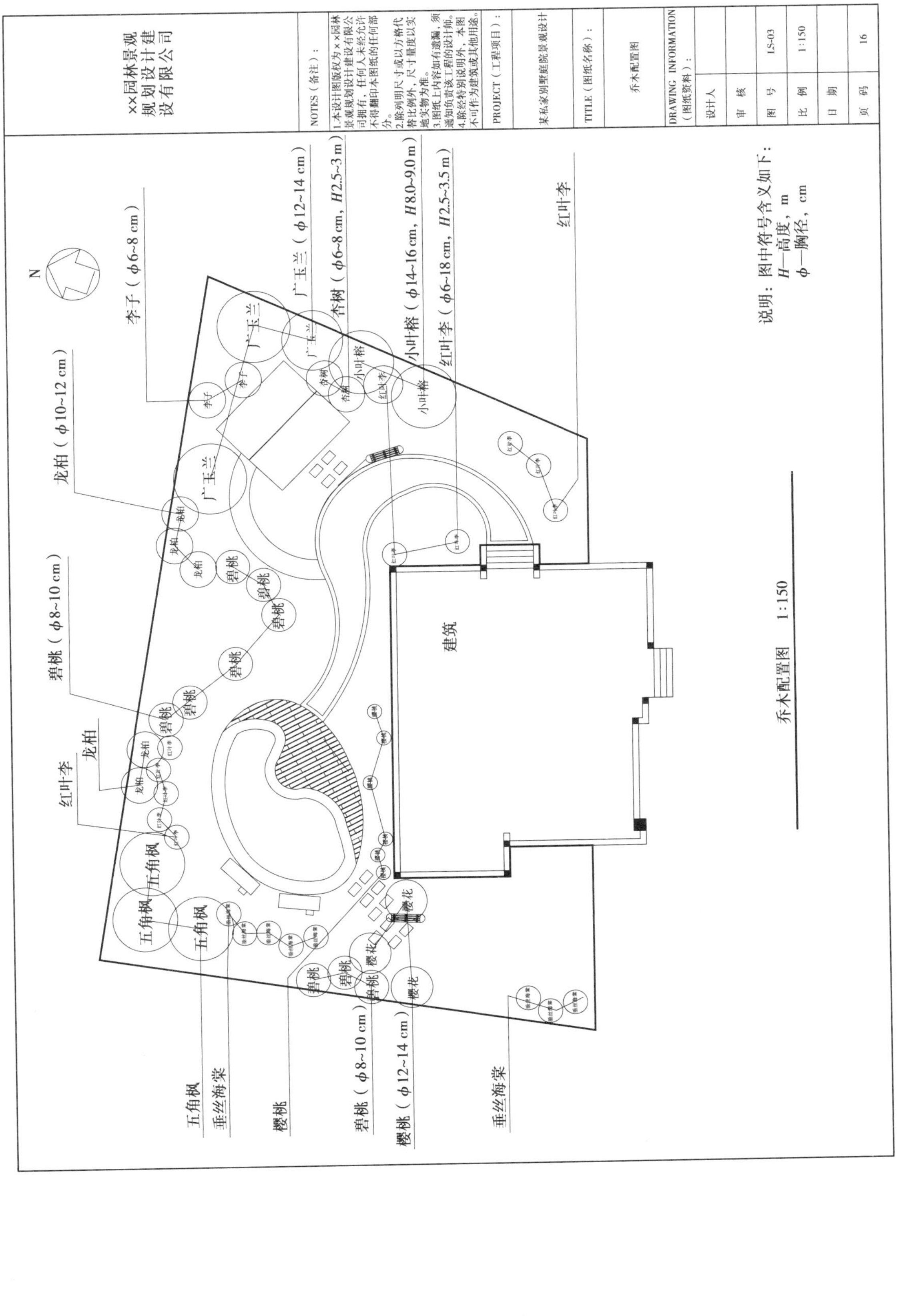
××园林景观规划设计建设有限公司
NOTES（备注）：
1.本设计图版权为××园林景观规划设计建设有限公司拥有，任何人未经允许不得翻印本图纸的任何部分。
2.除列明尺寸或以方格代替比例外，尺寸量度以实地实物为准。
3.图纸上内容如有遗漏，须通知负责该工程的设计师。
4.除经特别说明外，本图不可作为建筑或其他用途。
PROJECT（工程项目）：
某私家别墅庭院景观设计
TITLE（图纸名称）：
乔木配置图
DRAWING INFORMATION（图纸资料）：
设计人
审 核
图 号　LS-03
比 例　1:150
日 期
页 码　16
N
李子（ϕ6~8 cm）
龙柏（ϕ10~12 cm）
碧桃（ϕ8~10 cm）
龙柏
红叶李
广玉兰（ϕ12~14 cm）
杏树（ϕ6~8 cm，H2.5~3 m）
小叶榕（ϕ14~16 cm，H8.0~9.0 m）
红叶李（ϕ6~18 cm，H2.5~3.5 m）
红叶李
建筑
五角枫
垂丝海棠
樱桃
碧桃（ϕ8~10 cm）
樱桃（ϕ12~14 cm）
垂丝海棠
说明：图中符号含义如下：
H—高度，m
ϕ—胸径，cm
乔木配置图　1:150

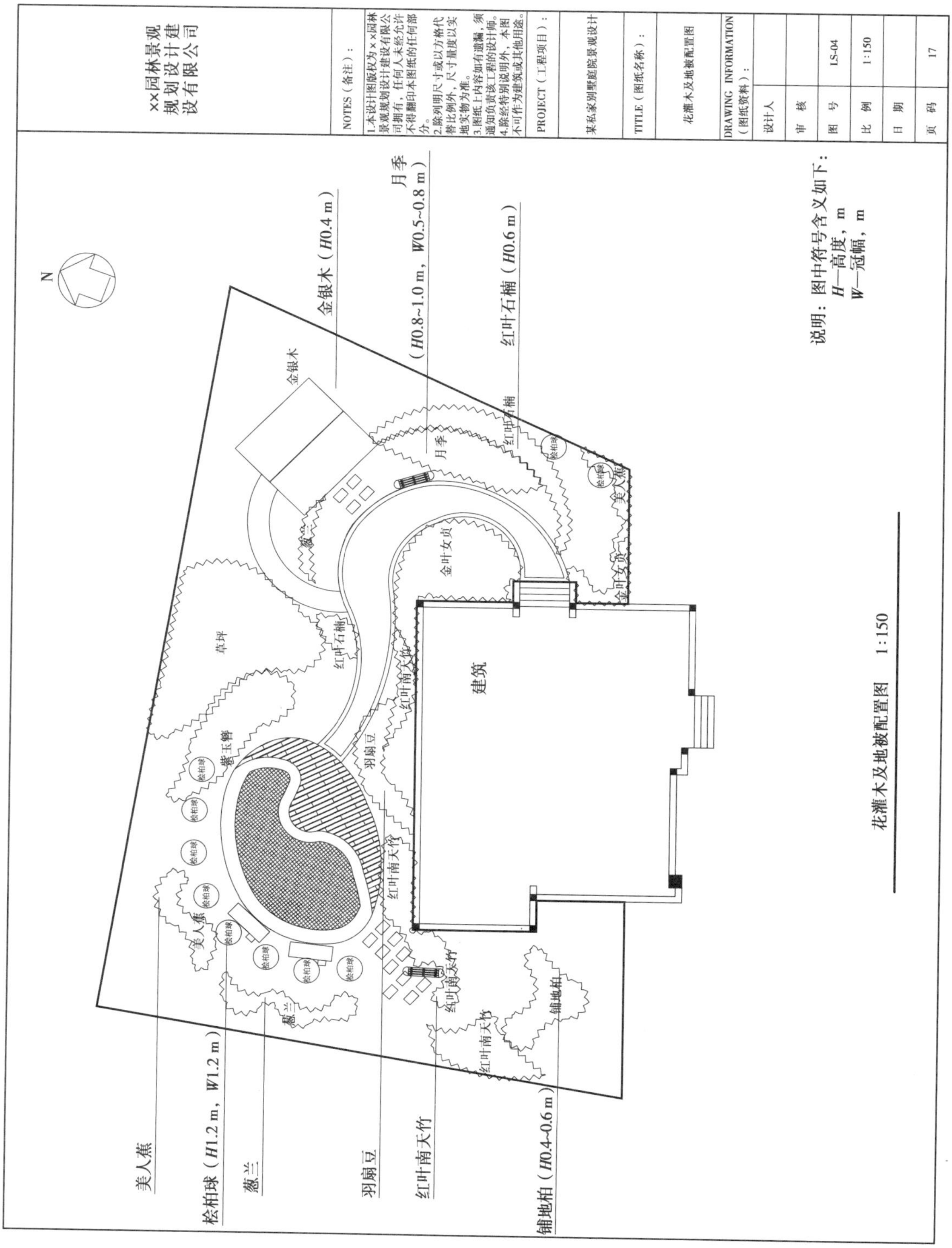

花灌木及地被配置图 1:150

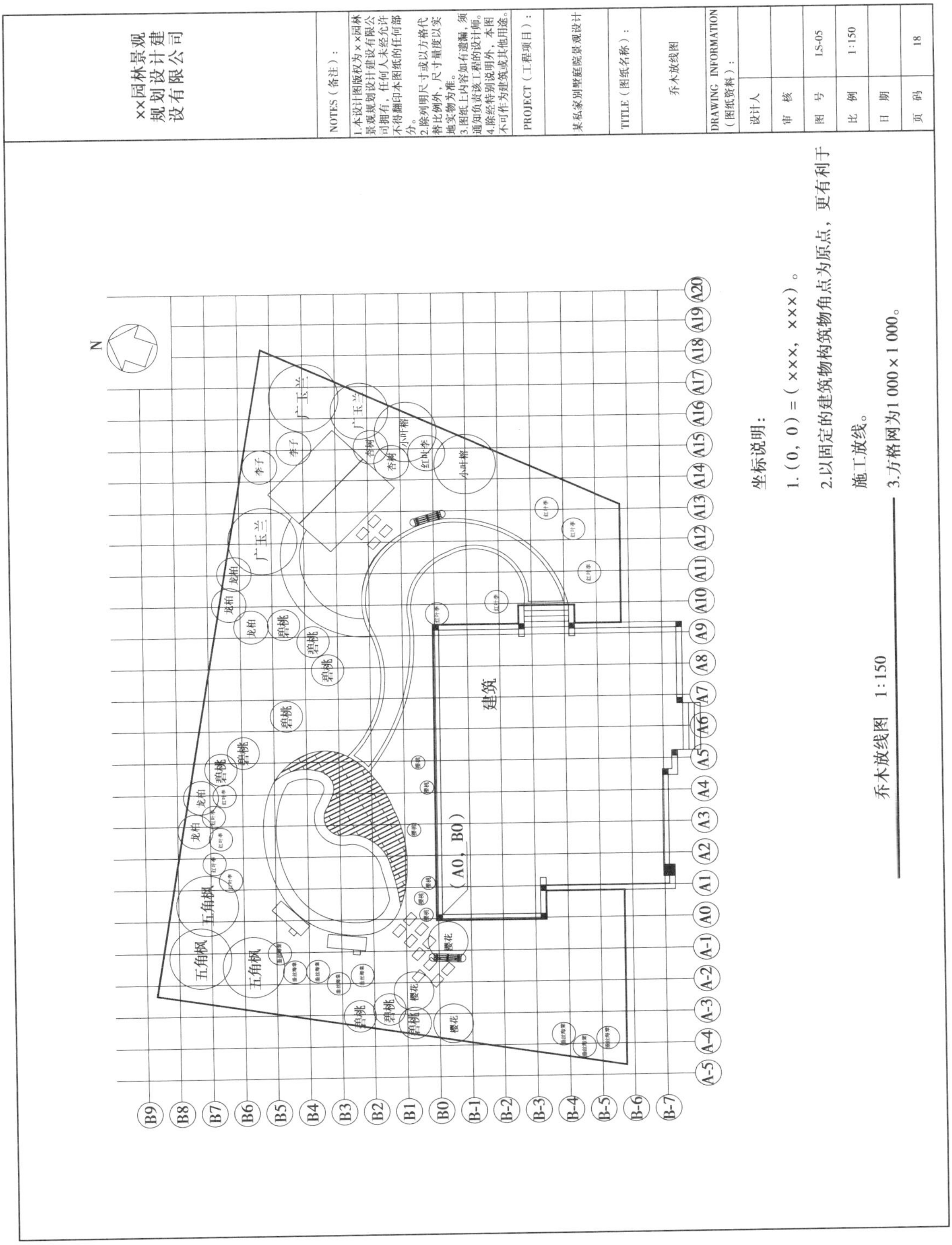
××园林景观规划设计建设有限公司
NOTES（备注）：
1.本设计图版权为××园林景观规划设计建设有限公司拥有，任何人未经允许不得翻印本图纸的任何部分。
2.除列明尺寸或以方格代替比例外，尺寸量度以实地实物为准。
3.图纸上内容如有遗漏，须通知负责该工程的设计师。
4.除经特别说明外，本图不可作为建筑或其他用途。
PROJECT（工程项目）：
某私家别墅庭院景观设计
TITLE（图纸名称）：
乔木放线图
DRAWING INFORMATION（图纸资料）：
设计人
审核
图号 LS-05
比例 1:150
日期
页码 18
N
广玉兰
李子
杏树
小叶榕
红叶李
龙柏
碧桃
建筑
（A0，B0）
五角枫
樱花
A-5 A-4 A-3 A-2 A-1 A0 A1 A2 A3 A4 A5 A6 A7 A8 A9 A10 A11 A12 A13 A14 A15 A16 A17 A18 A19 A20
B9 B8 B7 B6 B5 B4 B3 B2 B1 B0 B-1 B-2 B-3 B-4 B-5 B-6 B-7
坐标说明：
1.（0，0）=（×××，×××）。
2.以固定的建筑构筑物角点为原点，更有利于施工放线。
3.方格网为1 000×1 000。
乔木放线图　1:150

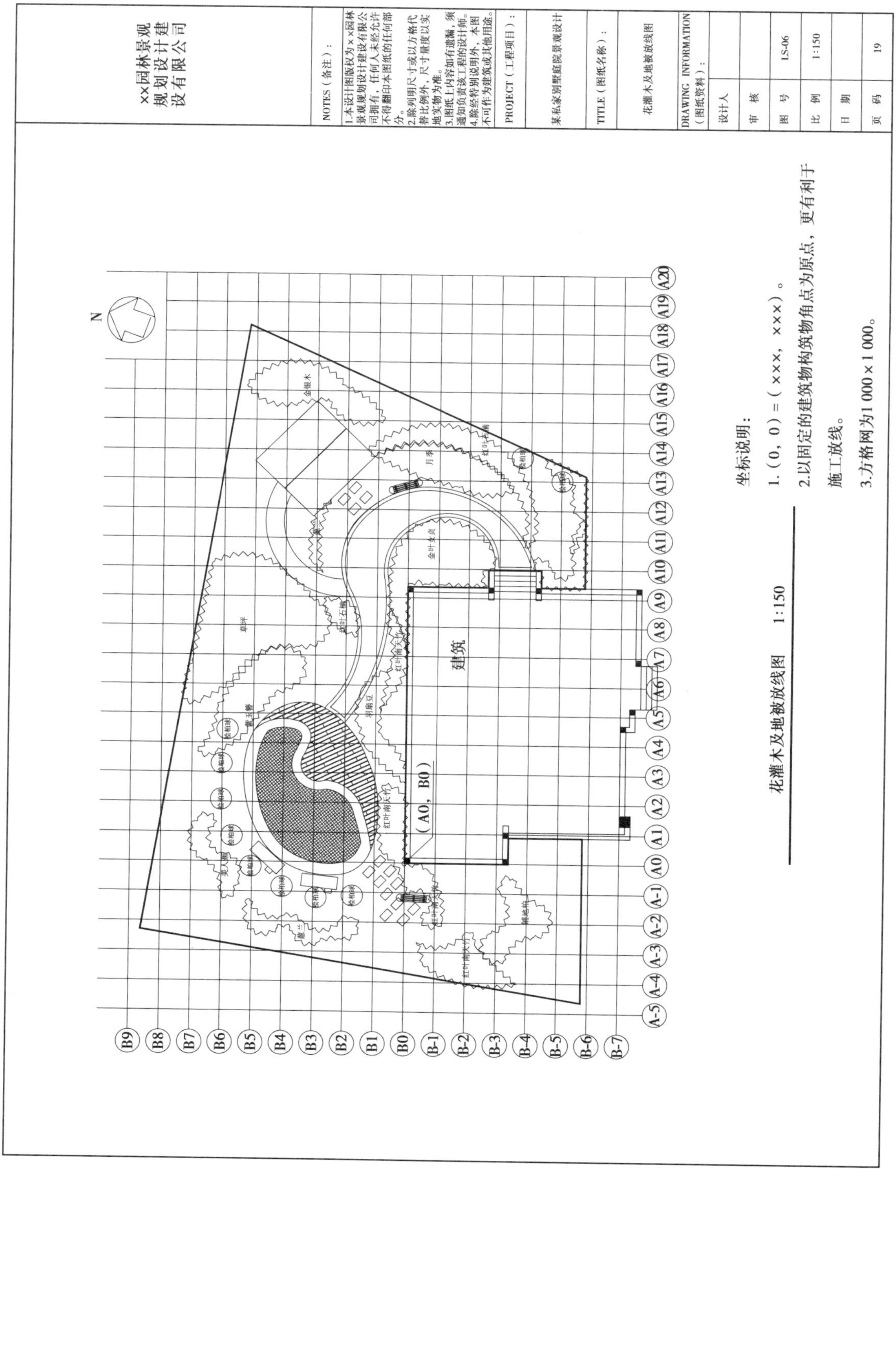
××园林景观规划设计建设有限公司
NOTES（备注）：
1.本设计图版权为××园林景观规划设计建设有限公司拥有，任何人未经允许不得翻印本图纸的任何部分。
2.除列明尺寸或以方格代替比例外，尺寸量度以实地实物为准。
3.图纸上内容如有遗漏，须通知负责该工程的设计师。
4.除经特别说明外，本图不可作为建筑或其他用途。
PROJECT（工程项目）：
某私家别墅庭院景观设计
TITLE（图纸名称）：
花灌木及地被放线图
DRAWING INFORMATION（图纸资料）：
设计人
审 核
图 号 LS-06
比 例 1:150
日 期
页 码 19
N
金银木
月季
红叶石楠
金叶女贞
草坪
建筑
桧柏球
（A0，B0）
A-5 A-4 A-3 A-2 A-1 A0 A1 A2 A3 A4 A5 A6 A7 A8 A9 A10 A11 A12 A13 A14 A15 A16 A17 A18 A19 A20
B9 B8 B7 B6 B5 B4 B3 B2 B1 B0 B-1 B-2 B-3 B-4 B-5 B-6 B-7
花灌木及地被放线图 1:150
坐标说明：
1.（0，0）=（×××，×××）。
2.以固定的建筑物构筑物角点为原点，更有利于施工放线。
3.方格网为1 000×1 000。

乔木规格表

序号	植物名	数量	单位	胸径（cm）	高度（m）	冠幅（m）	备注
1	小叶榕	2	株	14~16	8.0~9.0	2.5~3.0	全冠，五级分枝以上，树形端正
2	五角枫	3	株	14~16	8.0~9.0	2.0~2.5	全冠，五级分枝以上，树形端正
3	广玉兰	4	株	12~14	7.0~8.0	3.0~3.5	全冠，五级分枝以上，树形端正
4	龙柏	5	株	10~12	6.0~7.0	1.0~1.5	全冠，五级分枝以上，树形端正
5	樱花	6	株	12~14	7.0~8.0	2.0~2.5	全冠，三级分枝以上，树冠平展、端正
6	碧桃	9	株	8~10	4.0~5.0	2.0~2.5	全冠，三级分枝以上，树冠平展、端正
7	垂丝海棠	8	株	6~8	2.5~3.0	1.5~2.0	全冠，三级分枝以上，树冠平展、端正
8	杏树	2	株	6~8	2.5~3.0	1.5~2.0	全冠，三级分枝以上，树冠平展、端正
9	红叶李	11	株	6~8	2.5~3.0	1.5~2.0	全冠，三级分枝以上，树冠平展、端正
10	李子	2	株	6~8	2.5~3.0	1.0~1.2	全冠，三级分枝以上，树冠平展、端正

灌木及地被规格表

序号	植物名	数量	单位	高度（m）	冠幅（m）	备注
1	金银木	36	株/丛	0.4	0.3~0.4	修剪后高度
2	月季	12	m^2	0.8~1.0	0.5~0.8	无病虫害
3	葱兰	5.8	m^2	0.5~0.8	0.2~0.3	无病虫害
4	樱桃	6	株	1.8~2.0	1.5~2.0	无病虫害
5	桧柏球	10	株	1.2	1.2	无病虫害
6	紫玉簪	6.3	m^2	0.5~0.8	0.2~0.3	无病虫害
7	铺地柏	16	株/丛	0.3~0.4	0.3~0.4	修剪后高度
8	红叶南天竹	25	株/丛	0.4	0.3~0.4	修剪后高度
9	红叶石楠	16	株/丛	0.6	0.3~0.4	修剪后高度
10	金叶女贞	36	株/丛	0.4	0.3~0.4	修剪后高度
11	羽扇豆	11.2	m^2	0.8~1.0	—	无病虫害
12	美人蕉	8.7	m^2	1.5~2.0	—	无病虫害
13	蓝花鼠尾草	13.5	m^2	0.8~1.0	—	无病虫害
14	草坪	364.4	m^2	—	—	无病虫害

××园林景观规划设计建设有限公司

NOTES（备注）：

1.本设计图版权为××园林景观规划设计建设有限公司拥有，任何人未经允许不得翻印本图纸的任何部分。
2.除列明尺寸或以方格代替比例外，尺寸量度以实地实物为准。
3.图纸上内容如有遗漏，须通知负责该工程的设计师。
4.除经特别说明外，本图不可作为建筑或其他用途。

PROJECT（工程项目）：

某私家别墅庭院景观设计

TITLE（图纸名称）：

植物配置表

DRAWING INFORMATION（图纸资料）：

设计人	
审　核	
图　号	LS-07
比　例	1:150
日　期	
页　码	20

实训2 某住宅庭院园林工程招标控制价编制实训

2.1 招标控制价编制实训

1）实训的目的

编制招标控制价是一个重要的实践性教学环节，是园林专业学生必须独立完成的课程设计。通过招标控制价的编制，使学生受到一次模拟实践的训练，将所学的理论知识与实际工程更好地结合起来，提高学生运用专业知识解决具体问题的能力，使学生理解工程造价构成，熟练掌握工程量清单计价的方法和技巧、培养学生编制招标控制价的专业技能。

2）编制依据

①《建设工程工程量清单计价规范》(GB 50500—2013)和《园林绿化工程工程量计算规范》(GB 50858—2013)、《房屋建筑与装饰工程工程量计算规范》(GB 50854—2013)等相关工程的计算规范。

②国家或省级、行业建设主管部门颁发的计价定额和办法。

③建设工程设计文件及相关资料。

④拟定的招标文件及招标工程量清单。

⑤与建设工程有关的标准、规范、技术资料。

⑥施工现场情况、地勘水文资料、工程特点及常规施工方案。

⑦工程造价管理机构发布的工程造价信息，当工程造价信息没有发布时，参照市场价。

⑧其他相关资料。

3）实训方法

采用真实的园林工程施工图纸、清单表格，收集真实的造价资料，模拟实际工作环境进行园林工程招标控制价编制的仿真训练。

①划分实训小组，开展小组讨论。每个学生独立完成所有实训内容。

②全面阅读设计文件、标准图集等资料、进行图纸会审。

③主动收集本地区人工、材料、机具市场价格或造价信息等资料，根据实际情况进行选择或

调整。

④根据施工现场情况、地勘水文资料、工程特点，拟订常规施工方案。

⑤熟悉工程量清单计价规范、计算规范，按计算规范附录的顺序或施工顺序正确列项。

⑥运用统筹法减少工程量的重复计算，工程量计算准确。

⑦根据本地区计价定额和计价规定，确定分项工程和单价措施项目的综合单价。

⑧根据本地区计价规定，总价措施项目费、其他项目费、规费、税金并汇总。

⑨提倡相互讨论、询问老师，禁止抄袭。

4）实训步骤

（1）做好准备工作

领取实训任务书、设计文件、计价表格。收集实训所需资料：标准、规范、本地区计价定额、计价办法、政策法规等。认真听取老师布置实训任务，清楚实训的内容和要求。全面阅读设计文件、标准图集、图纸会审记录、招标文件、招标工程量清单等，全面了解工程项目。

（2）列项

列项是否正确直接关系到工程量清单编制的完整性、准确性，在熟悉计算规范、阅读施工图纸、拟订常规施工方案的基础上，列出需要计算的分部分项工程项目名称。

（3）工程量计算

当设计文件出现矛盾时，在图纸会审中明确，或者按照常规做法处理，并在总说明中注明。单个分部分项工程计算顺序，可按顺时针方向计算法、"先横后竖、先上后下、先左后右"计算法、图纸分项编号顺序计算法、按图纸上定位轴线编号等顺序计算。运用统筹法进行工程量计算，减少工程量的重复计算。

（4）编制招标控制价

①工程量清单综合单价分析计算。综合单价分析表就是将构成招标控制价的综合单价中所含人工费、材料费、施工机具使用费、企业管理费和利润各项费用进行分析和分拆的表格，重点是对综合单价中工料机费用构成进行分析。

②计算分部分项工程和单价措施项目费。编制分部分项工程和单价措施项目费实质就是综合单价的组价。综合单价的组价一般可套用计价定额计算综合单价或根据实际费用估算综合单价。

③计算总价措施项目费。措施项目中的总价项目应根据拟订的招标文件和常规施工方案的规定计价。编制招标控制价时安全文明施工费不得作为竞争性费用，应按本地区行业建设主管部门的规定计取。

④计算其他项目清单费。

暂列金额应按招标工程量清单中列出的金额填写。

暂估价中的材料、工程设备单价应按招标工程量清单中列出的单价计入综合单价。

暂估价中的专业工程金额应按招标工程量清单中列出的金额填写。

计日工应按招标工程量清单中列出的项目根据工程特点和有关计价依据确定综合单价计算。

总承包服务费应根据招标工程量清单列出的内容和要求估算。

（5）编制单位工程招标控制价汇总表

汇总分部分项及单价措施项目费、总价措施项目费、其他项目费。

①计算规费。规费项目清单包括社会保险费(养老保险费、失业保险费、医疗保险费、工伤保险费、生育保险费)、住房公积金、工程排污费等。规费应按本地区行业建设主管部门的规定计算,不得作为竞争性费用。

②计算税金。税金包括增值税和附加税(城市维护建设税、教育费附加及地方教育费附加)。税金应按国家规定标准计算,不得作为竞争性费用,本工程增值税按一般计税法计算。

增值税销项税额=税前不含税工程造价×销项增值税率9%

附加税=税前不含税工程造价×综合附加税税率(综合附加税税率:工程在市区时为0.313%;工程在县城时为0.261%;工程不在县城镇时为0.157%)

③汇总单位工程招标控制价。编制单项工程招标控制价汇总表、建设项目招标控制价汇总表。

(6)填写总说明和封面、扉页

总说明应包括工程概况,如建设规模、工程特征、计划工期、合同工期、自然地理条件、环境保护要求等。封面、扉页应按规定的内容填写、签字、盖章。

(7)装订成册

招标控制价装订顺序:

招标控制价封面→招标控制价扉页→招标控制价总说明→建设项目招标控制价汇总表→单项工程招标控制价汇总表→单位工程招标控制价汇总表→分部分项工程和单价措施项目清单与计价表→综合单价分析表→总价措施项目清单与计价表→其他项目清单与计价汇总表→暂列金额明细表→材料(工程设备)暂估单价表→专业工程暂估价表→计日工表→总承包服务费计价表。

(8)提交成果

每名学生应提交内容完整的招标控制价表格。

5)考核办法

(1)考核内容

实训成果的完整性、规范性;工程造价的合理性;重点考核学生的职业能力,兼顾方法能力和社会能力。

(2)评分办法

实训过程占30%,内容考核占30%;格式考核占20%,纪律考核占20%。

实训过程:是否独立完成工程量清单实训任务,实训过程中协作能力、团队意识、沟通能力是否体现,是否具有创新意识和开拓精神。

内容考核:内容是否完整、方法是否正确、计算结果是否准确。

格式考核:格式是否规范、卷面是否整洁。

纪律考核:是否遵守学校作息时间,有无无故缺席、迟到、早退现象。

6)评分标准

采取五级记分制,即优、良、中、及格、不及格。

①优:准时到规定地点进行集中实训,有良好的团队意识和协作精神,能独立完成实训、实训成果完整、工程造价计算合理、具备分析问题、处理问题的能力,书写工整,格式规范,口试回答问题正确。

②良：准时到规定地点进行集中实训，有良好的团队意识和协作精神，独立完成实训，实训成果完整，工程造价计算较合理，具有一定的分析问题、处理问题的能力，书写较工整，格式规范，口试回答问题基本正确。

③中：准时到规定地点进行集中实训，有较好的团队意识和协作精神，完成实训、实训成果完整、工程造价计算基本合理、书写基本工整，格式规范，口试回答问题基本正确。

④及格：能到规定地点进行集中实训，有一定团队意识和协作精神，能完成实训，实训成果基本完整，格式基本规范，口试能回答一些问题。

⑤不及格：不到规定地点进行集中实训，抄袭实训成果或实训成果不完整，不能回答口试问题。

2.2 招标控制价表格组成

2.2.1 招标控制价封面

________________________________工程

招标控制价

招　标　人：________________________

（单位盖章）

造价咨询人：________________________

（单位盖章）

年　　月　　日

2.2.2 招标控制价扉页

______________________________工程

招标控制价

招标控制价(小写):____

(大写):____

投 标 人:____________________
(单位盖章)

造价咨询人:____________________
(单位盖章)

法定代表人
或其授权人:____________________
(签字或盖章)

法定代表人
或其授权人:____________________
(签字或盖章)

编 制 人:____________________
(造价人员签字盖专用章)

复 核 人:____________________
(造价工程师签字盖专用章)

编制时间: 年 月 日 复核时间: 年 月 日

2.2.3 工程计价总说明

总说明

工程名称： 第 页 共 页

2.2.4　建设项目招标控制价汇总表

建设项目招标控制价汇总表

工程名称：　　　　　　　　　　　　　　　　　　　　　　第　页　共　页

序号	单项工程名称	工程规模		金额（元）	其中：（元）		
		数值	计量单位		暂估价	安全文明施工费	规费
合　计							

注：1. 本表适用于建设项目招标控制价的汇总。

2. 工程规模是指根据工程类型的特征进行描述的建筑面积、占地面积、体积、长度、宽度等具体数值及计量单位。

2.2.5 单项工程招标控制价汇总表

单项工程招标控制价汇总表

工程名称： 第 页 共 页

序号	单位工程名称	金额(元)	其中:(元)		
			暂估价	安全文明施工费	规费
合 计					

注:本表适用于单项工程招标控制价的汇总。暂估价包括分部分项工程中的暂估价和专业工程暂估价。

2.2.6　单位工程招标控制价汇总表

单位工程招标控制价汇总表

（适用于一般计税方法）

工程名称：　　　　　　　　　　　　标段：　　　　　　　　　　　第　页　共　页

序号	汇总内容	金　额(元)	其中:暂估价(元)
1	分部分项及单价措施项目		
1.1			
1.2			
1.3			
1.4			
2	总价措施项目		
2.1	其中:安全文明施工费		
3	其他项目		
3.1	其中:暂列金额		
3.2	其中:专业工程暂估价		
3.3	其中:计日工		
3.4	其中:总承包服务费		
4	规费		
5	创优质工程奖补偿奖励费		
6	税前不含税工程造价		
6.1	其中:除税甲供材料(设备)费		
7	销项增值税额		
8	附加税		
招标控制价合计=税前不含税工程造价+销项增值税额+附加税			

注:1. 本表适用于单位工程招标控制价的汇总,如无单位工程划分,单项工程也使用本表汇总。

2. 税前不含税工程造价 6=1+2+3+4+5。(其中各项费用均不含税)

3. 销项增值税额=[税前不含税工程造价-按规定不计税的工程设备金额-除税甲供材料(设备)费]×税率。

2.2.7 分部分项工程和单价措施项目清单与计价表

分部分项工程和单价措施项目清单与计价表

工程名称： 标段： 第 页 共 页

序号	项目编码	项目名称	项目特征描述	计量单位	工程量	金额（元）				
						综合单价	合价	其中		
								定额人工费	定额机械费	暂估价
本页小计										
合　计										

2.2.8　综合单价分析表

综合单价分析表

工程名称：　　　　　　　　　　　　标段：　　　　　　　　　　第　页　共　页

<table>
<tr><td>项目编码</td><td colspan="2"></td><td>项目名称</td><td colspan="2"></td><td colspan="2">计量单位</td><td colspan="2"></td><td>工程量</td><td></td></tr>
<tr><td colspan="12">清单综合单价组成明细</td></tr>
<tr><td rowspan="2">定额编号</td><td rowspan="2" colspan="2">定额项目名称</td><td rowspan="2">定额单位</td><td rowspan="2">数量</td><td colspan="4">单　价</td><td colspan="3">合　价</td></tr>
<tr><td>人工费</td><td>材料费</td><td>机械费</td><td>管理费和利润</td><td>人工费</td><td>材料费</td><td>机械费 / 管理费和利润</td></tr>
<tr><td></td><td colspan="2"></td><td></td><td></td><td></td><td></td><td></td><td></td><td></td><td></td><td></td></tr>
<tr><td></td><td colspan="2"></td><td></td><td></td><td></td><td></td><td></td><td></td><td></td><td></td><td></td></tr>
<tr><td></td><td colspan="2"></td><td></td><td></td><td></td><td></td><td></td><td></td><td></td><td></td><td></td></tr>
<tr><td></td><td colspan="2"></td><td></td><td></td><td></td><td></td><td></td><td></td><td></td><td></td><td></td></tr>
<tr><td></td><td colspan="2"></td><td></td><td></td><td></td><td></td><td></td><td></td><td></td><td></td><td></td></tr>
<tr><td colspan="9">小　计</td><td></td><td></td><td></td></tr>
<tr><td colspan="9">未计价材料费</td><td colspan="3"></td></tr>
<tr><td colspan="9">清单项目综合单价</td><td colspan="3"></td></tr>
</table>

项目编码		项目名称		计量单位		工程量						
清单综合单价组成明细												
定额编号	定额项目名称	定额单位	数量	单价				合价				
				人工费	材料费	机械费	管理费和利润	人工费	材料费	机械费	管理费和利润	
小计												
未计价材料费												
清单项目综合单价												
材料费明细	主要材料名称、规格、型号			单位	数量			单价（元）	合价（元）	暂估单价（元）	暂估合价（元）	
	其他材料费							—		—		
	材料费小计							—		—		

注：1. 如不使用省级或行业建设主管部门发布的计价依据，可不填定额编号、名称等。

2. 招标文件提供了暂估单价的材料，按暂估的单价填入表内“暂估单价”栏及“暂估合价”栏。

2.2.9 总价措施项目清单与计价表

总价措施项目清单与计价表

工程名称： 标段： 第 页 共 页

序号	项目编码	项目名称	计算基础	费率（%）	金额（元）	调整费率（%）	调整后金额（元）	备注
		安全文明施工费						
		夜间施工增加费						
		二次搬运费						
		冬雨季施工增加费						
		已完工程及设备保护费						
		工程定位复测费						
合 计								

2.2.10　其他项目清单与计价表

其他项目清单与计价表

工程名称：　　　　　　　　　　　　　　标段：　　　　　　　　　　　　　　第　页　共　页

序号	项目名称	金额（元）	结算金额（元）	备注
1	暂列金额			
2	暂估价			
2.1	材料（工程设备）暂估价			
2.2	专业工程暂估价			
3	计日工			
4	总承包服务费			
5	索赔与现场签证			
合　计				

注：材料（工程设备）暂估单价计入清单项目综合单价，此处不汇总。

2.2.11 暂列金额明细表

暂列金额明细表

工程名称： 标段： 第 页 共 页

序号	项目名称	计量单位	暂定金额(元)	备注
1				
2				
3				
4				
5				
6				
7				
8				
9				
10				
11				
合 计				—

2.2.12　材料（工程设备）暂估单价及调整表

材料（工程设备）暂估单价及调整表

工程名称：　　　　　　　　　　　　标段：　　　　　　　　　　　　第　页　共　页

序号	材料（工程设备）名称、规格、型号	计量单位	数量		暂估（元）		确认（元）		差额±（元）		备注
			暂估	确认	单价	合价	单价	合价	单价	合价	
合　计											

注：此表由招标人填写“暂估单价”，并在备注栏说明暂估价的材料、工程设备拟用在哪些清单项目上，投标人应将上述材料、工程设备暂估价单价计入工程量清单综合单价报价中。

2.2.13 专业工程暂估单价及调整表

专业工程暂估单价及调整表

工程名称： 标段： 第 页 共 页

序号	工程名称	工程内容	暂估金额(元)	结算金额(元)	差额±(元)	备注
合 计						

注：此表“暂估金额”由招标人填写，投标人应将“暂估金额”计入投标总价中。

2.2.14 计日工表

计日工表

工程名称： 标段： 第 页 共 页

编号	项目名称	单位	暂定数量	实际数量	综合单价（元）	合价（元）	
						暂定	实际
一	人 工						
1							
2							
3							
人工小计							
二	材 料						
1							
2							
3							
4							
材料小计							
三	施工机械						
1							
2							
3							
施工机械小计							
总 计							

注：1. 此表项目名称、暂定数量由招标人填写，编制招标控制价时，单价由招标人按有关计价规定确定；投标时，单价由投标人自主报价，按暂定数量计算合价计入投标总价中。结算时，按发承包双方确认的实际数量计算合价。若采用一般计税法，材料单价、施工机械台班单价应不含税。

2. 此表综合单价中包括管理费、利润、安全文明施工费等。

2.2.15 总承包服务费计价表

总承包服务费计价表

工程名称: 标段: 第 页 共 页

序号	项目名称	项目价值(元)	服务内容	计算基础	费率(%)	金额(元)
1	发包人发包专业工程					
2	发包人提供材料					
合 计		—	—		—	

注:此表项目名称、服务内容由招标人填写,编制招标控制价时,费率及金额由招标人按有关计价规定确定;投标时,费率及金额由投标人自主报价,计入投标总价中。

2.3 某住宅庭院景观设计施工图纸

图纸使用建议

为提高练习者编制招标控制价的能力,培养练习者分析和解决园林工程造价实际问题的能力,在此选择了一套具有代表性的某住宅庭院景观设计施工图纸,供教学练习使用。

1. 施工图纸若存在错误、遗漏、矛盾之处,建议练习者模拟设计单位,提出合理的设计变更方案,以图纸补充说明的方式作为施工图补充。

2. 涉及施工方案的内容,建议练习者应模拟工程技术人员,根据质量验收规范及工程实际情况,选择常规的施工方案,在施工组织设计中明确。

3. 需要招标人明确的内容,建议练习者模拟招标人,在招标文件中明确相关内容,作为编制招标控制价的依据。

某住宅庭院景观设计

NOTES(备注)：

1.本设计图版权为××园林景观规划设计建设有限公司拥有，任何人未经允许不得翻印本图纸的任何部分。
2.除列明尺寸或以方格代替比例外，尺寸量度以实地实物为准。
3.图纸上内容如有遗漏，须通知负责该工程的设计师。
4.除经特别说明外，本图不可作为建筑或其他用途。

PROJECT(工程项目)：

某住宅庭院景观设计

TITLE(图纸名称)：

封面

DRAWING INFORMATION (图纸资料)：

设计人	
审　核	
图　号	
比　例	
日　期	
页　码	

施工图设计说明

一、工程概况

*工程名称：某住宅庭院景观设计

*工程地点：成都市

*景观设计面积：约800 m^2

二、设计依据

*国家及地方颁发的有关工程建设的各类规范、规定与标准。

*甲方认可的景观规划设计方案及初步设计文件。

*甲方提供的建筑规划总图、建筑一层平面图、管线(雨水、污水、强电、弱电)总平面布置图。

三、设计深度

按照《建筑工程设计文件编制深度规定》（2016年版）中施工图设计深度及园林绿化设计规范的有关要求的设计深度。

四、技术说明

1.各详图的±0.000和其余相对标高仅表示相对高差值，与其他图纸的标高值无任何联系，总图的系统标高以标高图为准。

2.本项目图纸尺寸：标高以米(m)为单位，植物规格以厘米(cm)为单位，其余的以毫米(mm)为单位，若尺寸与现场有出入或冲突，以现场实际尺寸为准。

3.地下管线应在绿化施工前铺设。

4.所有钢结构与钢构件的选用与施工须按照国家相关规范执行。

五、竖向设计

1.本工程设计中如无特殊标明，竖向设计坡度均按下列坡度设计：

*广场及庭院：坡向排水方向，坡度0.5%；

*道路横坡：坡向路沿，坡度0. 5%；

*台阶及坡道平台：坡向排水方向，坡度0. 5%；

*种植区：坡向排水方向，坡度0.5%；

*排水明沟：坡向集水口，坡度0.5%。

2.所有地面排水应从建筑物基座或建筑外墙面向外找坡0.5%。

3.施工前施工方应与业主协调建筑出入口处的室内外高差关系，并通知设计师以便协调室外场地竖向关系。

4.所有围墙、栏杆、装饰格等须在土建施工完成后，复核尺寸，并根据实际尺寸施工。

六、软景施工

1.土壤应疏松湿润，排水良好，pH值为5~7，含有机质的肥沃土壤。

2.草坪，花卉种植地应施基肥，翻耕25~30 cm，搂平耙细去除杂物，平整度和坡度符合设计要求。

3.树木土球直径：普通苗木土球直径应为胸径7倍以上，大苗土球应加大，根据不同情况土球是胸径的7~10倍，土球厚度应是高度的2/3。

4.苗木要求：

*严格按苗木表规格购苗，应选择枝干健壮、形体优美的苗木，大苗移植尽量减少截枝量，严禁没枝的单干单木，乔木分枝点不少于4个。

5.植后应每天浇水至少两次，集中养护管理。

6.种植：

按园林绿化常规方法施工，要求基肥应与碎土充分混匀。成列的乔木应按苗木的自然高度依次排列；点植的花草树木应自然种植，高低错落有致。种植土应击碎分层捣实，最后起土圈并淋足定根水。

7.修剪造型：

花草树木种植后，应修剪造型，使花草树木种植后初始冠型能有利于将来形成优美冠型，达到理想绿化景观。

NOTES(备注)：

1.本设计图版权为××园林景观规划设计建设有限公司拥有，任何人未经允许不得翻印本图纸的任何部分。

2.除列明尺寸或以方格代替比例外，尺寸量度以实地实物为准。

3.图纸上内容如有遗漏，须通知负责该工程的设计师。

4.除经特别说明外，本图不可作为建筑或其他用途。

PROJECT(工程项目)：

某住宅庭院景观设计

TITLE(图纸名称)：

设计说明

DRAWING INFORMATION (图纸资料)：

设计人	
审　核	
图　号	
比　例	
日　期	
页　码	

序号	图纸内容		编号	图幅	页码
01	总图	总平面图	ZT01	A3	01
02		索引图	ZT02	A3	02
03		尺寸定位图	ZT03	A3	03
04		尺寸网格定位图	ZT04	A3	04
05		竖向设计图	ZT05	A3	05
06	绿化	植物配置总图	LS01	A3	06
07		植物放线图	LS02	A3	07
08		乔木配置图	LS03	A3	08
09		灌木配置图	LS04	A3	09
10		乔木放线图	LS05	A3	10
11		灌木放线图	LS06	A3	11
12		植物配置表及说明	LS07	A3	12
13	详图	园路详图	YL01	A3	13
14		汀步详图	YL02	A3	14
15		铺装1详图	PZ01	A3	15
16		铺装2详图	PZ02	A3	16
17		铺装3详图	PZ03	A3	17
18		铺装4详图	PZ04	A3	18
19		铺装5详图	PZ05	A3	19
20		铺装6详图	PZ06	A3	20
21		雕塑详图	JS01	A3	21
22		游泳池详图1	JS02-1	A3	22
23		游泳池详图2	JS02-1	A3	23
24		廊架详图1	JS03-1	A3	24
25		廊架详图2	JS03-2	A3	25
26		廊架详图3	JS03-3	A3	26
27		景墙详图	JS04	A3	27
28		树池详图	JS05	A3	28
29		水池详图1	JS06-1	A3	29
30		水池详图2	JS06-2	A3	30
31		亭子详图1	JS07-1	A3	31
32		亭子详图2	JS07-2	A3	32
33		喷泉详图1	JS08-1	A3	33
34		喷泉详图2	JS08-2	A3	34
35		喷泉详图3	JS08-3	A3	35
36		种植池1详图	ZZC1	A3	36
37		种植池2详图	ZZC2	A3	37
38		种植池3详图	ZZC3	A3	38
39		种植池4详图	ZZC4	A3	39
40		种植池5详图	ZZC5	A3	40
41		种植池6详图	ZZC6	A3	41
42		种植池7详图	ZZC7	A3	42
43		种植池8详图	ZZC8	A3	43
44		种植池9详图	ZZC9	A3	44

目录

NOTES(备注)：

1.本设计图版权为××园林景观规划设计建设有限公司拥有，任何人未经允许不得翻印本图纸的任何部分。
2.除列明尺寸或以方格代替比例外，尺寸量度以实地实物为准。
3.图纸上内容如有遗漏，须通知负责该工程的设计师。
4.除经特别说明外，本图不可作为建筑或其他用途。

PROJECT(工程项目)：

某住宅庭院景观设计

TITLE(图纸名称)：

目录

DRAWING INFORMATION (图纸资料)：

设计人	
审 核	
图 号	
比 例	
日 期	
页 码	

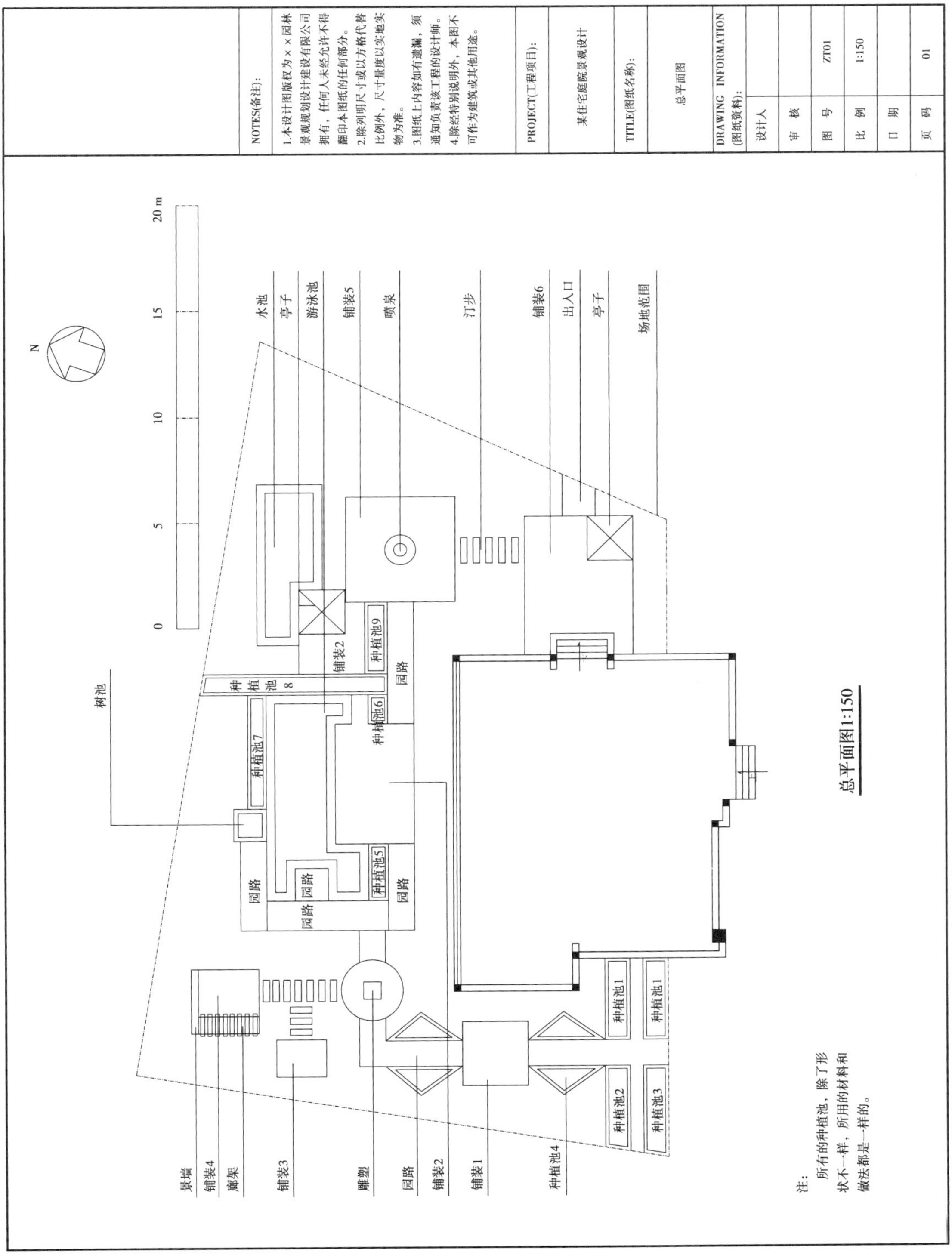
NOTES(备注):
1.本设计图版权为××园林景观规划设计建设有限公司拥有，任何人未经允许不得翻印本图纸的任何部分。
2.除列明尺寸或以方格代替比例外，尺寸量度以实地实物为准。
3.图纸上内容如有遗漏，须通知负责该工程的设计师。
4.除经特别说明外，本图不可作为建筑或其他用途。
PROJECT(工程项目):
某住宅庭院景观设计
TITLE(图纸名称):
总平面图
DRAWING INFORMATION
(图纸资料):
设计人
审核
图号 ZT01
比例 1:150
日期
页码 01
N
0 5 10 15 20 m
水池
亭子
游泳池
铺装5
喷泉
汀步
铺装6
出入口
亭子
场地范围
树池
种植池8
铺装2
种植池9
园路
种植池6
种植池7
种植池5
园路
园路
园路
园路
景墙
铺装4
廊架
铺装3
雕塑
园路
铺装2
铺装1
种植池4
种植池1
种植池1
种植池2
种植池3
总平面图1:150
注：
所有的种植池，除了形状不一样，所用的材料和做法都是一样的。

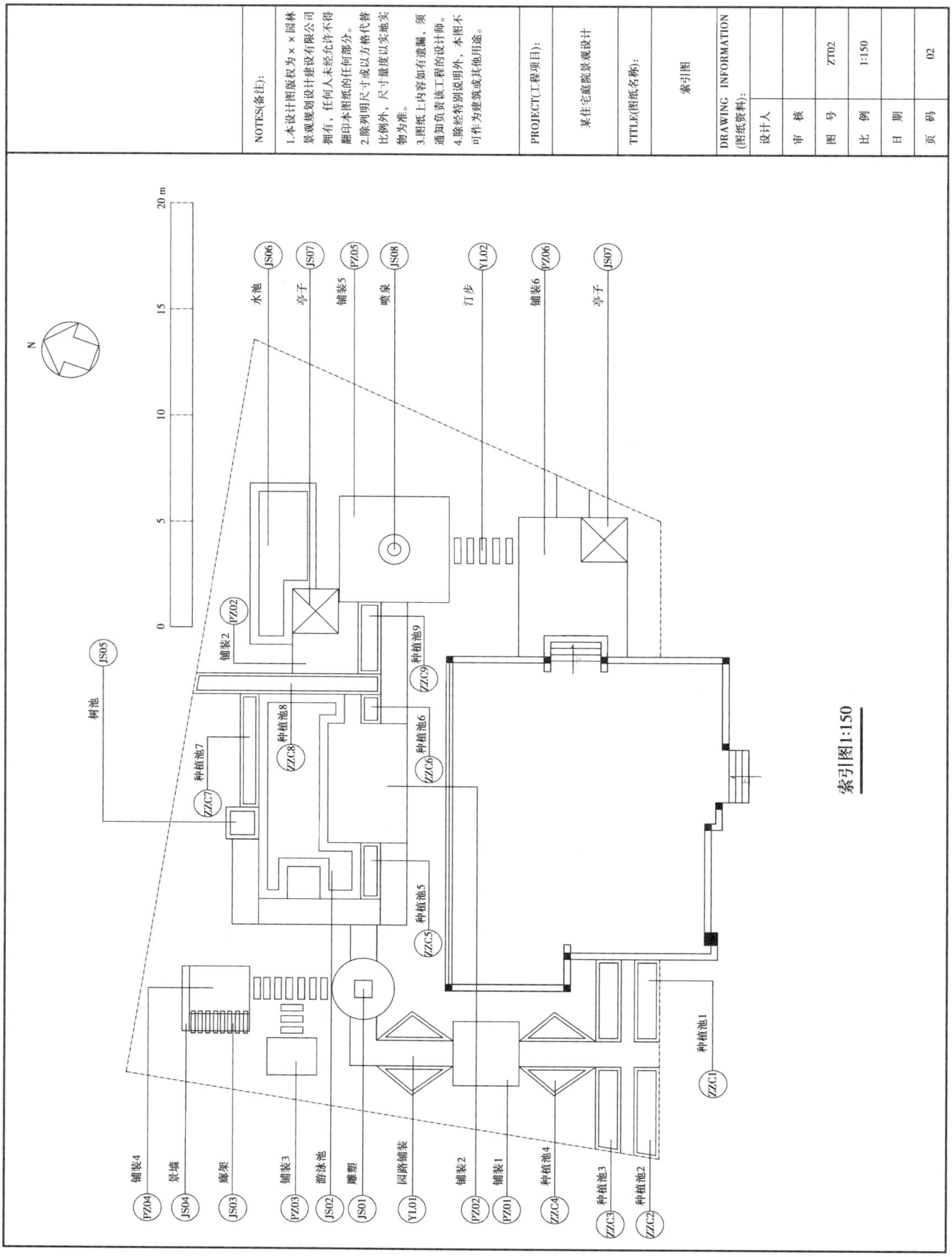
NOTES(备注):
1.本设计图版权为××园林景观规划设计建设有限公司拥有，任何人未经允许不得翻印本图纸的任何部分。
2.除列明尺寸或以方格代替比例外，尺寸量度以实地实物为准。
3.图纸上内容如有遗漏，须通知负责该工程的设计师。
4.除经特别说明外，本图不可作为建筑或其他用途。
PROJECT(工程项目):
某住宅庭院景观设计
TITLE(图纸名称):
索引图
DRAWING INFORMATION (图纸资料):
设计人
审 核
图 号 ZT02
比 例 1:150
日 期
页 码 02
0
5
10
15
20 m
N
水池 JS06
亭子 JS07
铺装5 PZ05
喷泉 JS08
汀步 YL02
铺装6 PZ06
亭子 JS07
铺装2 PZ02
树池 JS05
种植池9 ZZC9
种植池8 ZZC8
种植池7 ZZC7
种植池6 ZZC6
种植池5 ZZC5
种植池1 ZZC1
铺装4 PZ04
景墙 JS04
廊架 JS03
铺装3 PZ03
游泳池 JS02
雕塑 JS01
园路铺装 YL01
铺装2 PZ02
铺装1 PZ01
种植池4 ZZC4
种植池3 ZZC3
种植池2 ZZC2
索引图1:150

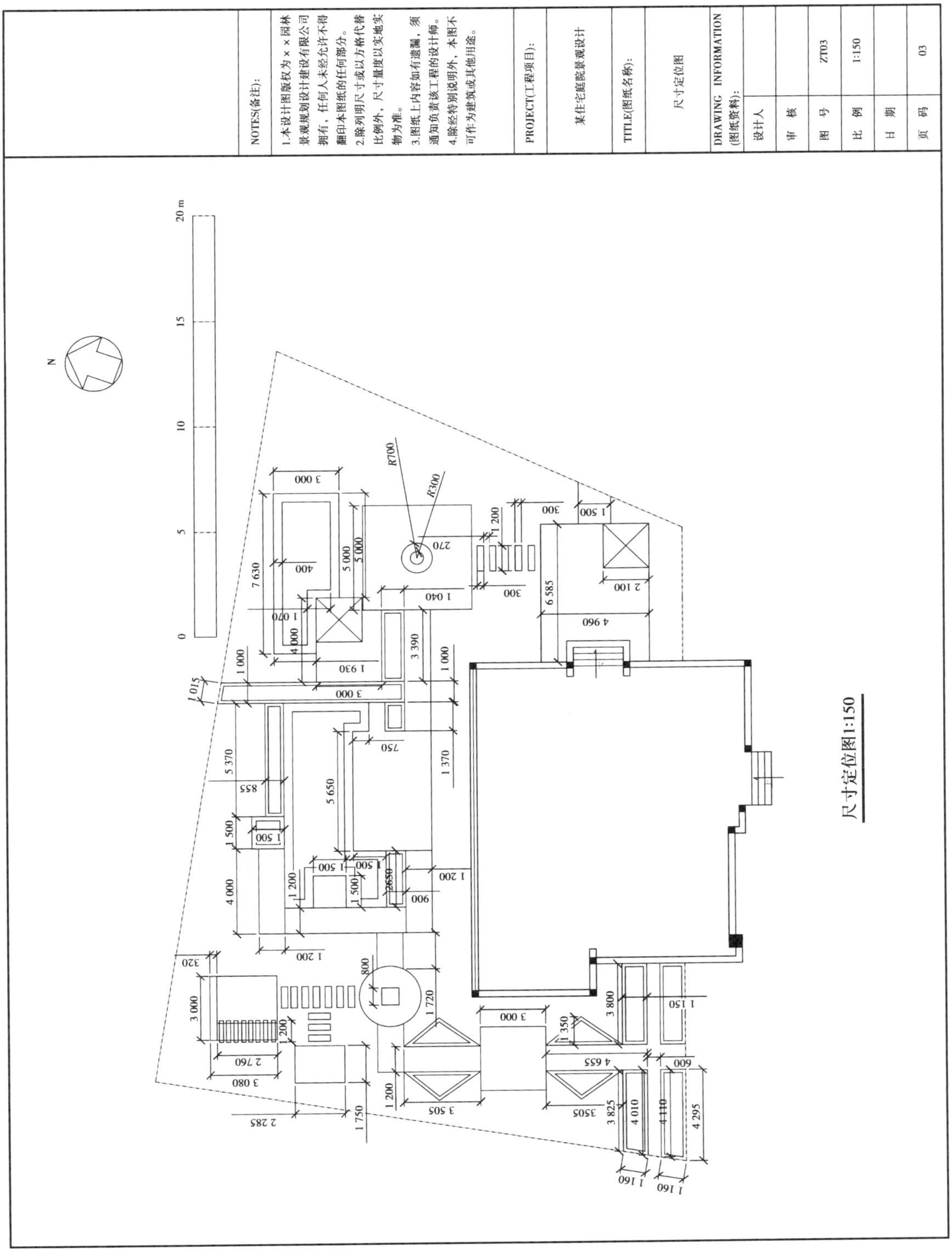
NOTES(备注):
1.本设计图版权为××园林景观规划设计建设有限公司拥有，任何人未经允许不得翻印本图纸的任何部分。
2.除列明尺寸或以方格代替比例外，尺寸量度以实地实物为准。
3.图纸上内容如有遗漏，须通知负责该工程的设计师。
4.除经特别说明外，本图不可作为建筑或其他用途。
PROJECT(工程项目):
某住宅庭院景观设计
TITLE(图纸名称):
尺寸定位图
DRAWING INFORMATION (图纸资料):
设计人
审核
图号 ZT03
比例 1:150
日期
页码 03
N
0 5 10 15 20 m
R700
R300
尺寸定位图1:150

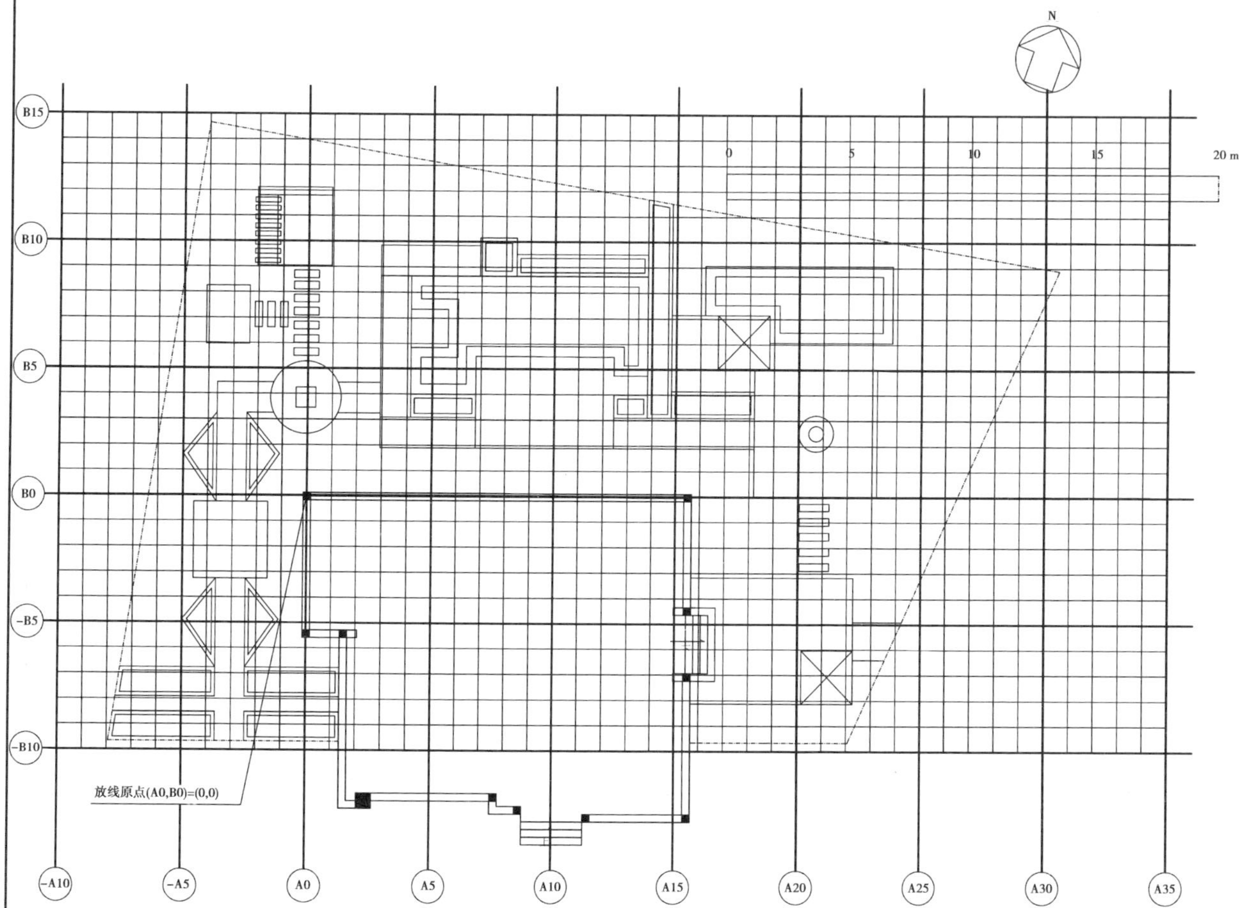

注：

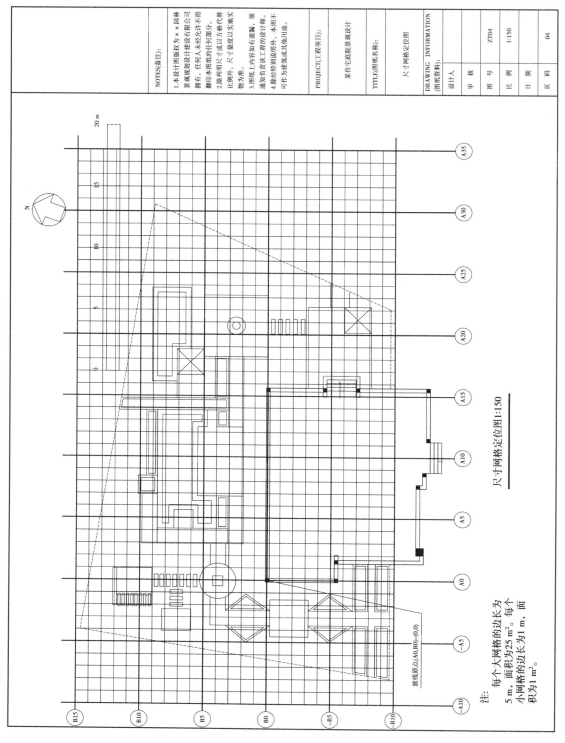

每个大网格的边长为5 m，面积为25 m²。每个小网格的边长为1 m，面积为1 m²。

尺寸网格定位图1:150

NOTES(备注)：

1.本设计图版权为××园林景观规划设计建设有限公司拥有，任何人未经允许不得翻印本图纸的任何部分。

2.除列明尺寸或以方格代替比例外，尺寸量度以实地实物为准。

3.图纸上内容如有遗漏，须通知负责该工程的设计师。

4.除经特别说明外，本图不可作为建筑或其他用途。

PROJECT(工程项目)：

某住宅庭院景观设计

TITLE(图纸名称)：

尺寸网格定位图

DRAWING INFORMATION (图纸资料)：

设计人	
审　核	
图　号	ZT04
比　例	1:150
日　期	
页　码	04

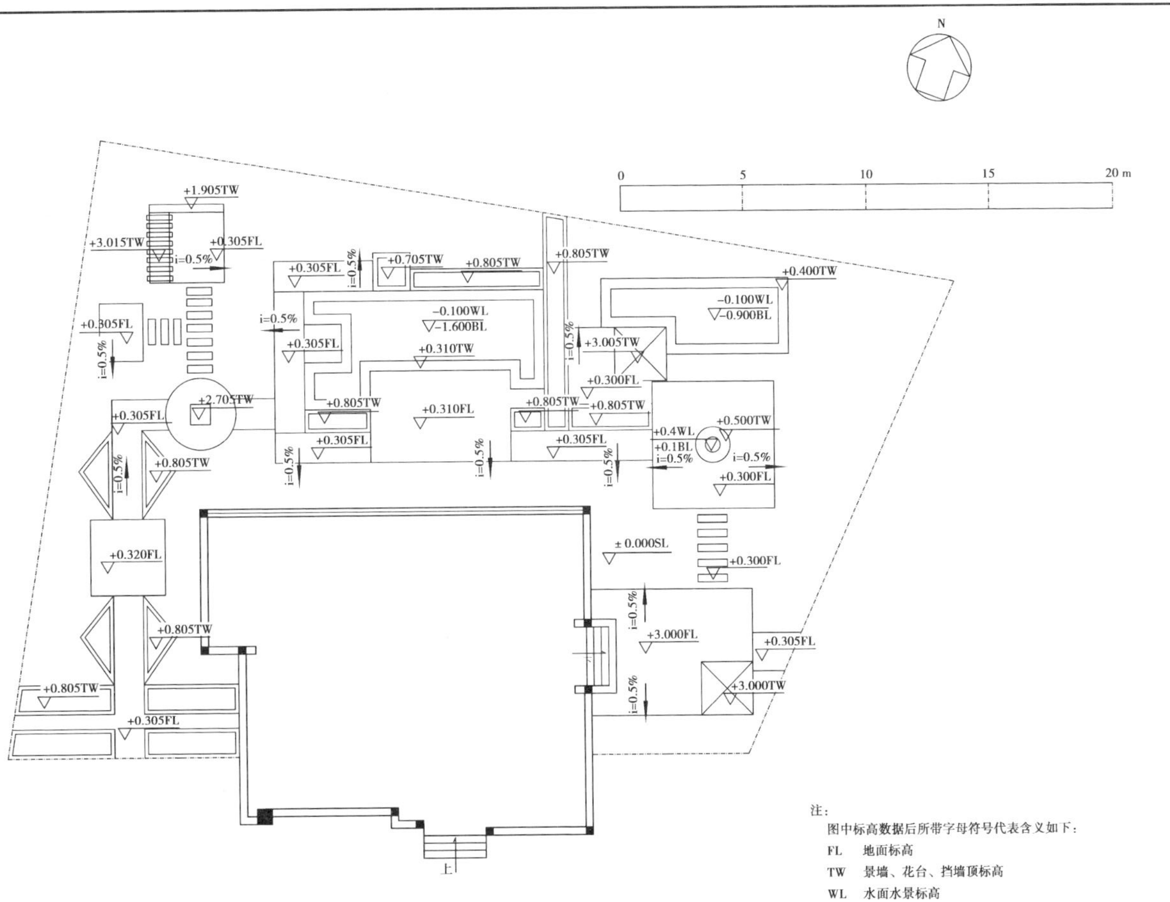

注：
图中标高数据后所带字母符号代表含义如下：
FL　地面标高
TW　景墙、花台、挡墙顶标高
WL　水面水景标高
BL　水池池底标高
SL　土面标高
→　雨水方向

竖向设计图1:150

NOTES(备注)：

1.本设计图版权为××园林景观规划设计建设有限公司拥有，任何人未经允许不得翻印本图纸的任何部分。
2.除列明尺寸或以方格代替比例外，尺寸量度以实地实物为准。
3.图纸上内容如有遗漏，须通知负责该工程的设计师。
4.除经特别说明外，本图不可作为建筑或其他用途。

PROJECT(工程项目)：
某住宅庭院景观设计

TITLE(图纸名称)：
竖向设计图

DRAWING INFORMATION (图纸资料)：

设计人	
审　核	
图　号	ZT05
比　例	1:150
日　期	
页　码	05

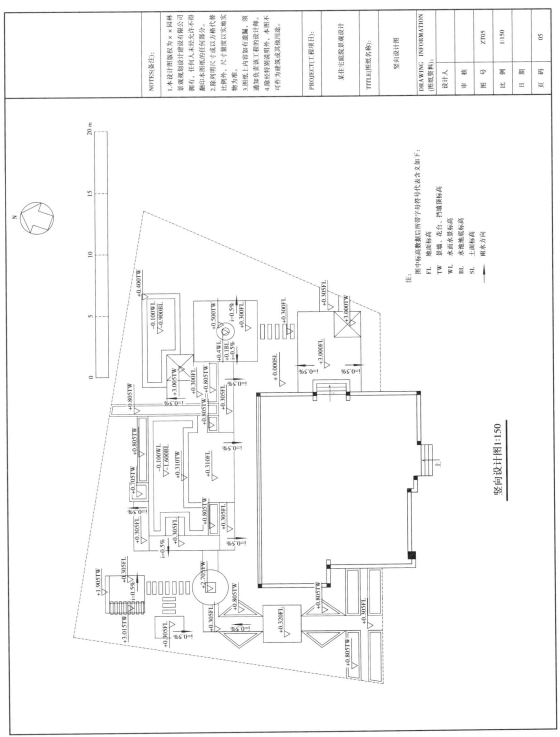

NOTES(备注):

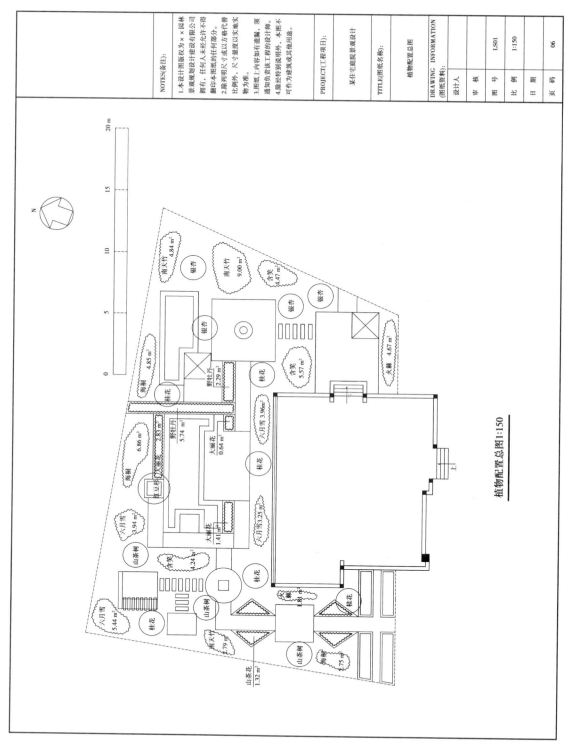

1.本设计图版权为××园林景观规划设计建设有限公司拥有，任何人未经允许不得翻印本图纸的任何部分。

2.除列明尺寸或以方格代替比例外，尺寸量度以实地实物为准。

3.图纸上内容如有遗漏，须通知负责该工程的设计师。

4.除经特别说明外，本图不可作为建筑或其他用途。

PROJECT(工程项目): 某住宅庭院景观设计

TITLE(图纸名称): 植物配置总图

DRAWING INFORMATION (图纸资料):

设计人	
审　核	
图　号	LS01
比　例	1:150
日　期	
页　码	06

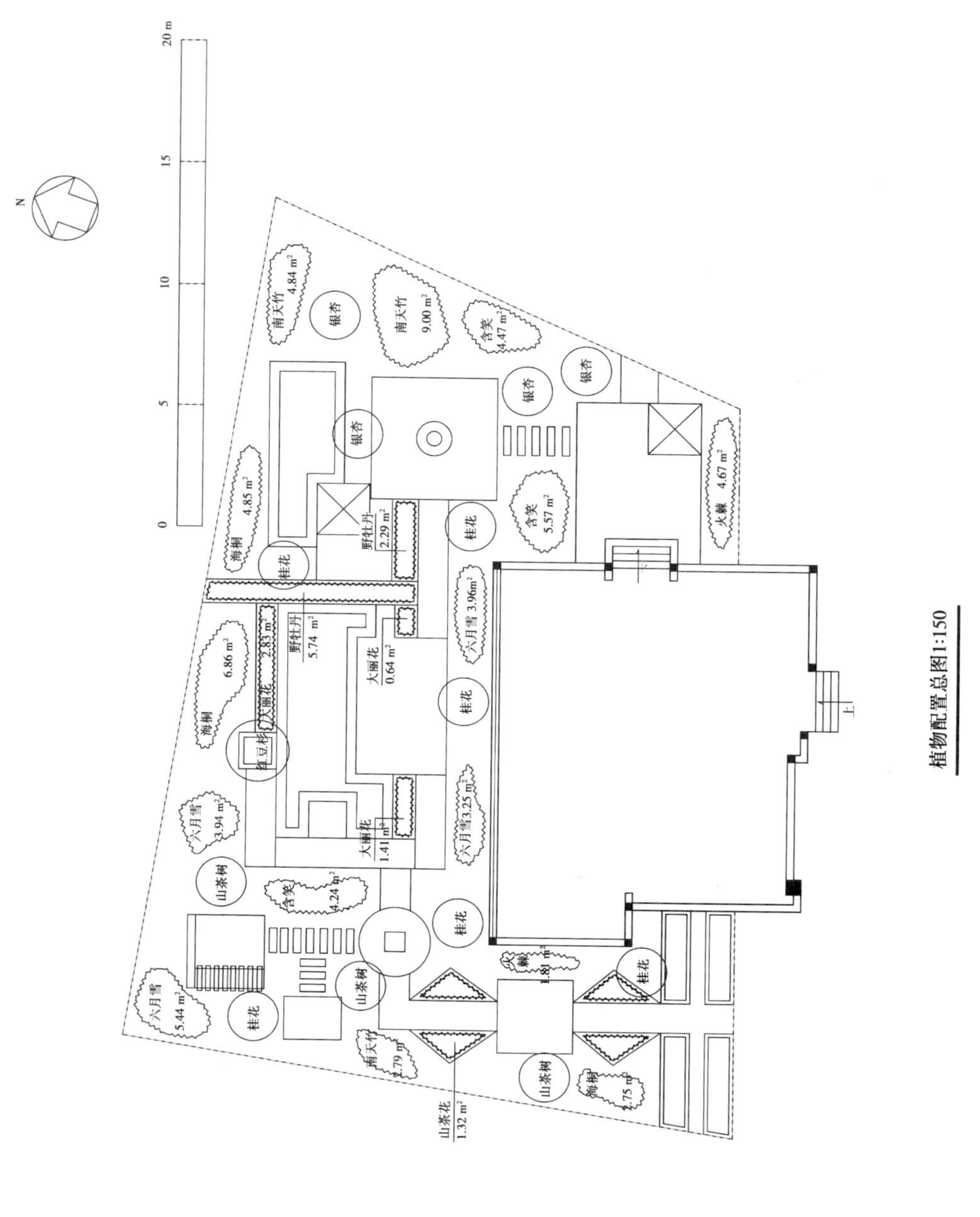

植物配置总图1:150

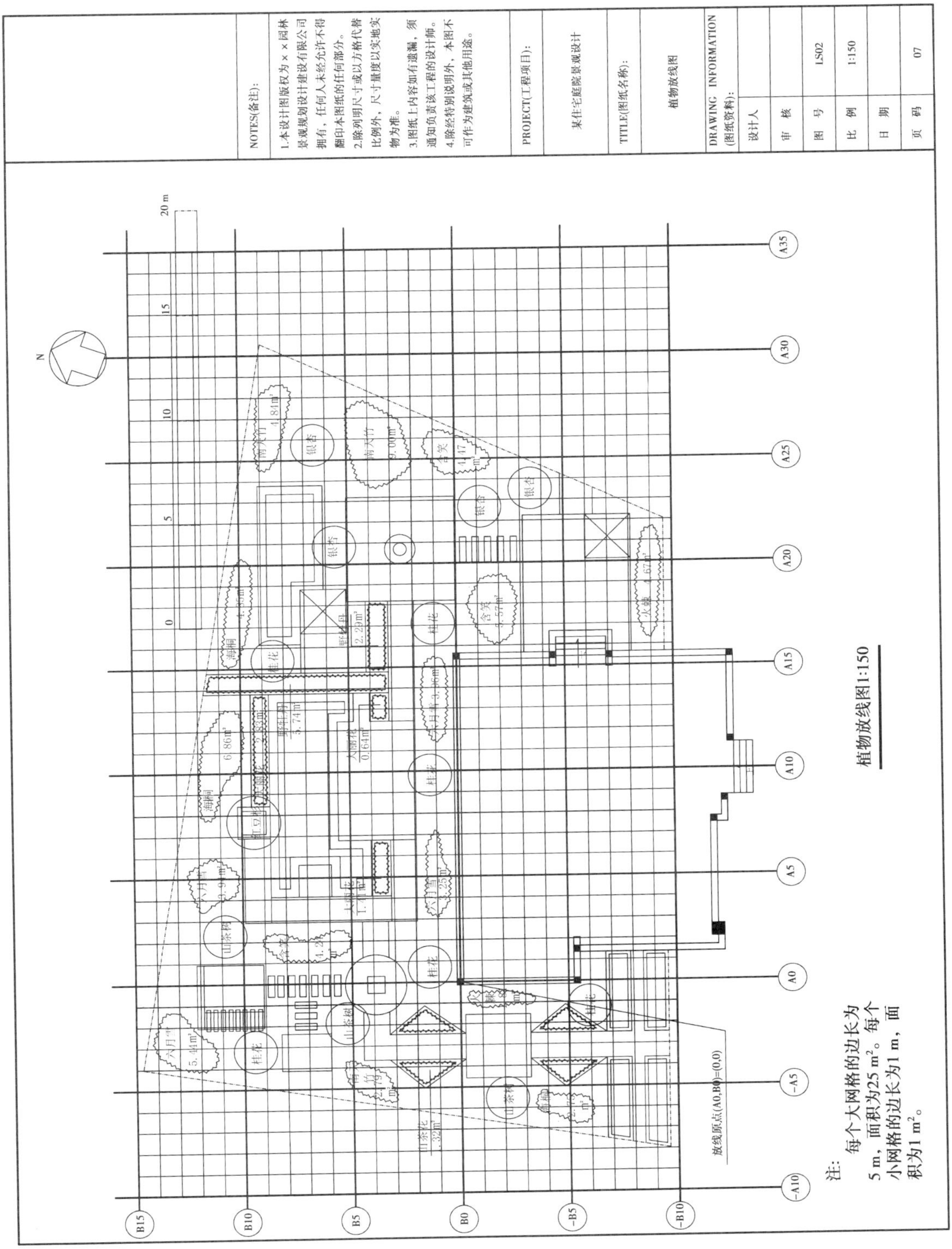
NOTES(备注):
1.本设计图版权为××园林景观规划设计建设有限公司拥有，任何人未经允许不得翻印本图纸的任何部分。
2.除列明尺寸或以方格代替比例外，尺寸量度以实地实物为准。
3.图纸上内容如有遗漏，须通知负责该工程的设计师。
4.除经特别说明外，本图不可作为建筑或其他用途。
PROJECT(工程项目):
某住宅庭院景观设计
TITLE(图纸名称):
植物放线图
DRAWING INFORMATION (图纸资料):
设计人
审核
图号 LS02
比例 1:150
日期
页码 07
植物放线图1:150
放线原点(A0,B0)=(0,0)
注：每个大网格的边长为5 m，面积为25 m²。每个小网格的边长为1 m，面积为1 m²。

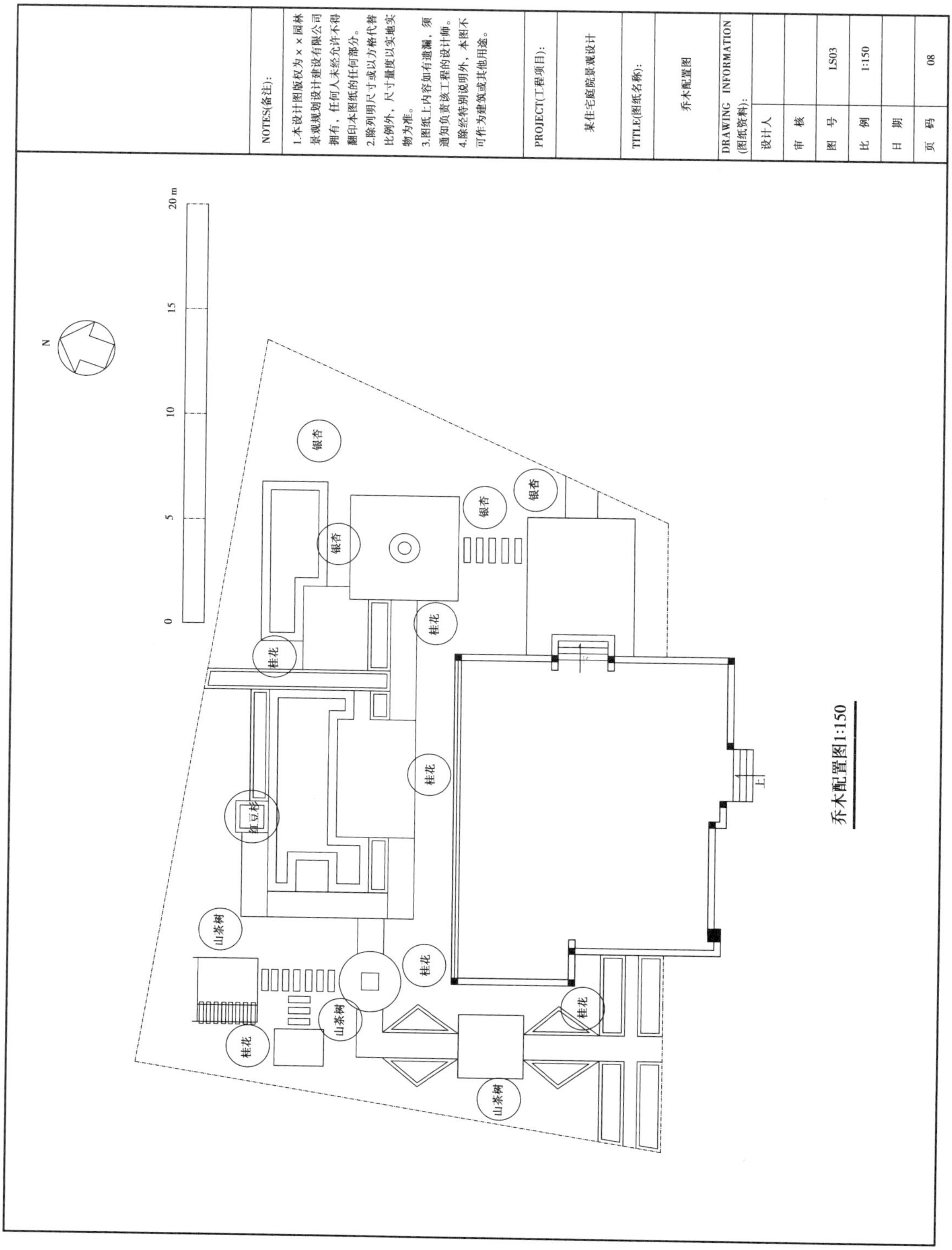
NOTES(备注):
1.本设计图版权为××园林景观规划设计建设有限公司拥有，任何人未经允许不得翻印本图纸的任何部分。
2.除列明尺寸或以方格代替比例外，尺寸量度以实地实物为准。
3.图纸上内容如有遗漏，须通知负责该工程的设计师。
4.除经特别说明外，本图不可作为建筑或其他用途。
PROJECT(工程项目):
某住宅庭院景观设计
TITLE(图纸名称):
乔木配置图
DRAWING INFORMATION (图纸资料):
设计人
审 核
图 号 LS03
比 例 1:150
日 期
页 码 08
N
0 5 10 15 20 m
银杏
银杏
银杏
银杏
桂花
桂花
桂花
桂花
桂花
桂花
红豆杉
山茶树
山茶树
山茶树
上
上
乔木配置图1:150

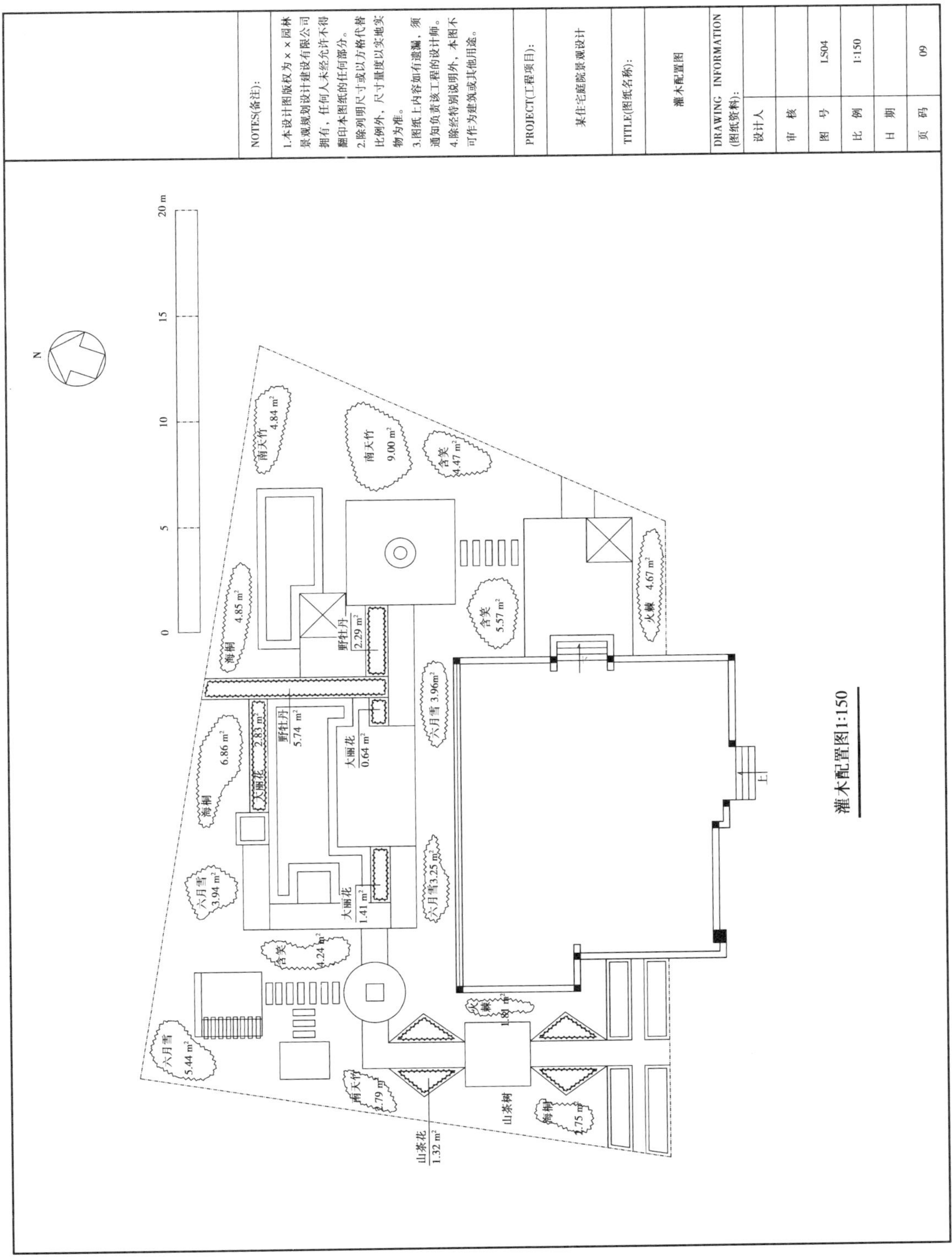
NOTES(备注):
1.本设计图版权为××园林景观规划设计建设有限公司拥有，任何人未经允许不得翻印本图纸的任何部分。
2.除列明尺寸或以方格代替比例外，尺寸量度以实地实物为准。
3.图纸上内容如有遗漏，须通知负责该工程的设计师。
4.除经特别说明外，本图不可作为建筑或其他用途。
PROJECT(工程项目):
某住宅庭院景观设计
TITLE(图纸名称):
灌木配置图
DRAWING INFORMATION (图纸资料):
设计人
审 核
图 号 LS04
比 例 1:150
日 期
页 码 09
0
5
10
15
20 m
N
南天竹 4.84 m²
南天竹 9.00 m²
含笑 4.47 m²
海桐 4.85 m²
野牡丹 2.29 m²
含笑 5.57 m²
火棘 4.67 m²
六月雪 3.96m²
海桐 6.86 m²
大丽花 2.83 m²
野牡丹 5.74 m²
大丽花 0.64 m²
六月雪 3.94 m²
大丽花 1.41 m²
六月雪 3.25 m²
含笑 4.24 m²
火棘 1.81 m²
六月雪 5.44 m²
南天竹 2.79 m²
山茶花 1.32 m²
山茶树
海桐 2.75 m²
上
灌木配置图1:150

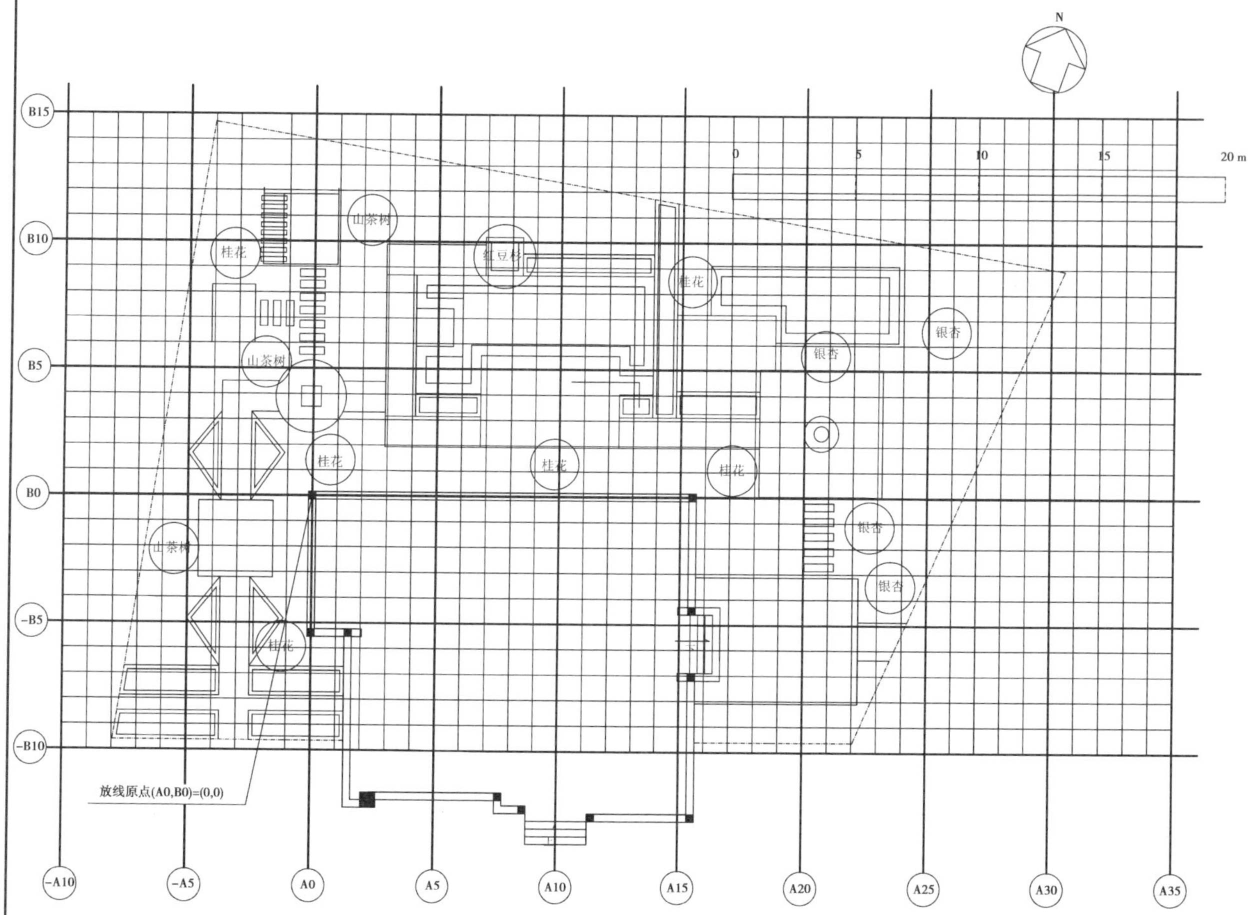

乔木放线图1:150

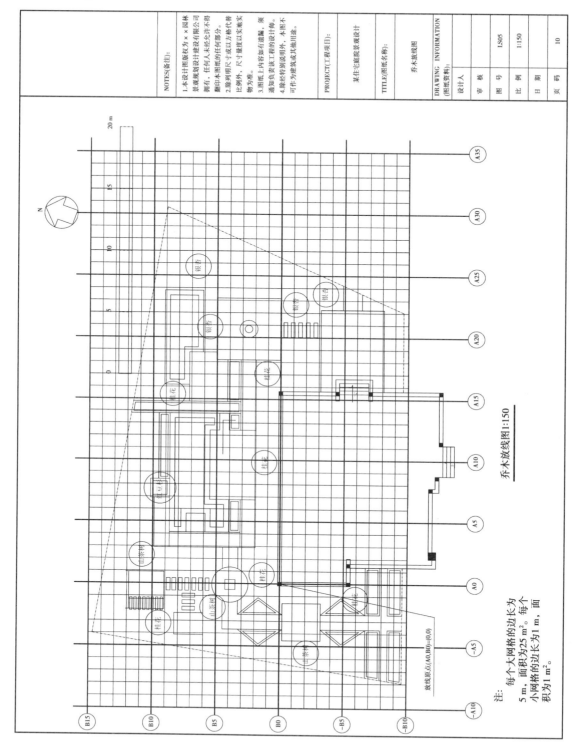

注：
每个大网格的边长为5 m，面积为25 m²。每个小网格的边长为1 m，面积为1 m²。

NOTES(备注)：

1.本设计图版权为××园林景观规划设计建设有限公司拥有，任何人未经允许不得翻印本图纸的任何部分。
2.除列明尺寸或以方格代替比例外，尺寸量度以实地实物为准。
3.图纸上内容如有遗漏，须通知负责该工程的设计师。
4.除经特别说明外，本图不可作为建筑或其他用途。

PROJECT(工程项目)：

某住宅庭院景观设计

TITLE(图纸名称)：

乔木放线图

DRAWING INFORMATION (图纸资料)：

设计人	
审 核	
图 号	LS05
比 例	1:150
日 期	
页 码	10

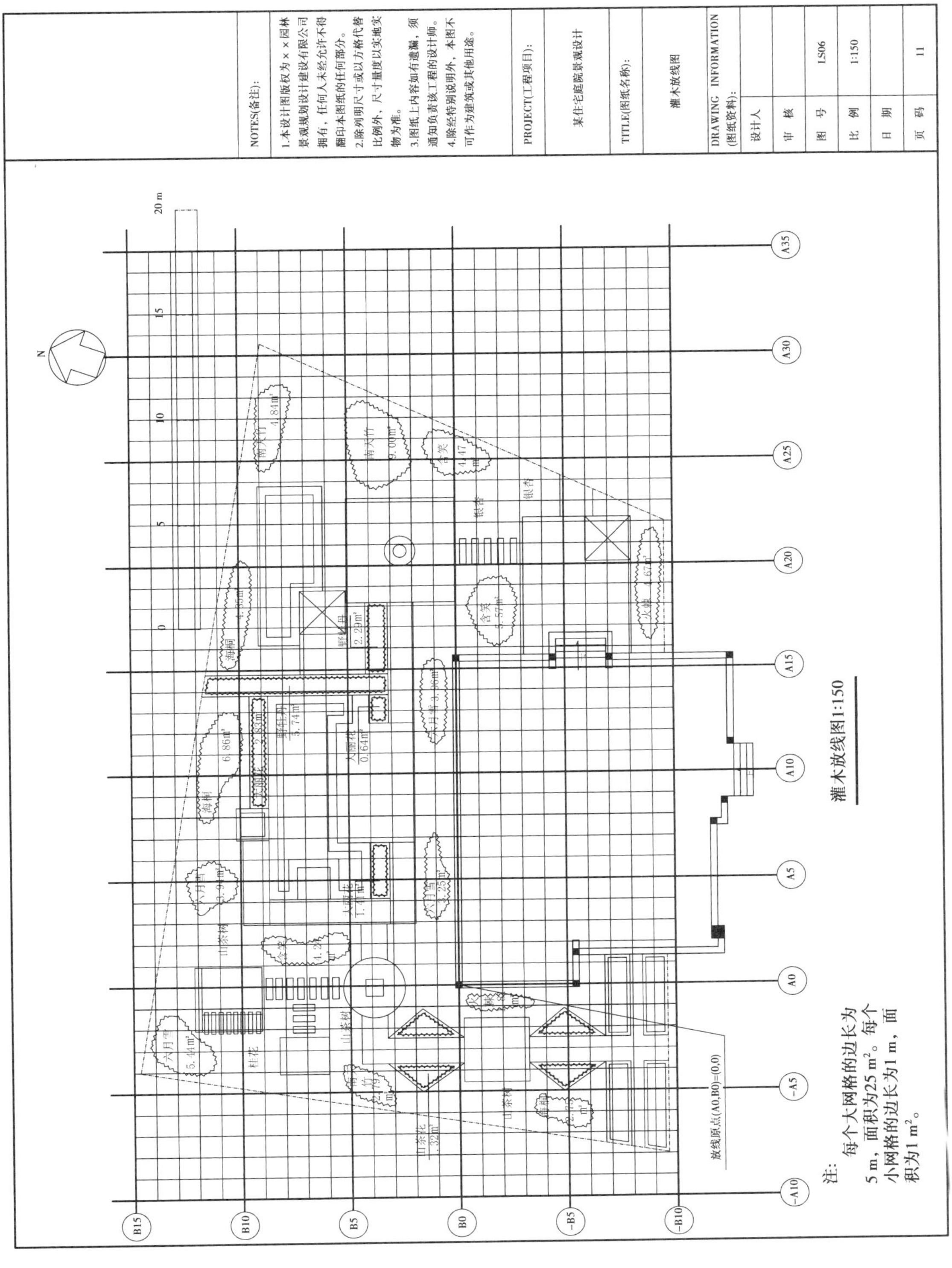

灌木放线图1:150

注：每个大网格的边长为5 m，面积为25 m²。每个小网格的边长为1 m，面积为1 m²。

乔木									
序号	名称	拉丁文	数量	规格/cm				备注	花期
			total	高度	冠幅	胸径	杆高		
1	银杏(落叶)	*Ginkgo biloba*	4	800	200	20	180	叶扇形	3—4月
2	桂花(常绿)	*Osmanthus* sp.	6	700	200	18	170	叶片革质，椭圆形	9—10月上旬
3	山茶树(常绿)	*Camellia oleifera*	3	600	200	16	165	叶革质，椭圆形	1—4月
4	红豆杉(常绿)	*Taxus baccata*	1	600	250	17	170	叶条形，螺旋状着生	6—12月

乔木配置表

灌木						
序号	名称	拉丁文	规格			备注
			树高/m	蓬径/m	面积/m	
1	南天竹	*Nandina domestica*	1.2	0.6	16.63	五分枝以上，修剪成球形
2	含笑	*Michelia figo*	0.8	0.4	14.28	实心球，球形饱满
3	火棘	*Pyracantha fortuneana*	0.5	0.5	6.48	造型饱满，叶片长80 cm以上
4	海桐	*Pittosporum tobira*	1.1	0.4	14.46	实心球，球形饱满
5	六月雪	*Serissa japonica*	0.9	0.4	16.59	实心球，球形饱满

灌木配置表

施工图种植说明:

乔木采用的是银杏、桂花、山茶树、红豆杉等乔木，既有常绿的乔木，也有落叶的乔木，每种乔木的花期都不一样，一年四季都可以见到乔木开花。灌木种植比较单一，不存在花境、组团等搭配方式，但高低错落有致的灌木依然能够形成美丽的景观，植物结合一部分的硬质景观，相信一定能满足业主的需要，能够让业主在工作、学习之余享受到美好的庭院风光!

NOTES(备注):

1.本设计图版权为××园林景观规划设计建设有限公司拥有，任何人未经允许不得翻印本图纸的任何部分。
2.除列明尺寸或以方格代替比例外，尺寸量度以实地实物为准。
3.图纸上内容如有遗漏，须通知负责该工程的设计师。
4.除经特别说明外，本图不可作为建筑或其他用途。

PROJECT(工程项目):

某住宅庭院景观设计

TITLE(图纸名称):

植物配置表及说明

DRAWING INFORMATION (图纸资料):

设计人	
审 核	
图 号	YL07
比 例	1:150
日 期	
页 码	12

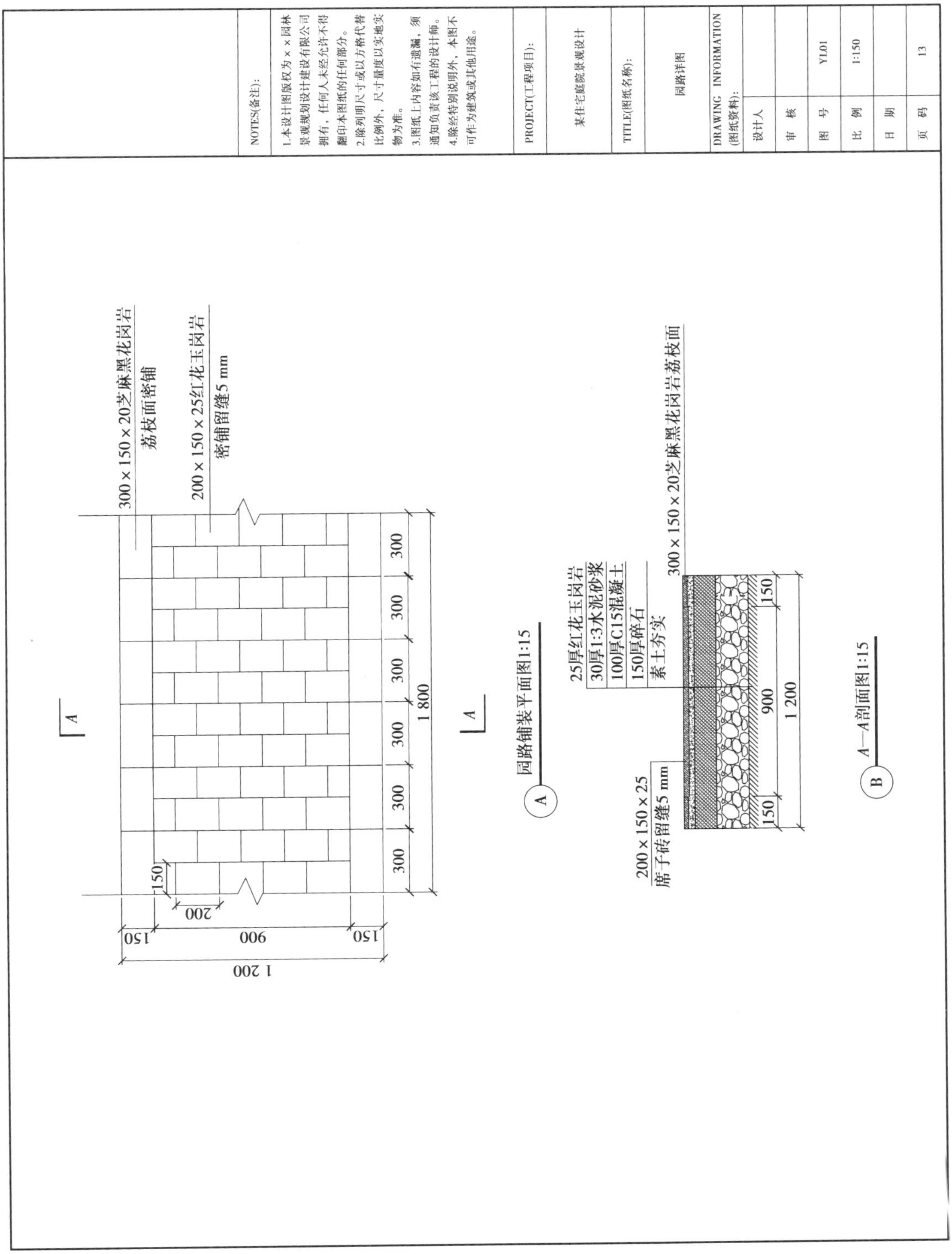
NOTES(备注):
1.本设计图版权为××园林景观规划设计建设有限公司拥有，任何人未经允许不得翻印本图纸的任何部分。
2.除列明尺寸或以方格代替比例外，尺寸量度以实地实物为准。
3.图纸上内容如有遗漏，须通知负责该工程的设计师。
4.除经特别说明外，本图不可作为建筑或其他用途。
PROJECT(工程项目):
某住宅庭院景观设计
TITLE(图纸名称):
园路详图
DRAWING INFORMATION (图纸资料):
设计人
审核
图号 YL01
比例 1:150
日期
页码 13
300×150×20芝麻黑花岗岩
荔枝面密铺
200×150×25红花玉岗岩
密铺留缝5 mm
A
300
1 800
150
200
900
1 200
Ⓐ 园路铺装平面图1:15
25厚红花玉岗岩
30厚1:3水泥砂浆
100厚C15混凝土
150厚碎石
素土夯实
300×150×20芝麻黑花岗岩荔枝面
200×150×25
席子砖留缝5 mm
150
900
1 200
Ⓑ A—A剖面图1:15

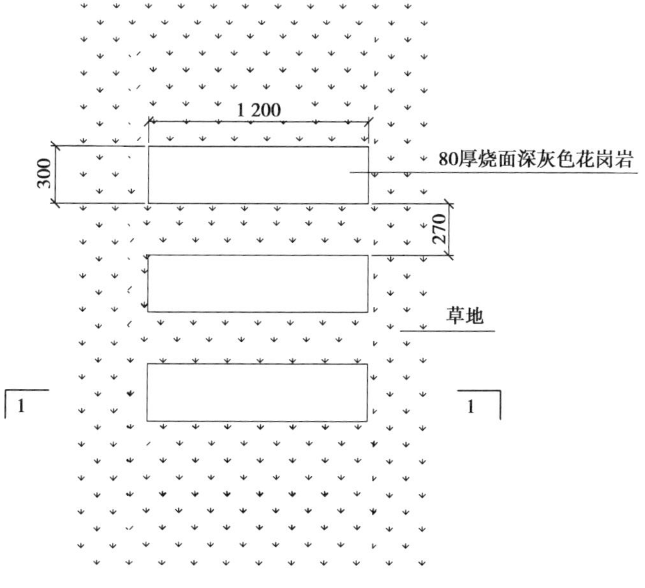

A 汀步平面图1:20

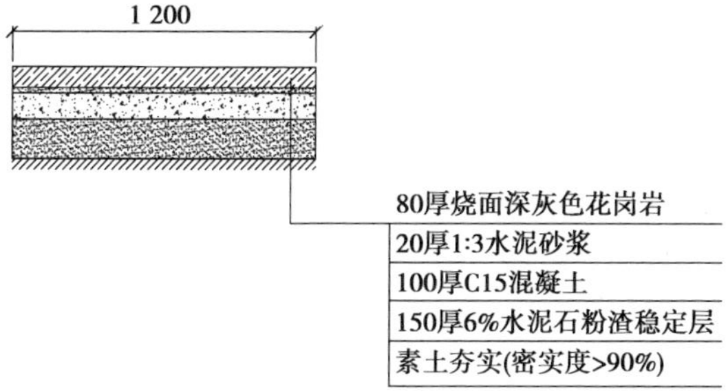

B 1—1剖面图1:20

NOTES(备注):

1.本设计图版权为××园林景观规划设计建设有限公司拥有，任何人未经允许不得翻印本图纸的任何部分。
2.除列明尺寸或以方格代替比例外，尺寸量度以实地实物为准。
3.图纸上内容如有遗漏，须通知负责该工程的设计师。
4.除经特别说明外，本图不可作为建筑或其他用途。

PROJECT(工程项目):

某住宅庭院景观设计

TITLE(图纸名称):

汀步详图

DRAWING INFORMATION (图纸资料):

设计人	
审 核	
图 号	YL02
比 例	1:150
日 期	
页 码	14

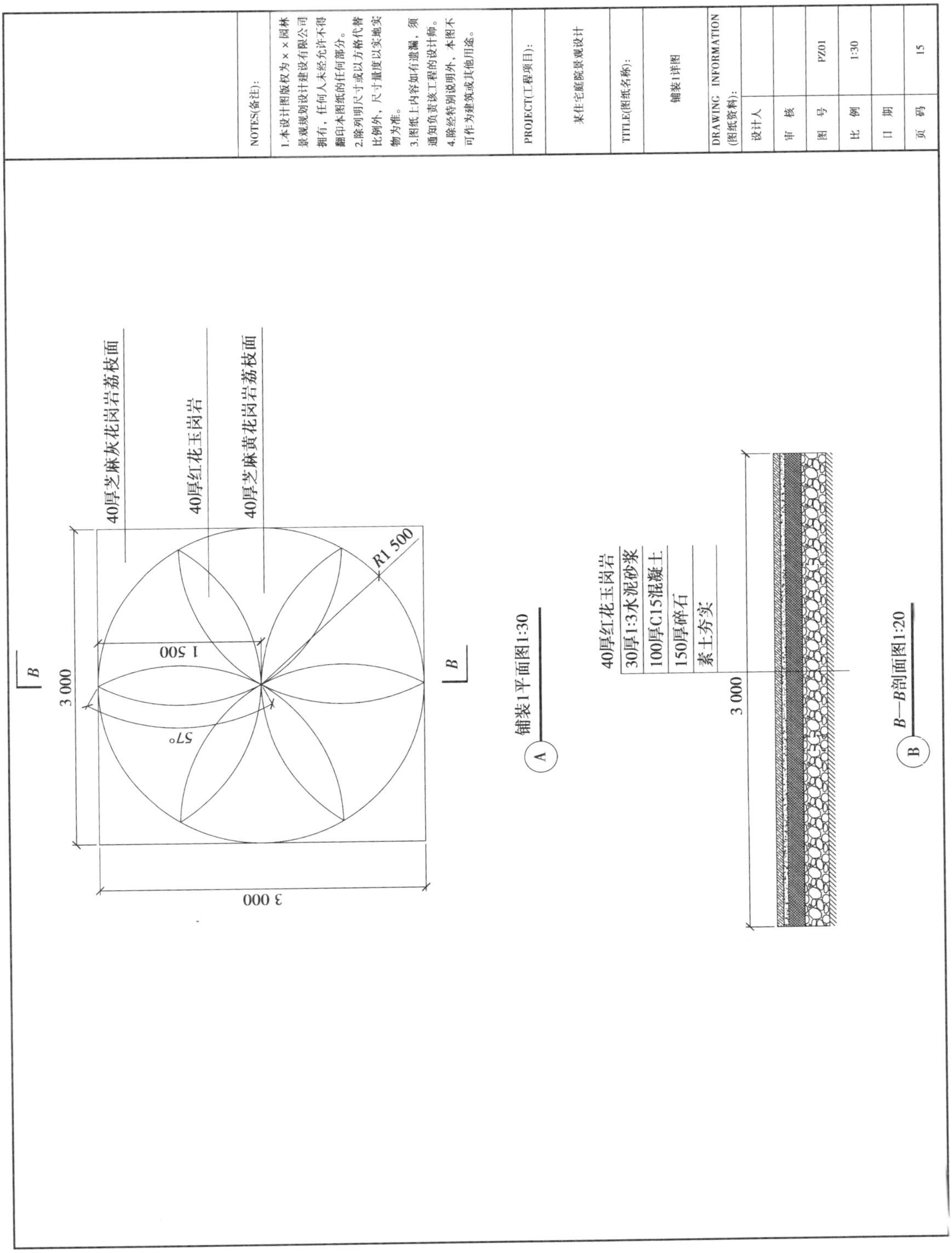
NOTES(备注):
1.本设计图版权为××园林景观规划设计建设有限公司拥有，任何人未经允许不得翻印本图纸的任何部分。
2.除列明尺寸或以方格代替比例外，尺寸量度以实地实物为准。
3.图纸上内容如有遗漏，须通知负责该工程的设计师。
4.除经特别说明外，本图不可作为建筑或其他用途。
PROJECT(工程项目):
某住宅庭院景观设计
TITLE(图纸名称):
铺装1详图
DRAWING INFORMATION (图纸资料):
设计人
审核
图号 PZ01
比例 1:30
日期
页码 15
40厚芝麻灰花岗岩荔枝面
40厚红花玉岗岩
40厚芝麻黄花岗岩荔枝面
R1 500
1 500
3 000
3 000
57°
B
B
A 铺装1平面图1:30
40厚红花玉岗岩
30厚1:3水泥砂浆
100厚C15混凝土
150厚碎石
素土夯实
3 000
B B—B剖面图1:20

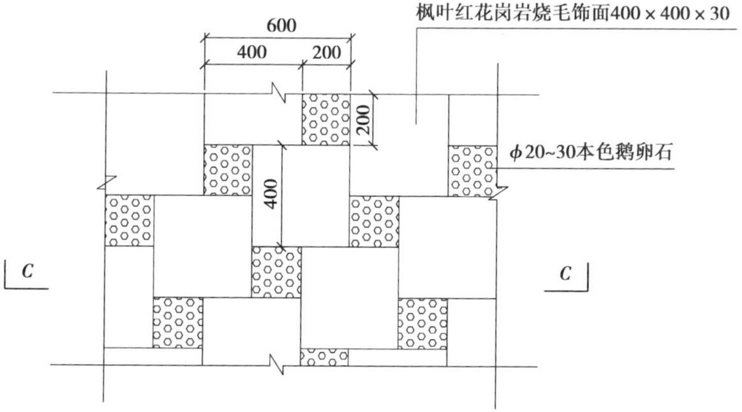

Ⓐ 铺装2平面图1:15

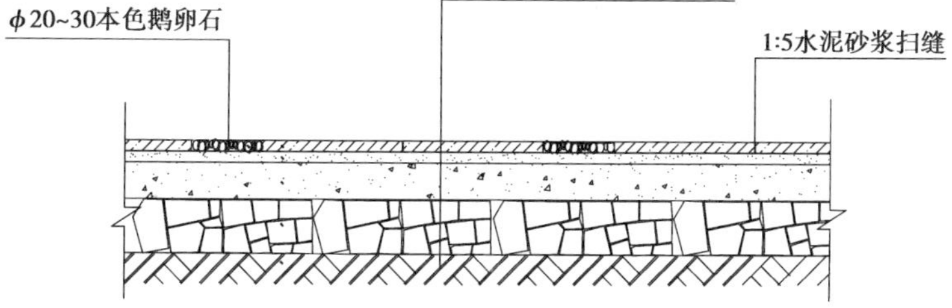

Ⓑ C—C剖面图1:15

NOTES(备注):

1.本设计图版权为××园林景观规划设计建设有限公司拥有，任何人未经允许不得翻印本图纸的任何部分。
2.除列明尺寸或以方格代替比例外，尺寸量度以实地实物为准。
3.图纸上内容如有遗漏，须通知负责该工程的设计师。
4.除经特别说明外，本图不可作为建筑或其他用途。

PROJECT(工程项目):

某住宅庭院景观设计

TITLE(图纸名称):

铺装2详图

DRAWING INFORMATION (图纸资料):

设计人	
审 核	
图 号	PZ02
比 例	1:15
日 期	
页 码	16

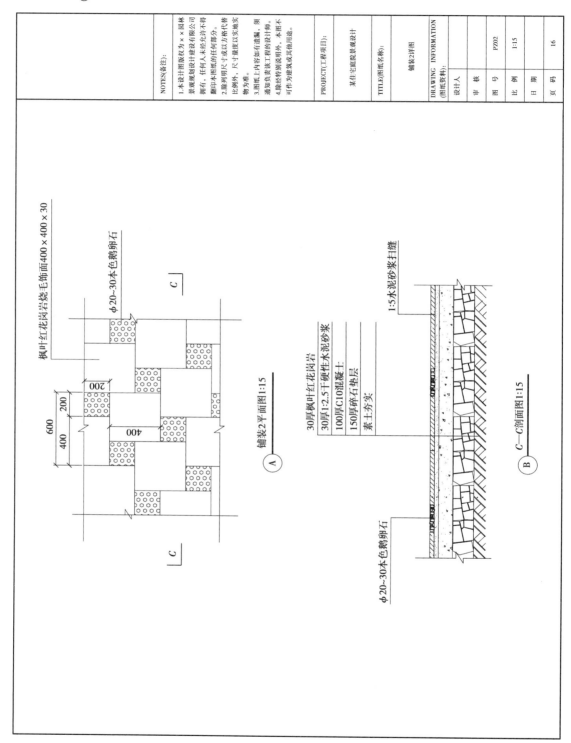

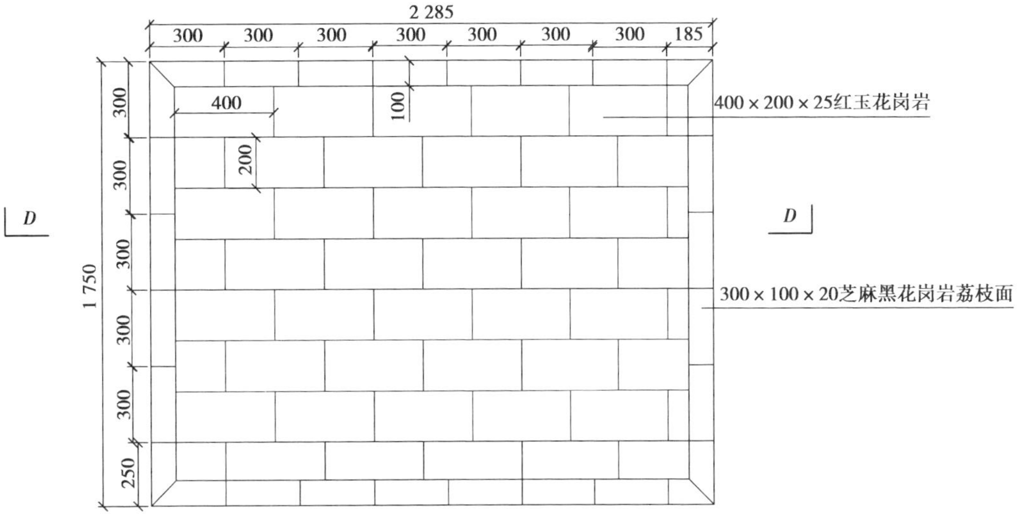

Ⓐ 铺装3平面图1:15

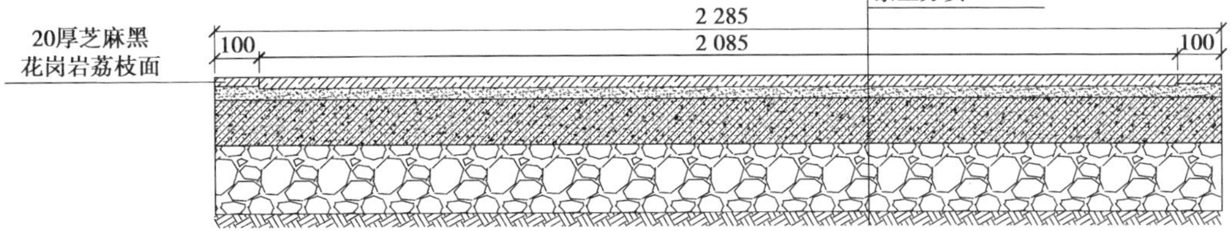

Ⓑ D—D剖面图1:10

NOTES(备注)：

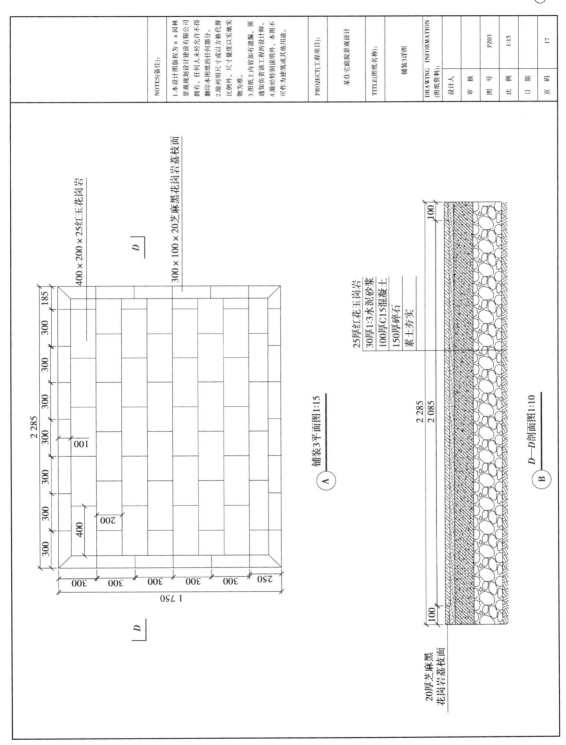

1.本设计图版权为××园林景观规划设计建设有限公司拥有，任何人未经允许不得翻印本图纸的任何部分。
2.除列明尺寸或以方格代替比例外，尺寸量度以实地实物为准。
3.图纸上内容如有遗漏，须通知负责该工程的设计师。
4.除经特别说明外，本图不可作为建筑或其他用途。

PROJECT(工程项目)：

某住宅庭院景观设计

TITLE(图纸名称)：

铺装3详图

DRAWING INFORMATION (图纸资料)：

设计人	
审　核	
图　号	PZ03
比　例	1:15
日　期	
页　码	17

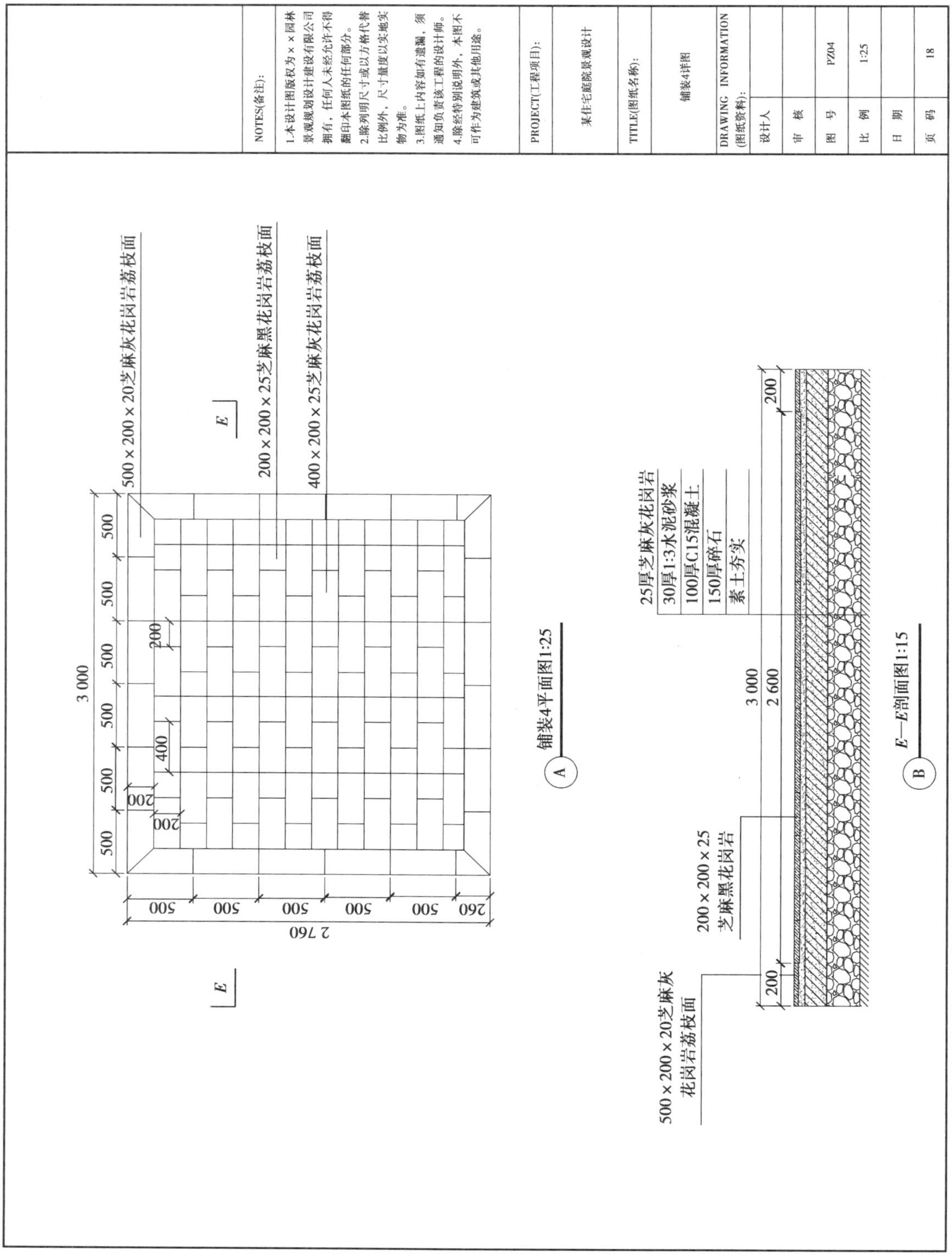
NOTES(备注):
1.本设计图版权为××园林景观规划设计建设有限公司拥有，任何人未经允许不得翻印本图纸的任何部分。
2.除列明尺寸或以方格代替比例外，尺寸量度以实地实物为准。
3.图纸上内容如有遗漏，须通知负责该工程的设计师。
4.除经特别说明外，本图不可作为建筑或其他用途。
PROJECT(工程项目):
某住宅庭院景观设计
TITLE(图纸名称):
铺装4详图
DRAWING INFORMATION (图纸资料):
设计人
审 核
图 号 PZ04
比 例 1:25
日 期
页 码 18
500×200×20芝麻灰花岗岩荔枝面
200×200×25芝麻黑花岗岩荔枝面
400×200×25芝麻灰花岗岩荔枝面
E
3 000
500
200
400
2 760
260
A 铺装4平面图1:25
25厚芝麻灰花岗岩
30厚1:3水泥砂浆
100厚C15混凝土
150厚碎石
素土夯实
200×200×25
芝麻黑花岗岩
500×200×20芝麻灰
花岗岩荔枝面
2 600
B E—E剖面图1:15

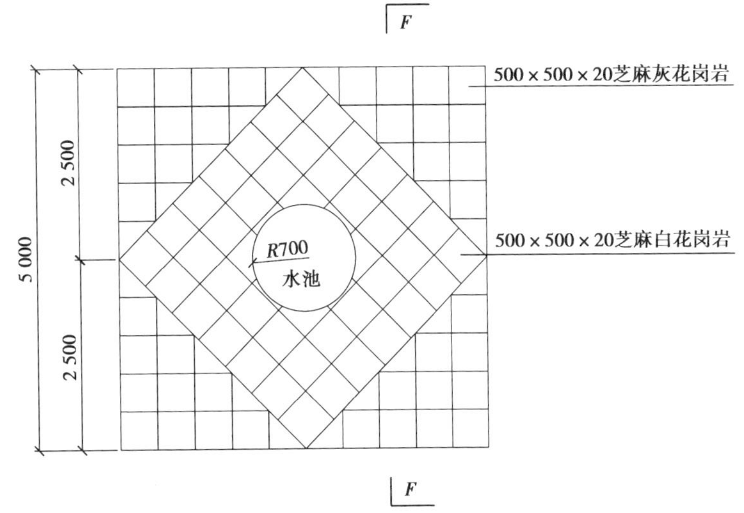

A 铺装5平面图1:50

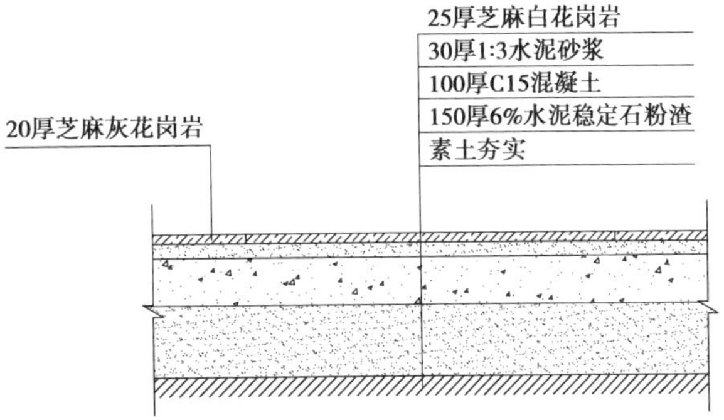

B *F*—*F*剖面图1:10

NOTES(备注):

1.本设计图版权为××园林景观规划设计建设有限公司拥有，任何人未经允许不得翻印本图纸的任何部分。
2.除列明尺寸或以方格代替比例外，尺寸量度以实地实物为准。
3.图纸上内容如有遗漏，须通知负责该工程的设计师。
4.除经特别说明外，本图不可作为建筑或其他用途。

PROJECT(工程项目):

某住宅庭院景观设计

TITLE(图纸名称):

铺装5详图

DRAWING INFORMATION (图纸资料):

设计人	
审　核	
图　号	PZ05
比　例	1:50
日　期	
页　码	19

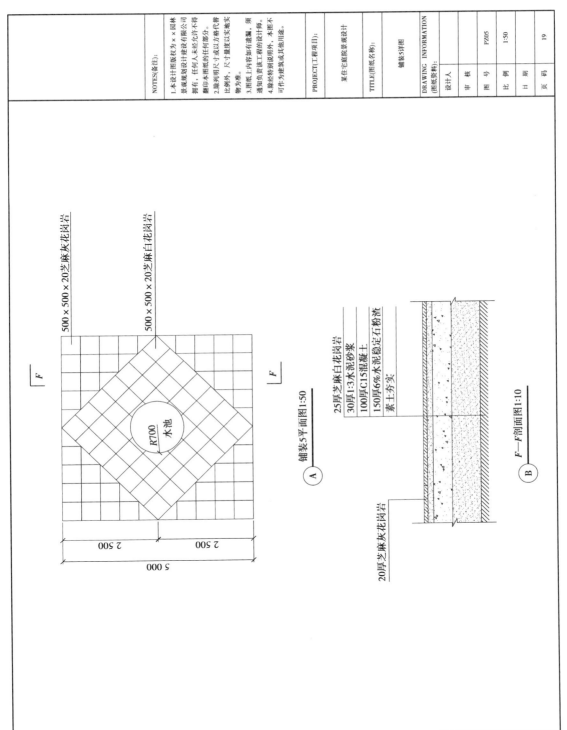

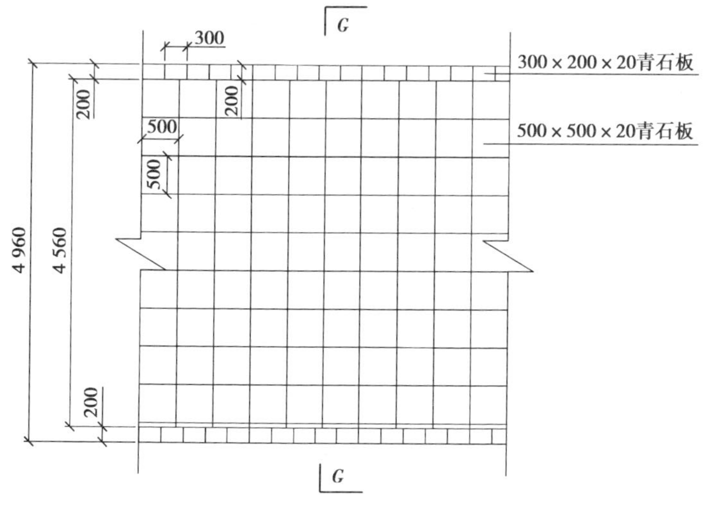

Ⓐ 铺装6平面图1:50

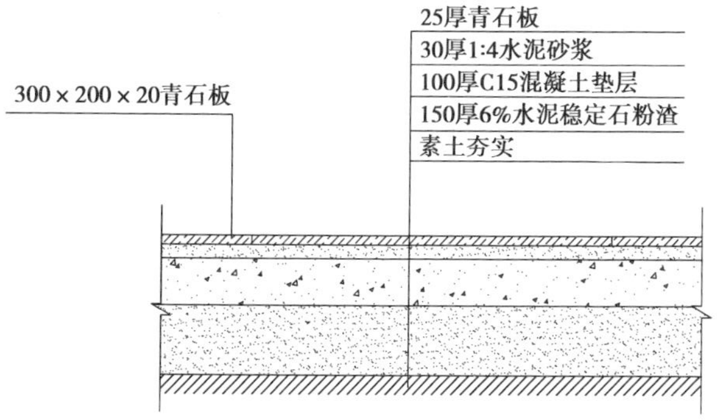

Ⓑ G—G剖面图1:10

NOTES(备注):

1.本设计图版权为××园林景观规划设计建设有限公司拥有，任何人未经允许不得翻印本图纸的任何部分。
2.除列明尺寸或以方格代替比例外，尺寸量度以实地实物为准。
3.图纸上内容如有遗漏，须通知负责该工程的设计师。
4.除经特别说明外，本图不可作为建筑或其他用途。

PROJECT(工程项目):

某住宅庭院景观设计

TITLE(图纸名称):

铺装6详图

DRAWING INFORMATION (图纸资料):

设计人	
审　核	
图　号	PZ06
比　例	1:50
日　期	
页　码	20

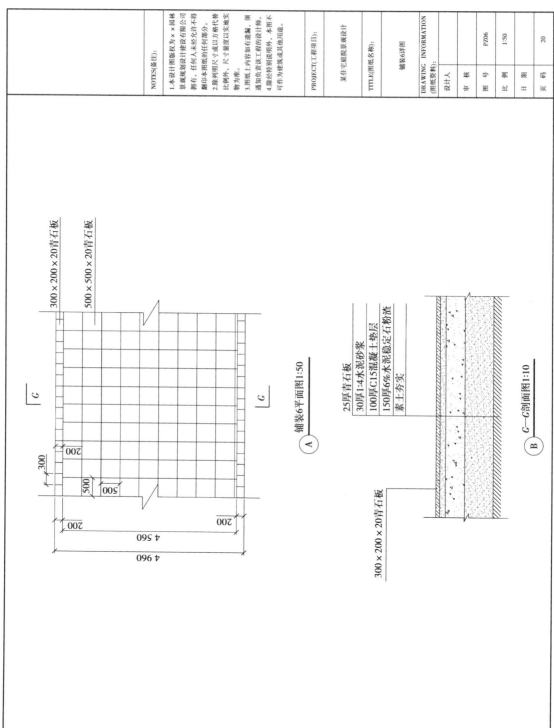

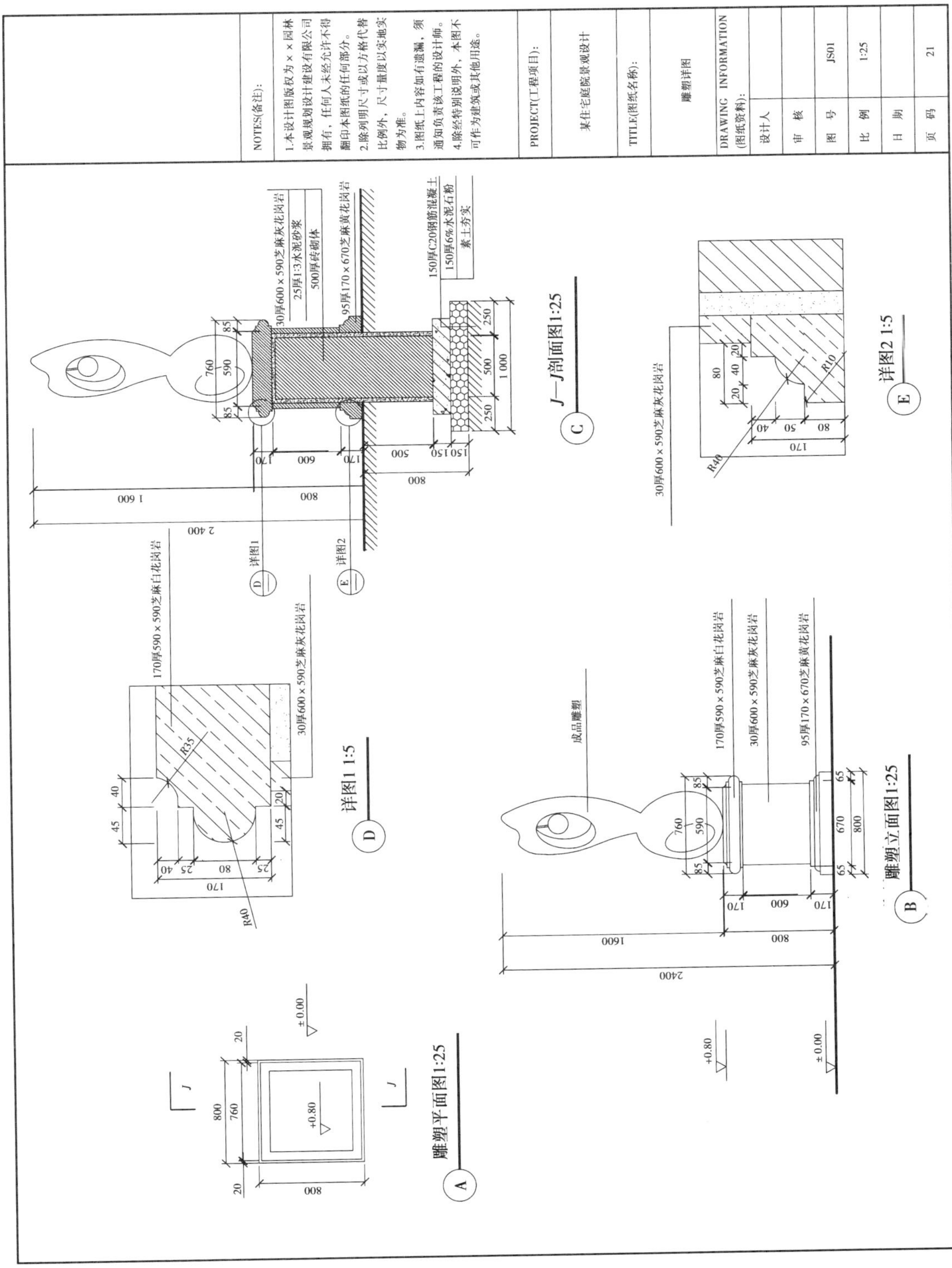
NOTES(备注):
1.本设计图版权为××园林景观规划设计建设有限公司拥有，任何人未经允许不得翻印本图纸的任何部分。
2.除列明尺寸或以方格代替比例外，尺寸量度以实地实物为准。
3.图纸上内容如有遗漏，须通知负责该工程的设计师。
4.除经特别说明外，本图不可作为建筑或其他用途。
PROJECT(工程项目):
某住宅庭院景观设计
TITLE(图纸名称):
雕塑详图
DRAWING INFORMATION (图纸资料):
设计人
审核
图号 JS01
比例 1:25
日期
页码 21
30厚600×590芝麻灰花岗岩
25厚1:3水泥砂浆
500厚砖砌体
95厚170×670芝麻黄花岗岩
150厚C20钢筋混凝土
150厚6%水泥石粉
素土夯实
J—J剖面图1:25
详图2 1:5
170厚590×590芝麻白花岗岩
详图1 1:5
成品雕塑
雕塑立面图1:25
雕塑平面图1:25
±0.00
+0.80

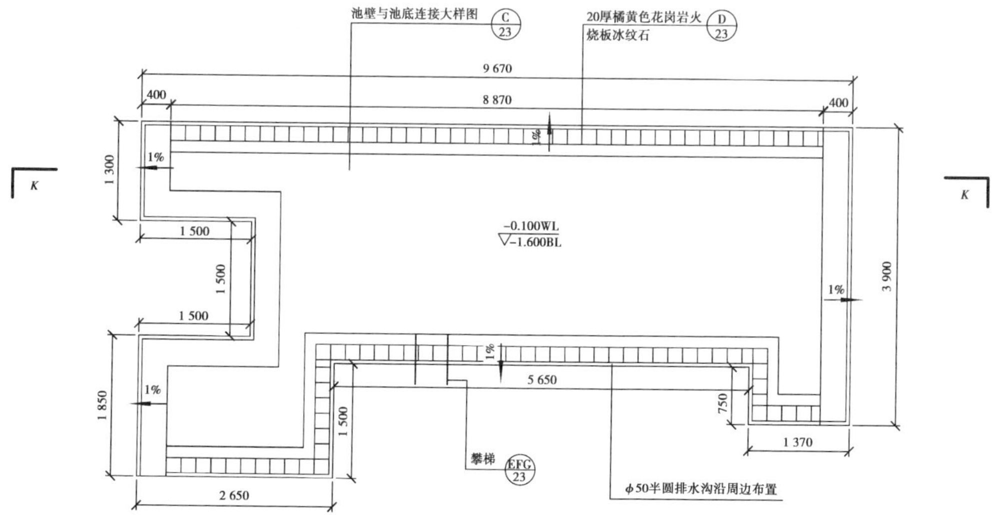

A 游泳池平面图1:50

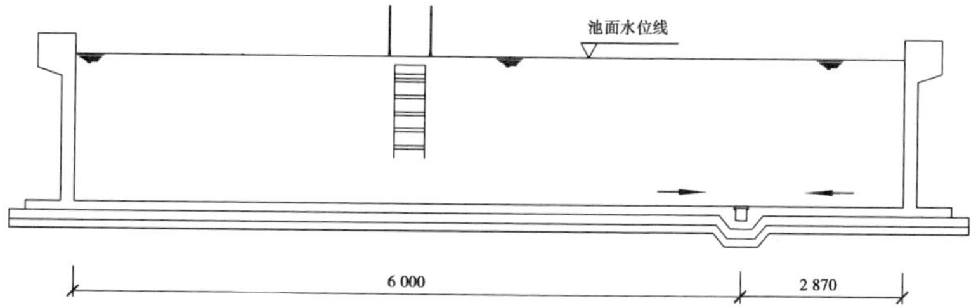

B K—K剖面图1:50

NOTES(备注)：

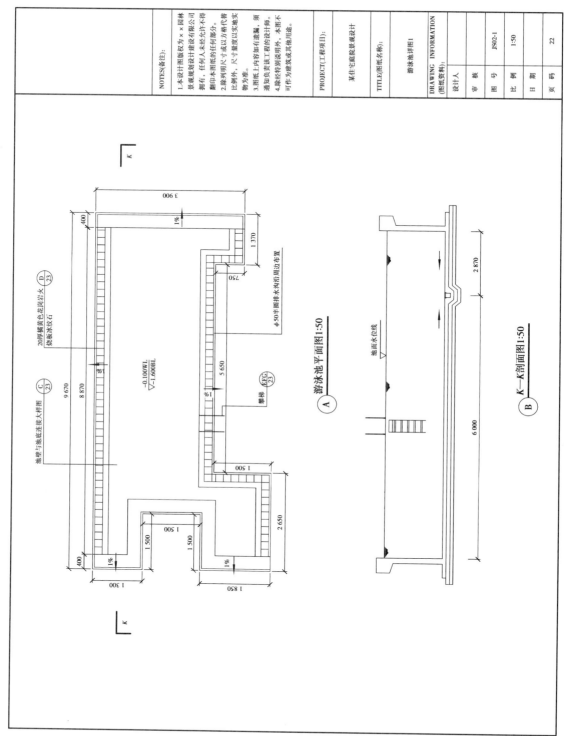

1.本设计图版权为××园林景观规划设计建设有限公司拥有，任何人未经允许不得翻印本图纸的任何部分。
2.除列明尺寸或以方格代替比例外，尺寸量度以实地实物为准。
3.图纸上内容如有遗漏，须通知负责该工程的设计师。
4.除经特别说明外，本图不可作为建筑或其他用途。

PROJECT(工程项目)：

某住宅庭院景观设计

TITLE(图纸名称)：

游泳池详图1

DRAWING INFORMATION(图纸资料)：

设计人	
审　核	
图　号	JS02-1
比　例	1:50
日　期	
页　码	22

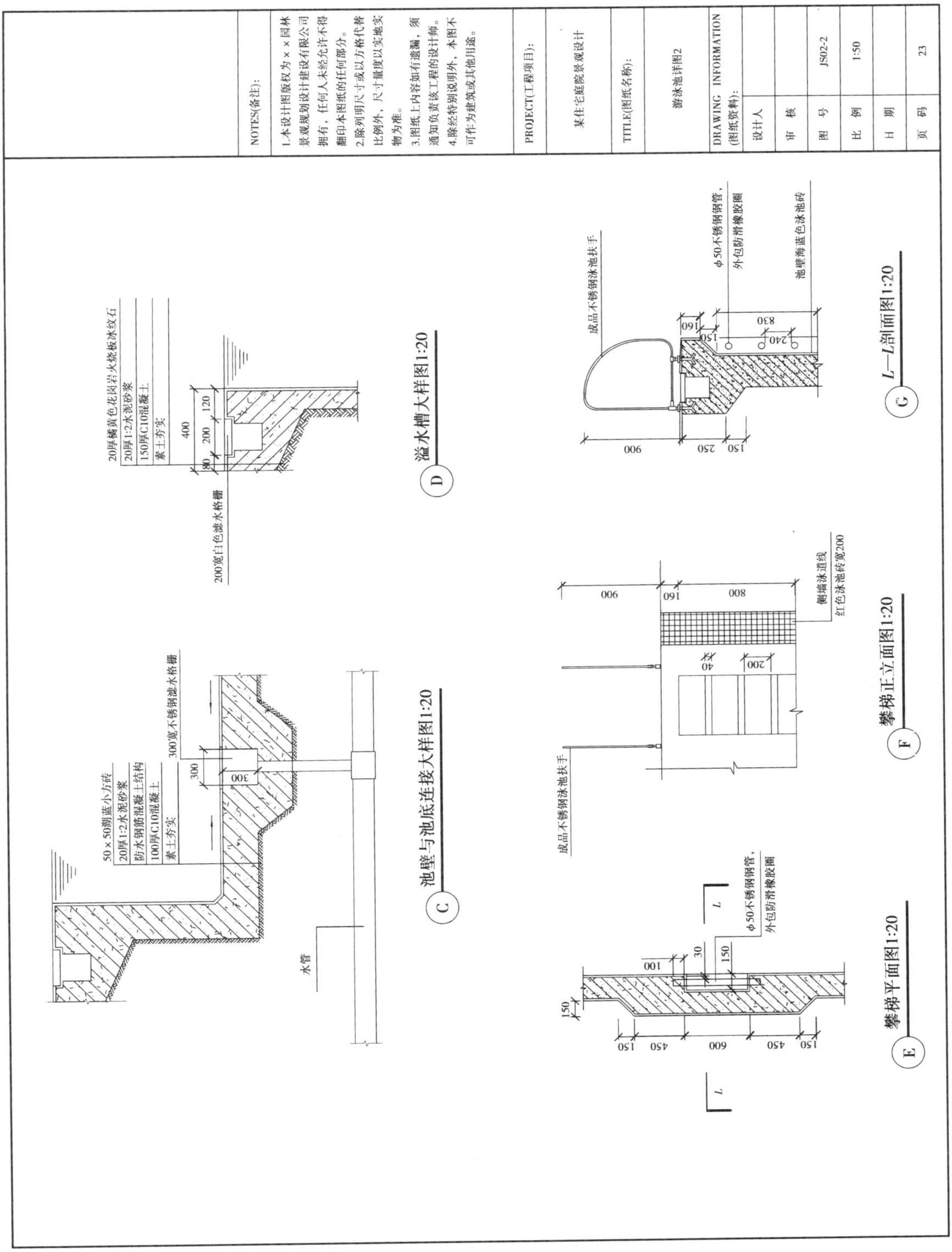
NOTES(备注):
1.本设计图版权为××园林景观规划设计建设有限公司拥有，任何人未经允许不得翻印本图纸的任何部分。
2.除列明尺寸或以方格代替比例外，尺寸量度以实地实物为准。
3.图纸上内容如有遗漏，须通知负责该工程的设计师。
4.除经特别说明外，本图不可作为建筑或其他用途。
PROJECT(工程项目):
某住宅庭院景观设计
TITLE(图纸名称):
游泳池详图2
DRAWING INFORMATION (图纸资料):
设计人
审 核
图 号 JS02-2
比 例 1:50
日 期
页 码 23
20厚橘黄色花岗岩火烧板冰纹石
20厚1:2水泥砂浆
150厚C10混凝土
素土夯实
200宽白色滤水格栅
400
120
200
80
D 溢水槽大样图1:20
成品不锈钢泳池扶手
ϕ50不锈钢钢管，外包防滑橡胶圈
池壁海蓝色泳池砖
160
150
830
240
900
250
150
G L—L剖面图1:20
50×50湖蓝小方砖
20厚1:2水泥砂浆
防水钢筋混凝土结构
100厚C10混凝土
素土夯实
300宽不锈钢滤水格栅
300
300
水管
C 池壁与池底连接大样图1:20
成品不锈钢泳池扶手
40
200
900
160
800
侧墙泳道线
红色泳池砖宽200
F 攀梯正立面图1:20
ϕ50不锈钢钢管，外包防滑橡胶圈
L
L
100
30
150
150
150
450
600
450
150
E 攀梯平面图1:20

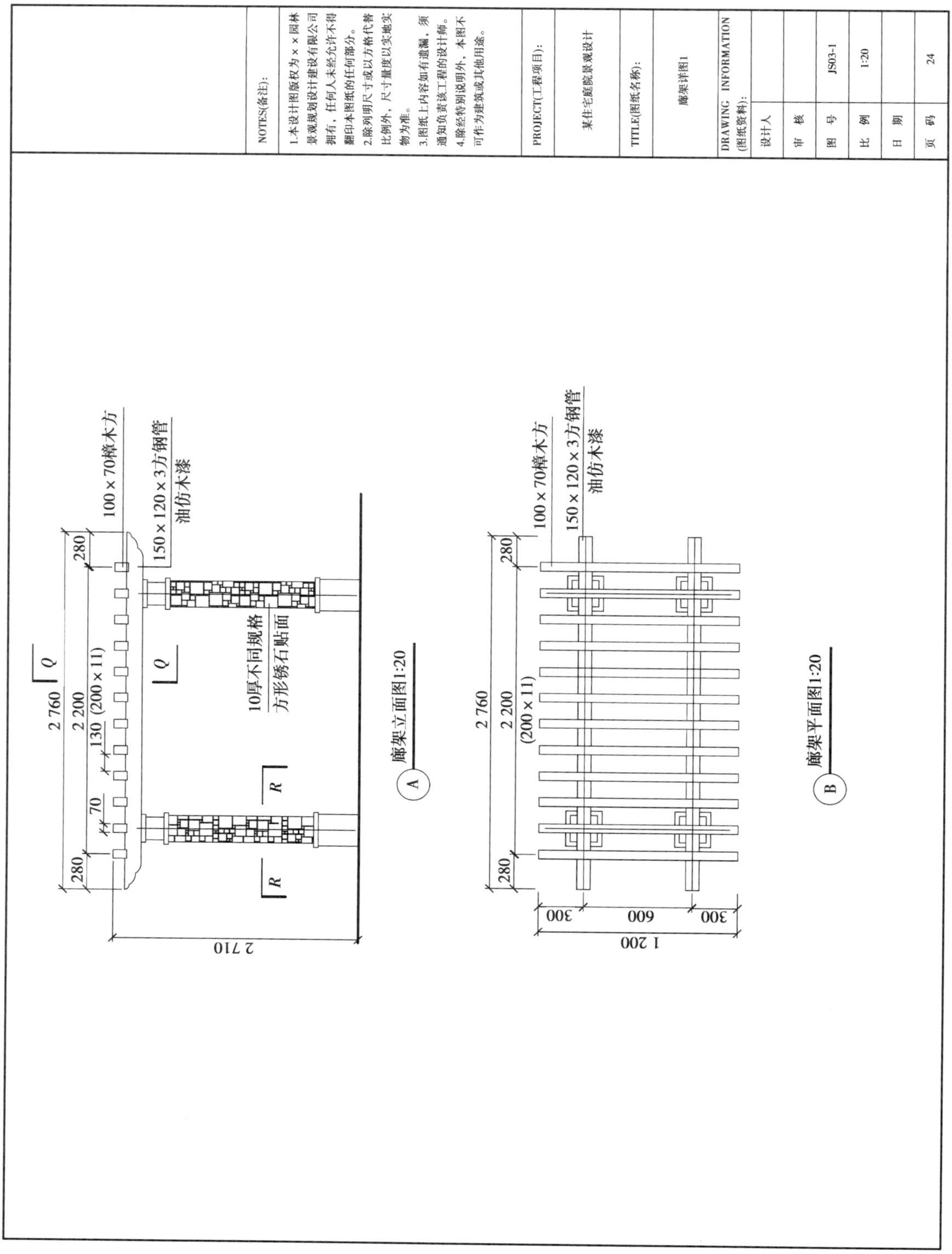
NOTES(备注):
1.本设计图版权为××园林景观规划设计建设有限公司拥有，任何人未经允许不得翻印本图纸的任何部分。
2.除列明尺寸或以方格代替比例外，尺寸量度以实地实物为准。
3.图纸上内容如有遗漏，须通知负责该工程的设计师。
4.除经特别说明外，本图不可作为建筑或其他用途。
PROJECT(工程项目):
某住宅庭院景观设计
TITLE(图纸名称):
廊架详图1
DRAWING INFORMATION (图纸资料):
设计人
审核
图号 JS03-1
比例 1:20
日期
页码 24
100×70樟木方
150×120×3方钢管
油仿木漆
2 760
2 200
(200×11)
280
130
70
Q
R
10厚不同规格
方形锈石贴面
2 710
廊架立面图1:20
A
300
600
1 200
廊架平面图1:20
B

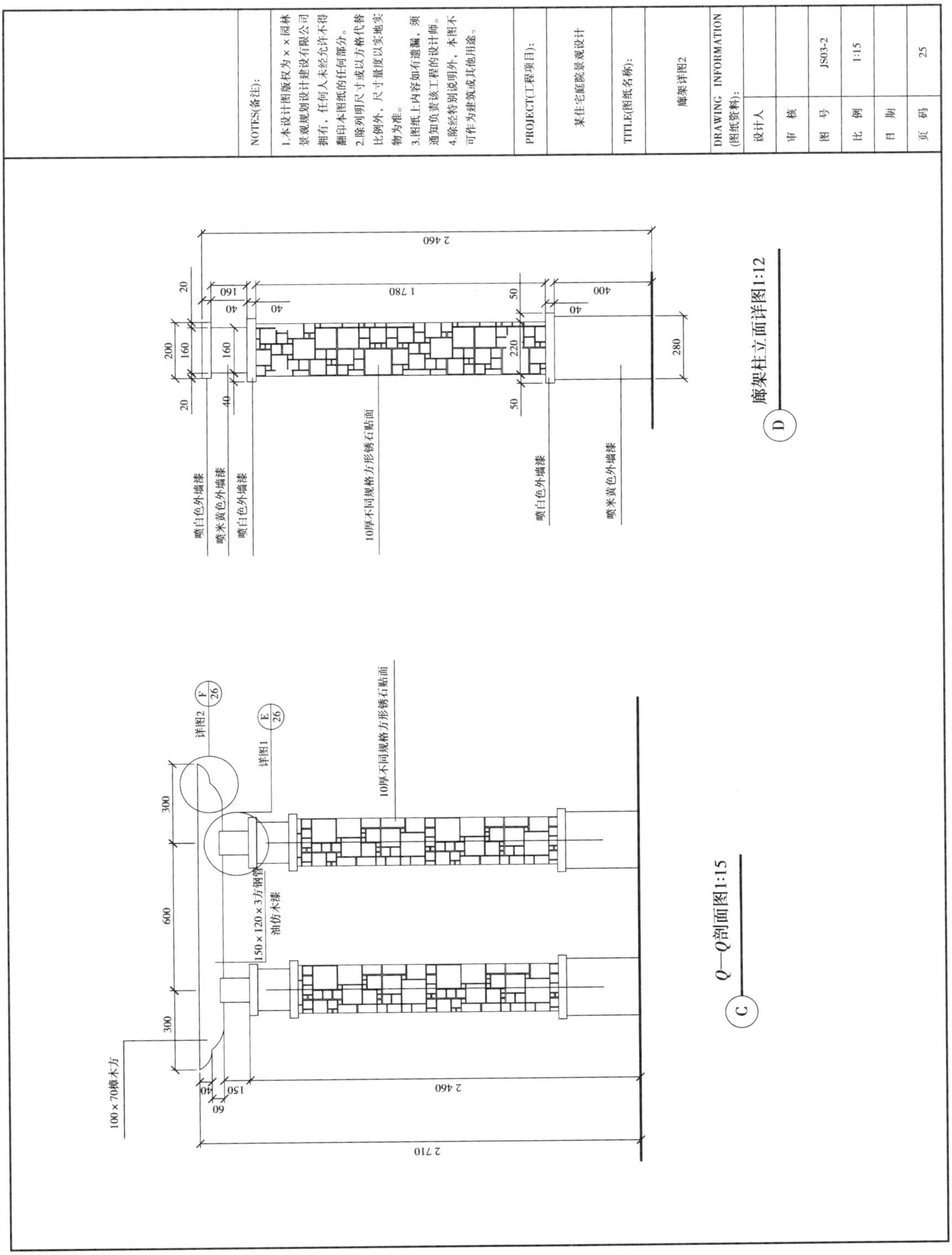

NOTES(备注):
1.本设计图版权为××园林景观规划设计建设有限公司拥有，任何人未经允许不得翻印本图纸的任何部分。
2.除列明尺寸或以方格代替比例外，尺寸量度以实地实物为准。
3.图纸上内容如有遗漏，须通知负责该工程的设计师。
4.除经特别说明外，本图不可作为建筑或其他用途。
PROJECT(工程项目):
某住宅庭院景观设计
TITLE(图纸名称):
廊架详图2
DRAWING INFORMATION (图纸资料):
设计人
审核
图号 JS03-2
比例 1:15
日期
页码 25
廊架柱立面详图1:12
D
喷白色外墙漆
喷米黄色外墙漆
喷白色外墙漆
10厚不同规格方形锈石贴面
喷白色外墙漆
喷米黄色外墙漆
2 460
1 780
400
160
40
50
220
280
200
20
Q—Q剖面图1:15
C
详图2
F
26
详图1
E
26
10厚不同规格方形锈石贴面
150×120×3方钢管
油仿木漆
100×70樟木方
300
600
2 460
2 710
150
60

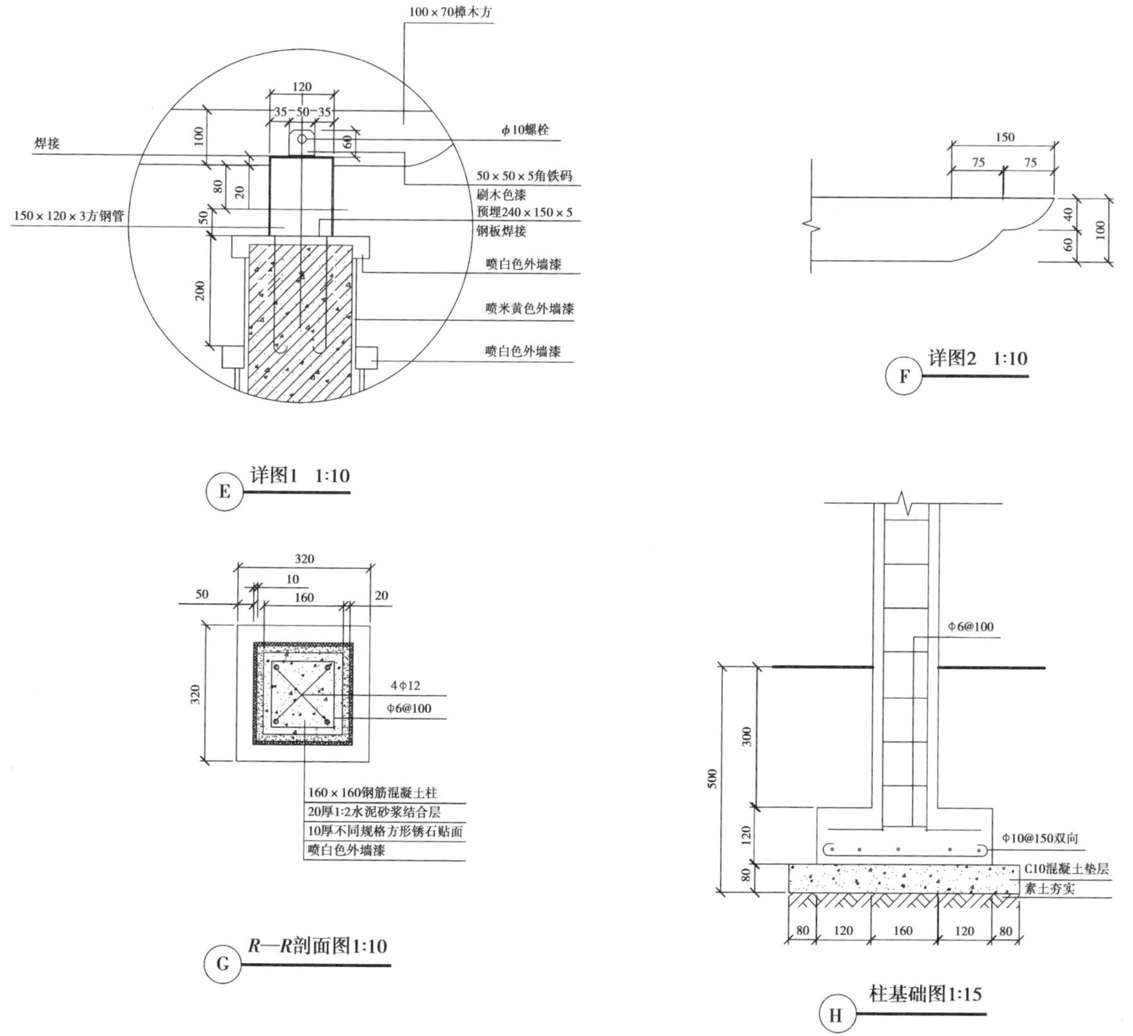

NOTES(备注)：

1.本设计图版权为××园林景观规划设计建设有限公司拥有，任何人未经允许不得翻印本图纸的任何部分。

2.除列明尺寸或以方格代替比例外，尺寸量度以实地实物为准。

3.图纸上内容如有遗漏，须通知负责该工程的设计师。

4.除经特别说明外，本图不可作为建筑或其他用途。

PROJECT(工程项目)：

某住宅庭院景观设计

TITLE(图纸名称)：

廊架详图3

DRAWING INFORMATION (图纸资料)：

设计人	
审　核	
图　号	JS03-3
比　例	1:10
日　期	
页　码	26

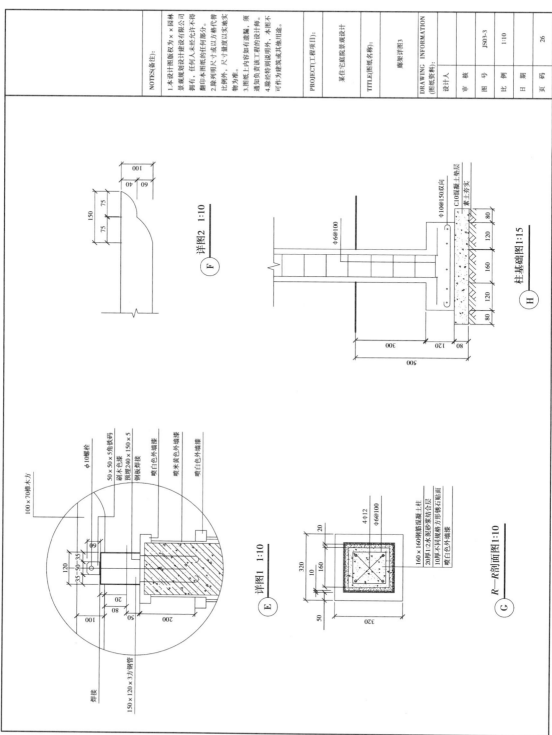

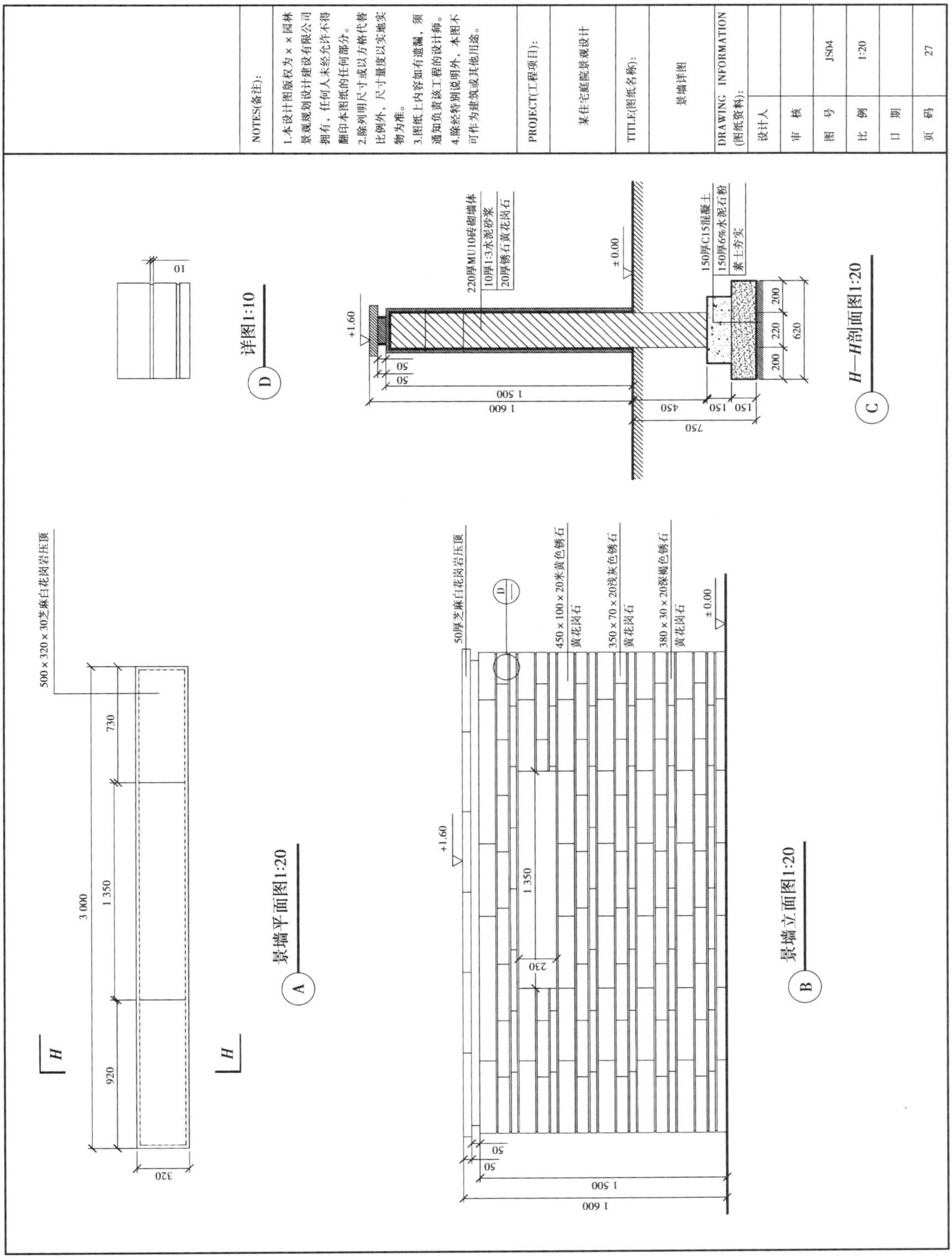
NOTES(备注):
1.本设计图版权为××园林景观规划设计建设有限公司拥有，任何人未经允许不得翻印本图纸的任何部分。
2.除列明尺寸或以方格代替比例外，尺寸量度以实地实物为准。
3.图纸上内容如有遗漏，须通知负责该工程的设计师。
4.除经特别说明外，本图不可作为建筑或其他用途。
PROJECT(工程项目):
某住宅庭院景观设计
TITLE(图纸名称):
景墙详图
DRAWING INFORMATION (图纸资料):
设计人
审核
图号 JS04
比例 1:20
日期
页码 27
D 详图1:10
220厚MU10砖砌墙体
10厚1:3水泥砂浆
20厚锈石黄花岗石
150厚C15混凝土
150厚6%水泥石粉
素土夯实
C H—H剖面图1:20
500×320×30芝麻白花岗岩压顶
A 景墙平面图1:20
50厚芝麻白花岗岩压顶
450×100×20米黄色锈石黄花岗石
350×70×20浅灰色锈石黄花岗石
380×30×20深褐色锈石黄花岗石
B 景墙立面图1:20

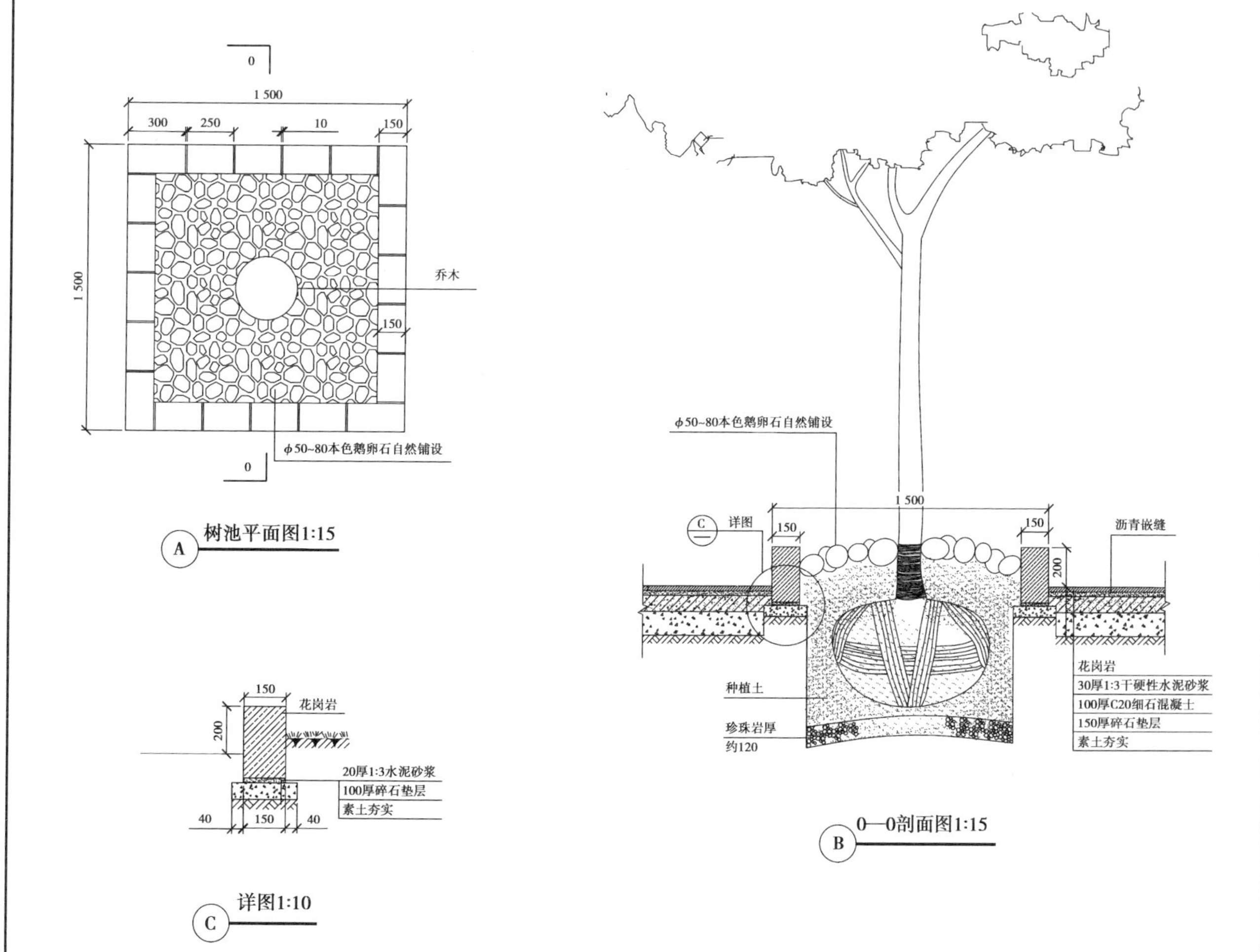

NOTES(备注):

1.本设计图版权为××园林景观规划设计建设有限公司拥有，任何人未经允许不得翻印本图纸的任何部分。
2.除列明尺寸或以方格代替比例外，尺寸量度以实地实物为准。
3.图纸上内容如有遗漏，须通知负责该工程的设计师。
4.除经特别说明外，本图不可作为建筑或其他用途。

PROJECT(工程项目):

某住宅庭院景观设计

TITLE(图纸名称):

树池详图

DRAWING INFORMATION (图纸资料):

设计人	
审 核	
图 号	JS05
比 例	1:15
日 期	
页 码	28

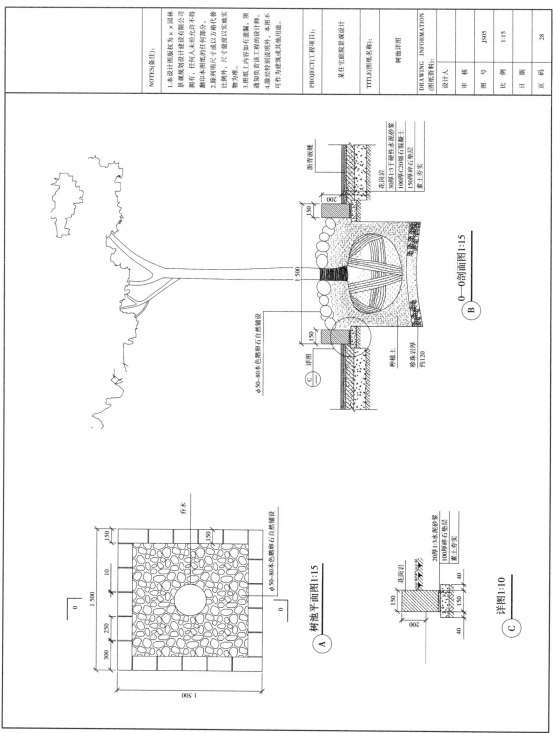

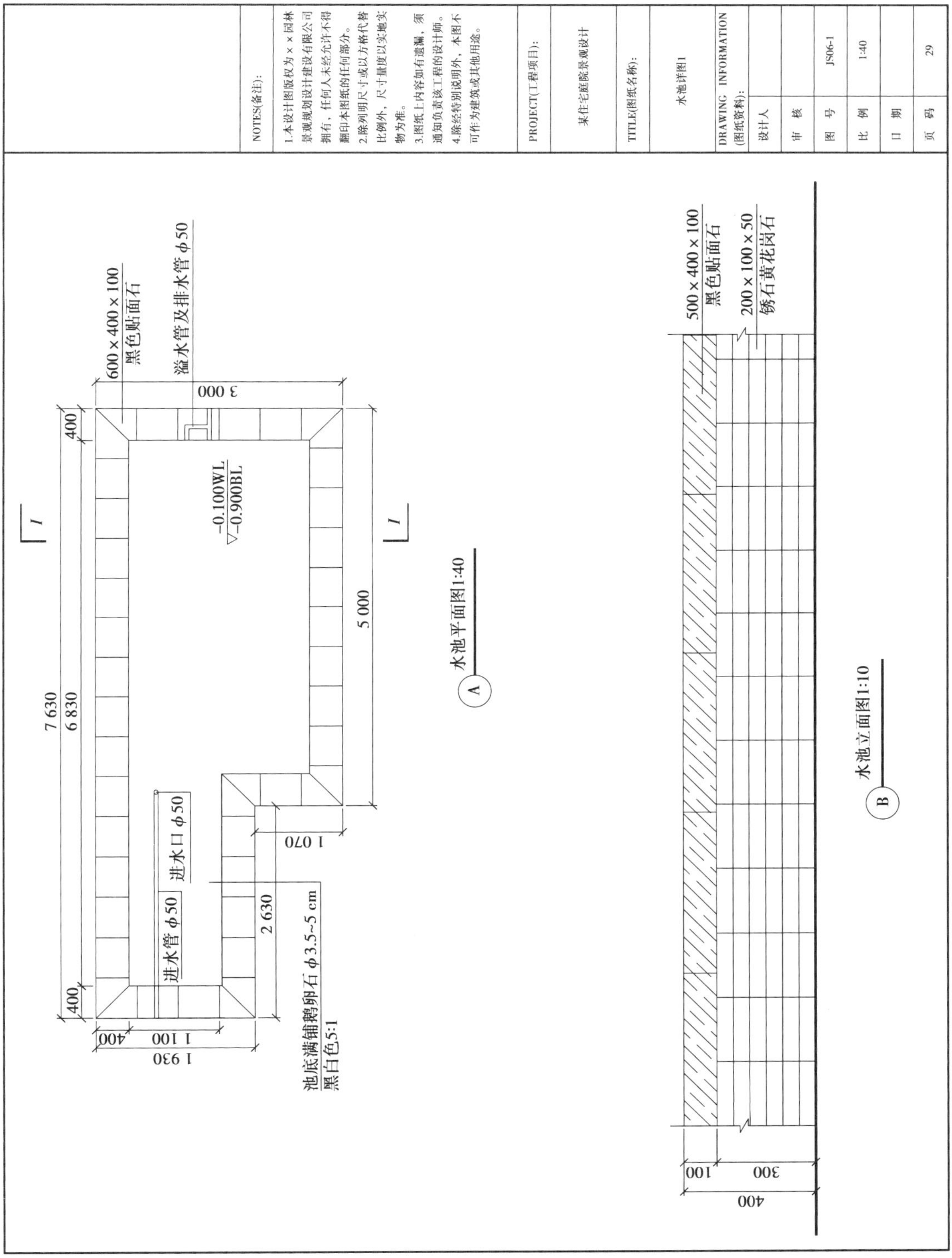
NOTES(备注):
1.本设计图版权为××园林景观规划设计建设有限公司拥有，任何人未经允许不得翻印本图纸的任何部分。
2.除列明尺寸或以方格代替比例外，尺寸量度以实地实物为准。
3.图纸上内容如有遗漏，须通知负责该工程的设计师。
4.除经特别说明外，本图不可作为建筑或其他用途。
PROJECT(工程项目):
某住宅庭院景观设计
TITLE(图纸名称):
水池详图1
DRAWING INFORMATION (图纸资料):
设计人
审核
图号 JS06-1
比例 1:40
日期
页码 29
600×400×100
黑色贴面石
溢水管及排水管 ϕ50
3 000
400
7 630
6 830
-0.100WL
▽-0.900BL
5 000
1 070
进水口 ϕ50
进水管 ϕ50
2 630
400
1 100
1 930
池底满铺鹅卵石 ϕ3.5~5 cm
黑白色5:1
水池平面图1:40
500×400×100
黑色贴面石
200×100×50
锈石黄花岗石
100
300
400
水池立面图1:10

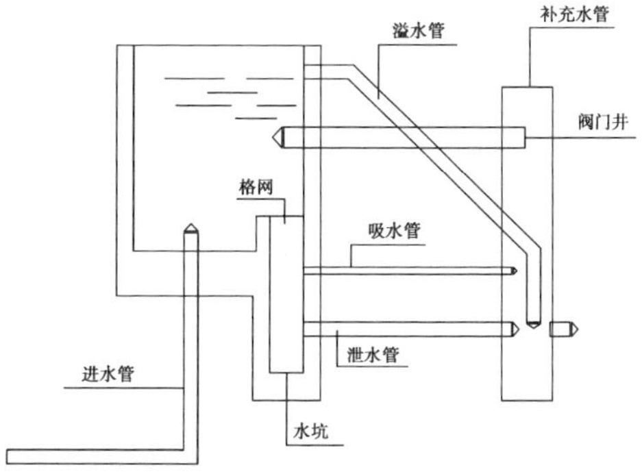

D 水池管线平面布置示意图

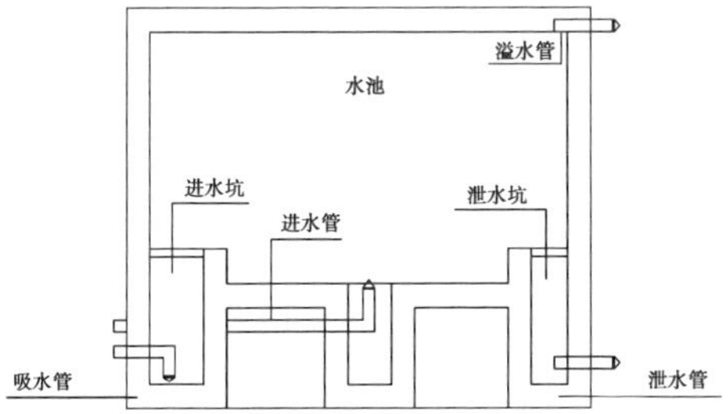

E 水池管线立面布置示意图

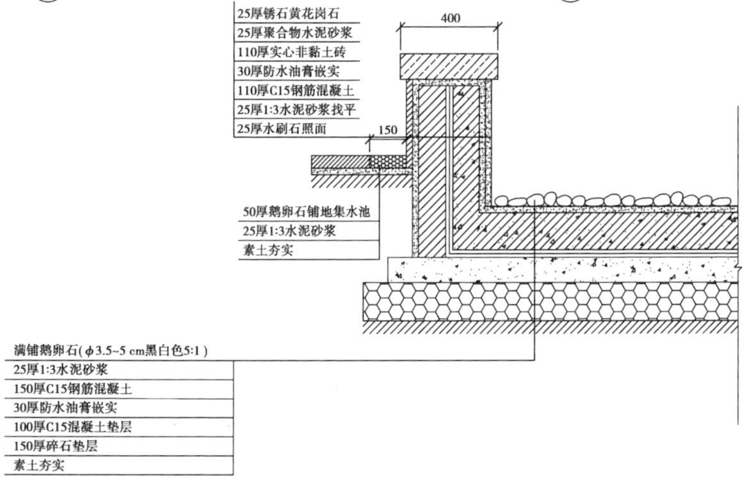

C I—I剖面图1:15

NOTES(备注):

1.本设计图版权为××园林景观规划设计建设有限公司拥有，任何人未经允许不得翻印本图纸的任何部分。

2.除列明尺寸或以方格代替比例外，尺寸量度以实地实物为准。

3.图纸上内容如有遗漏，须通知负责该工程的设计师。

4.除经特别说明外，本图不可作为建筑或其他用途。

PROJECT(工程项目): 某住宅庭院景观设计

TITLE(图纸名称): 水池详图2

DRAWING INFORMATION (图纸资料):

设计人	
审　核	
图　号	JS06-2
比　例	1:15
日　期	
页　码	30

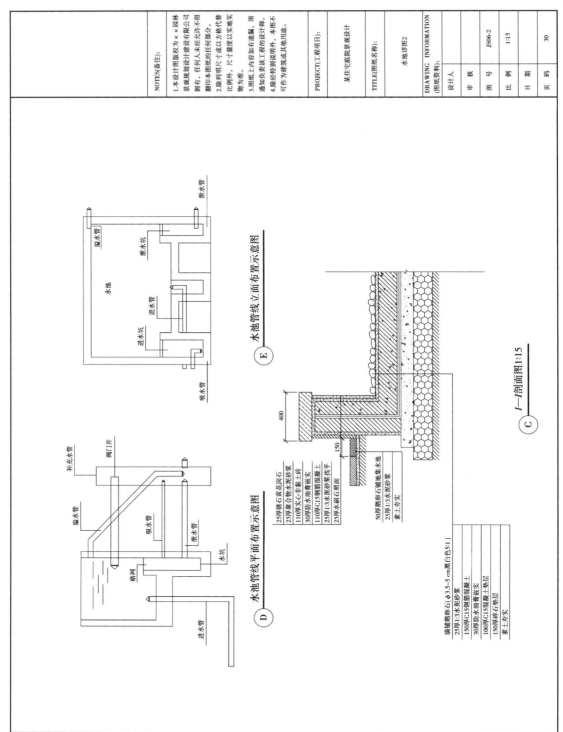

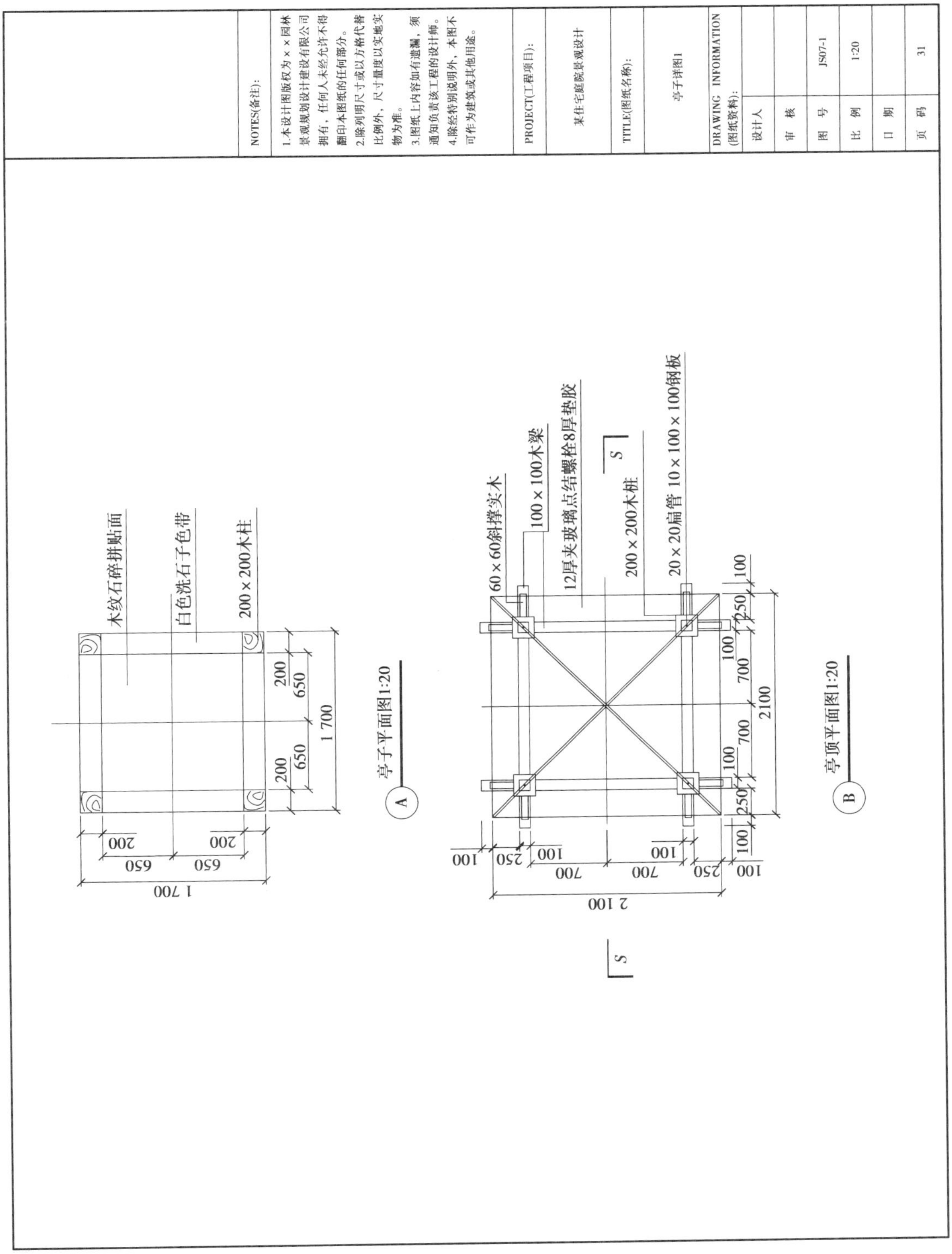
NOTES(备注):
1.本设计图版权为××园林景观规划设计建设有限公司拥有，任何人未经允许不得翻印本图纸的任何部分。
2.除列明尺寸或以方格代替比例外，尺寸量度以实地实物为准。
3.图纸上内容如有遗漏，须通知负责该工程的设计师。
4.除经特别说明外，本图不可作为建筑或其他用途。
PROJECT(工程项目):
某住宅庭院景观设计
TITLE(图纸名称):
亭子详图1
DRAWING INFORMATION (图纸资料):
设计人
审核
图号 JS07-1
比例 1:20
日期
页码 31
木纹石碎拼贴面
白色洗石子色带
200×200木柱
A 亭子平面图1:20
60×60斜撑实木
100×100木梁
12厚夹玻璃点结螺栓8厚垫胶
200×200木柱
20×20扁管 10×100×100钢板
B 亭顶平面图1:20

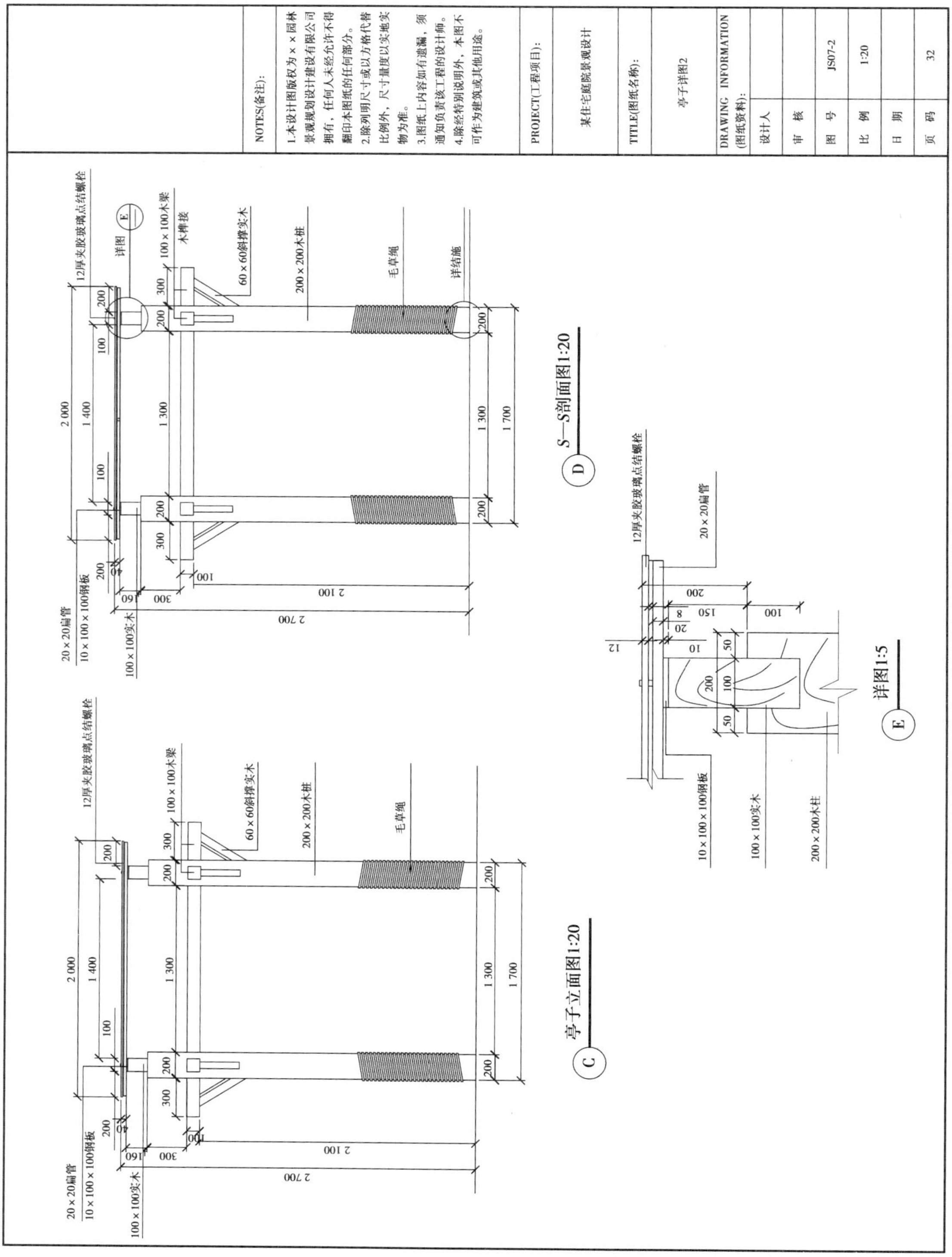
NOTES(备注):
1.本设计图版权为××园林景观规划设计建设有限公司拥有，任何人未经允许不得翻印本图纸的任何部分。
2.除列明尺寸或以方格代替比例外，尺寸量度以实地实物为准。
3.图纸上内容如有遗漏，须通知负责该工程的设计师。
4.除经特别说明外，本图不可作为建筑或其他用途。
PROJECT(工程项目):
某住宅庭院景观设计
TITLE(图纸名称):
亭子详图2
DRAWING INFORMATION (图纸资料):
设计人
审 核
图 号 JS07-2
比 例 1:20
日 期
页 码 32
12厚夹胶玻璃点结螺栓
详图 E
100×100木梁
木榫接
60×60斜撑实木
200×200木桩
毛草绳
详结施
20×20扁管
10×100×100钢板
100×100实木
2 000
1 400
1 300
1 700
2 100
2 700
S—S剖面图1:20
D
亭子立面图1:20
C
详图1:5
E

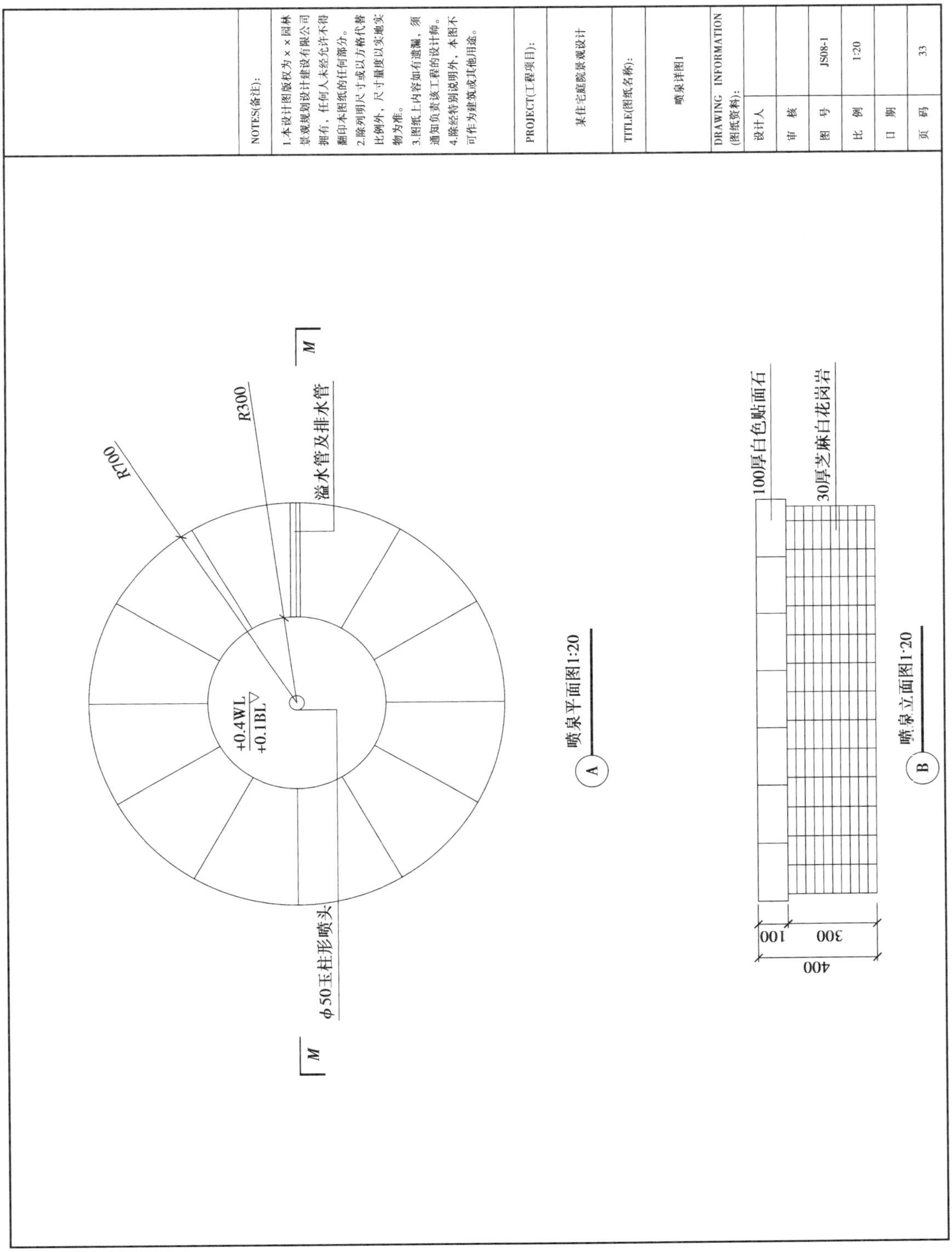

NOTES(备注):
1.本设计图版权为××园林景观规划设计建设有限公司拥有，任何人未经允许不得翻印本图纸的任何部分。
2.除列明尺寸或以方格代替比例外，尺寸量度以实地实物为准。
3.图纸上内容如有遗漏，须通知负责该工程的设计师。
4.除经特别说明外，本图不可作为建筑或其他用途。
PROJECT(工程项目):
某住宅庭院景观设计
TITLE(图纸名称):
喷泉详图1
DRAWING INFORMATION (图纸资料):
设计人
审　核
图　号　JS08-1
比　例　1:20
日　期
页　码　33
R700
R300
溢水管及排水管
+0.4WL
+0.1BL
ϕ50玉柱形喷头
M
M
A 喷泉平面图1:20
100厚白色贴面石
30厚芝麻白花岗岩
100
300
400
B 喷泉立面图1:20

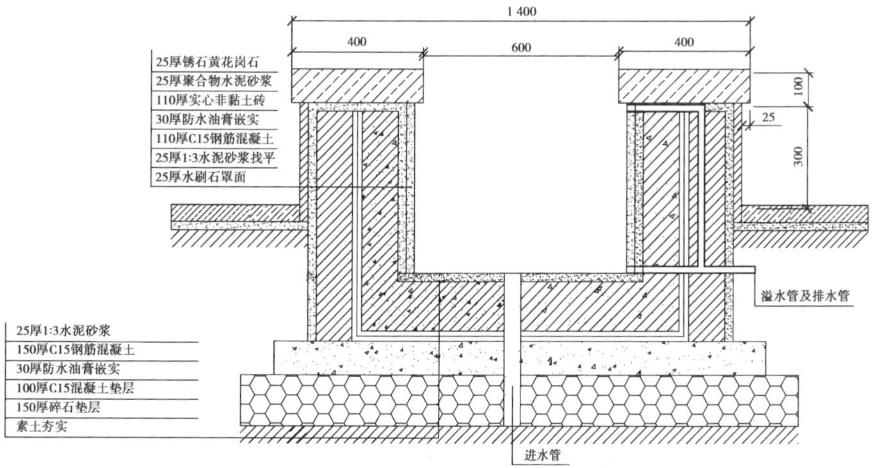

Ⓒ *M*—*M*剖面图1:20

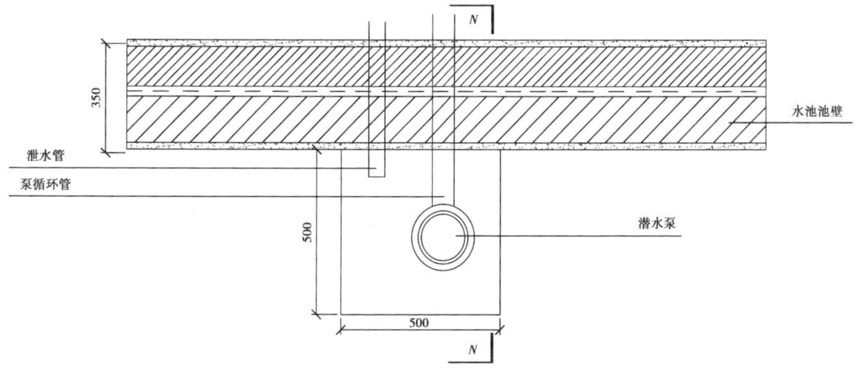

Ⓓ 水池底泵房平面图

NOTES(备注)：

1.本设计图版权为××园林景观规划设计建设有限公司拥有，任何人未经允许不得翻印本图纸的任何部分。

2.除列明尺寸或以方格代替比例外，尺寸量度以实地实物为准。

3.图纸上内容如有遗漏，须通知负责该工程的设计师。

4.除经特别说明外，本图不可作为建筑或其他用途。

PROJECT(工程项目)：

某住宅庭院景观设计

TITLE(图纸名称)：

喷泉详图2

DRAWING INFORMATION (图纸资料)：

设计人	
审 核	
图 号	JS08-2
比 例	1:20
日 期	
页 码	34

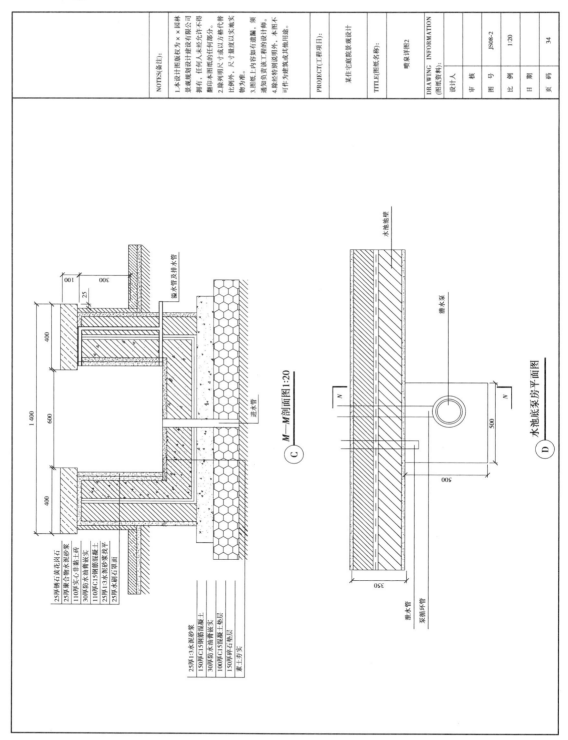

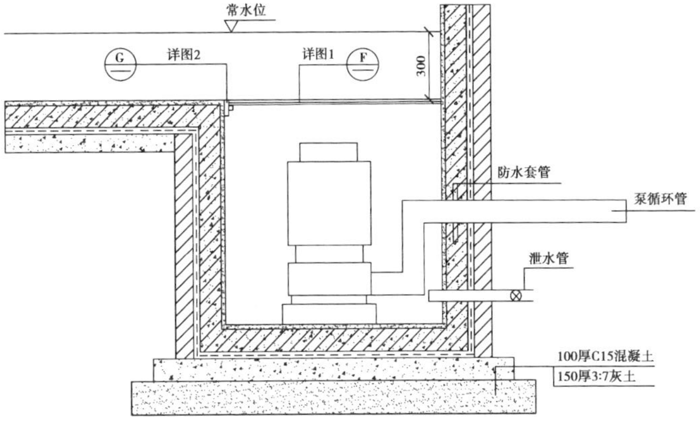

E N—N剖面图

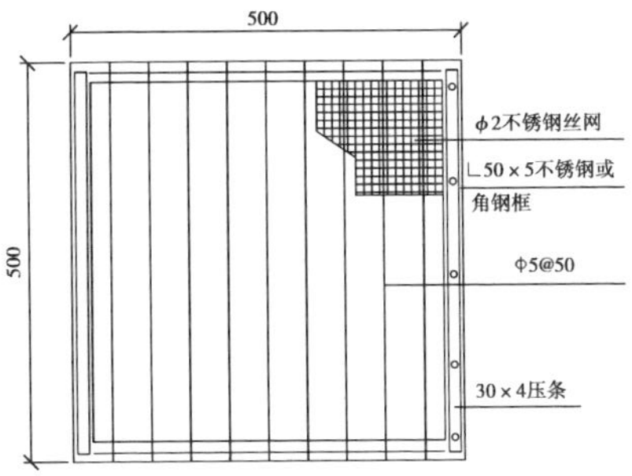

F 详图1

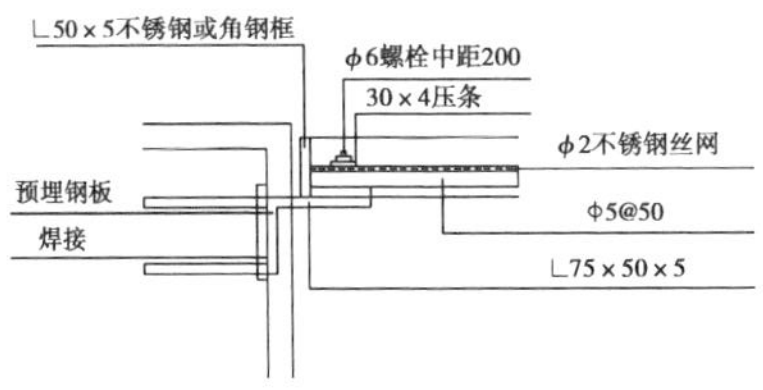

G 详图2

NOTES(备注)：

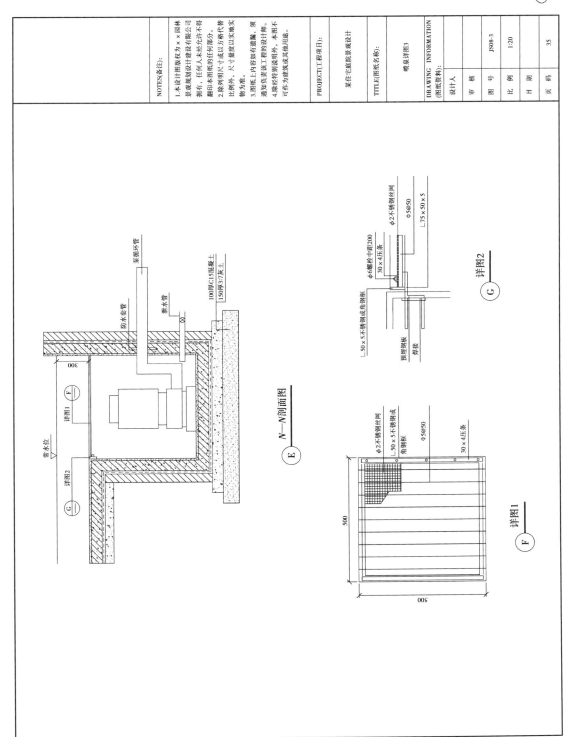

1.本设计图版权为××园林景观规划设计建设有限公司拥有，任何人未经允许不得翻印本图纸的任何部分。
2.除列明尺寸或以方格代替比例外，尺寸量度以实地实物为准。
3.图纸上内容如有遗漏，须通知负责该工程的设计师。
4.除经特别说明外，本图不可作为建筑或其他用途。

PROJECT(工程项目)：

某住宅庭院景观设计

TITLE(图纸名称)：

喷泉详图3

DRAWING INFORMATION (图纸资料)：

设计人	
审　核	
图　号	JS08-3
比　例	1:20
日　期	
页　码	35

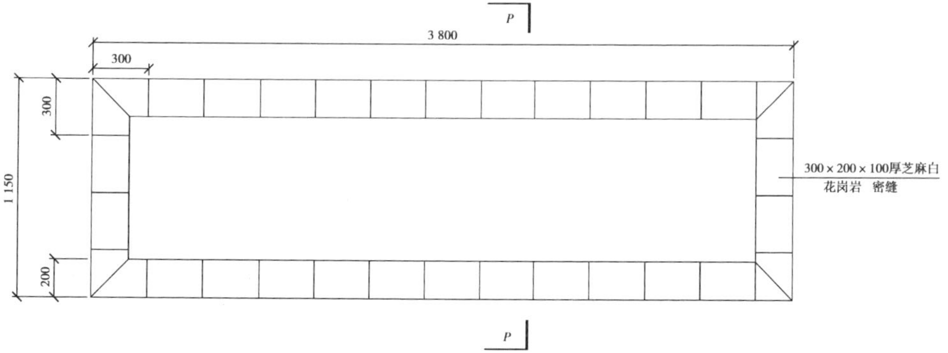

Ⓐ 种植池1平面图1:20

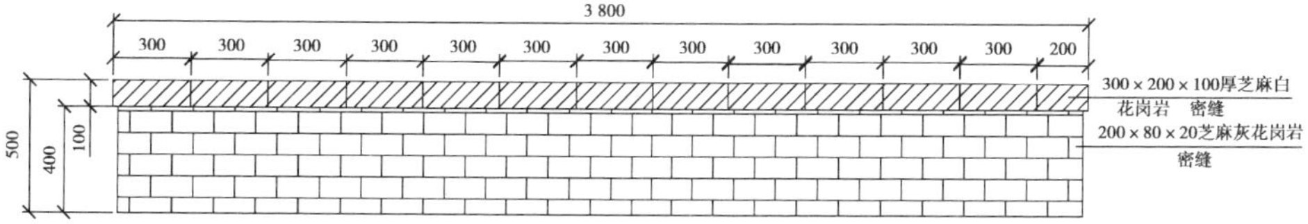

Ⓑ 种植池1立面图1:20

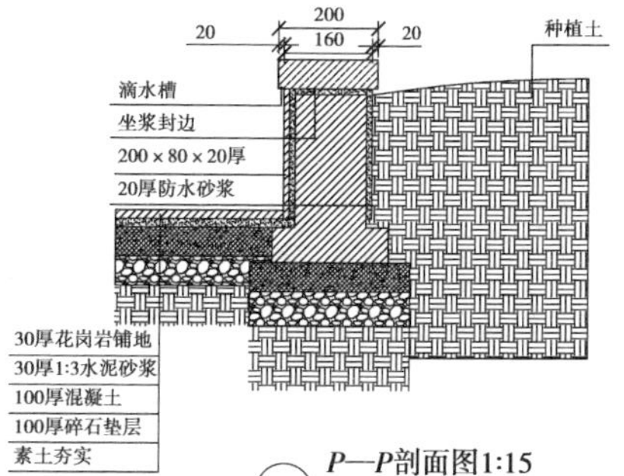

Ⓒ P—P剖面图1:15

NOTES(备注)：	
1.本设计图版权为××园林景观规划设计建设有限公司拥有，任何人未经允许不得翻印本图纸的任何部分。 2.除列明尺寸或以方格代替比例外，尺寸量度以实地实物为准。 3.图纸上内容如有遗漏，须通知负责该工程的设计师。 4.除经特别说明外，本图不可作为建筑或其他用途。	
PROJECT(工程项目)：	
某住宅庭院景观设计	
TITLE(图纸名称)：	
种植池1详图	
DRAWING INFORMATION (图纸资料)：	
设计人	
审　核	
图　号	ZZC1
比　例	1:20
日　期	
页　码	36

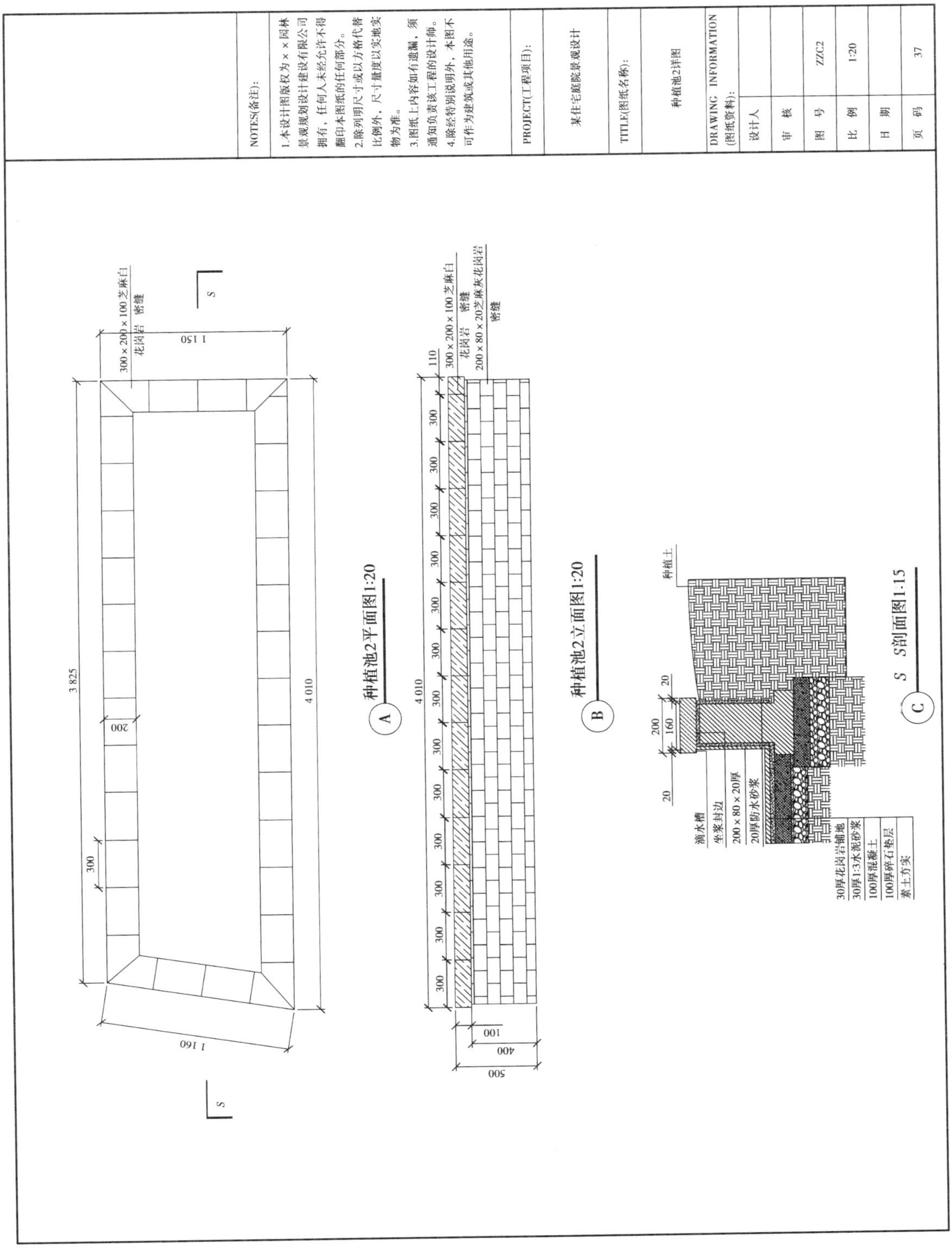
NOTES(备注):
1.本设计图版权为××园林景观规划设计建设有限公司拥有，任何人未经允许不得翻印本图纸的任何部分。
2.除列明尺寸或以方格代替比例外，尺寸量度以实地实物为准。
3.图纸上内容如有遗漏，须通知负责该工程的设计师。
4.除经特别说明外，本图不可作为建筑或其他用途。
PROJECT(工程项目):
某住宅庭院景观设计
TITLE(图纸名称):
种植池2详图
DRAWING INFORMATION(图纸资料):
设计人
审　核
图　号　ZZC2
比　例　1:20
日　期
页　码　37
A 种植池2平面图1:20
300×200×100芝麻白花岗岩 密缝
3 825
4 010
1 150
1 160
200
300
S
B 种植池2立面图1:20
300×200×100芝麻白花岗岩 密缝
200×80×20芝麻灰花岗岩 密缝
110
300
4 010
100
400
500
C S S剖面图1:15
种植土
滴水槽
坐浆封边
200×80×20厚
20厚防水砂浆
30厚花岗岩铺地
30厚1:3水泥砂浆
100厚混凝土
100厚碎石垫层
素土夯实
20
200
160
20

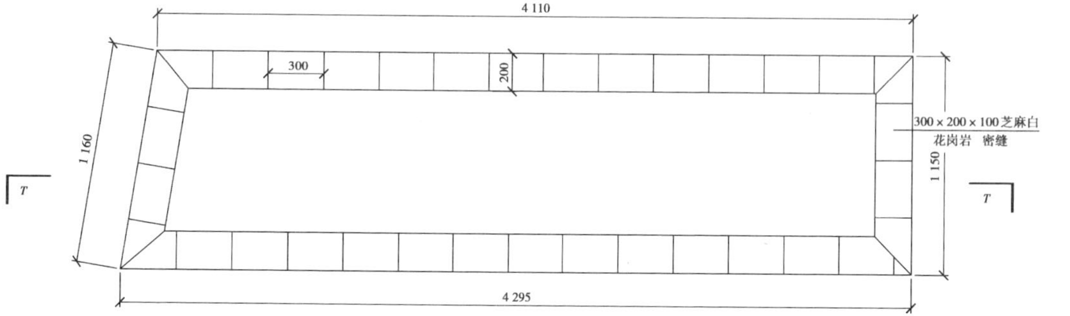

Ⓐ 种植池3平面图1:20

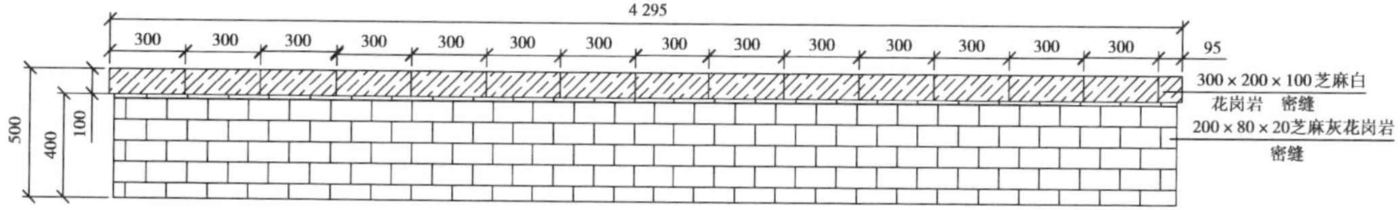

Ⓑ 种植池3立面图1:20

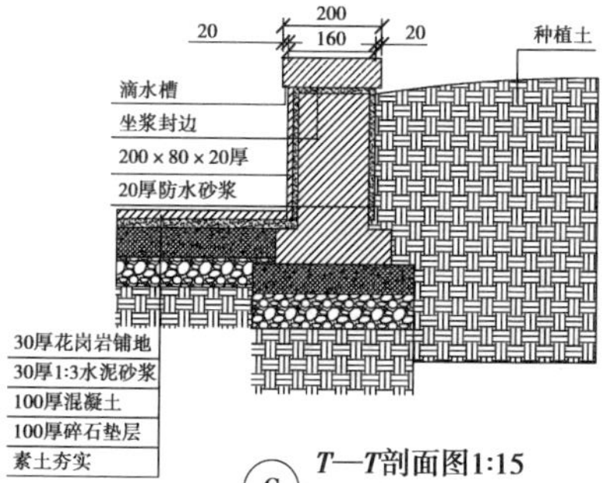

Ⓒ *T*—*T*剖面图1:15

NOTES(备注):

1.本设计图版权为××园林景观规划设计建设有限公司拥有，任何人未经允许不得翻印本图纸的任何部分。
2.除列明尺寸或以方格代替比例外，尺寸量度以实地实物为准。
3.图纸上内容如有遗漏，须通知负责该工程的设计师。
4.除经特别说明外，本图不可作为建筑或其他用途。

PROJECT(工程项目):

某住宅庭院景观设计

TITLE(图纸名称):

种植池3详图

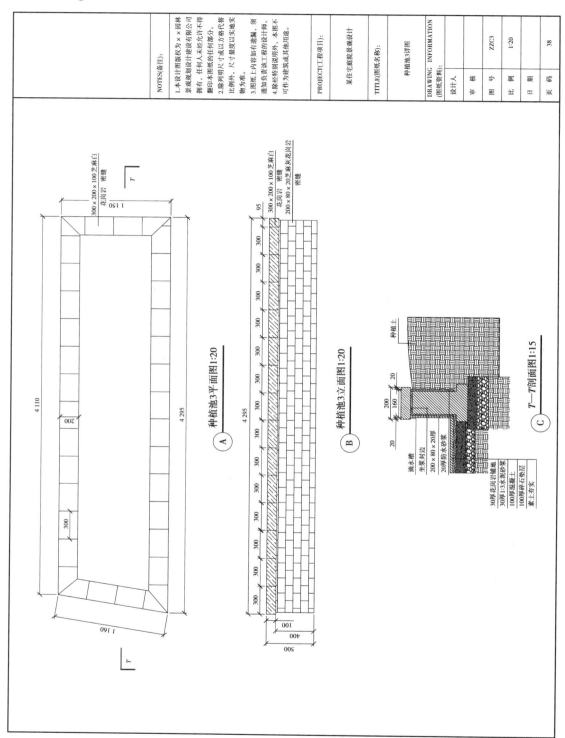

DRAWING INFORMATION (图纸资料):

设计人	
审　核	
图　号	ZZC3
比　例	1:20
日　期	
页　码	38

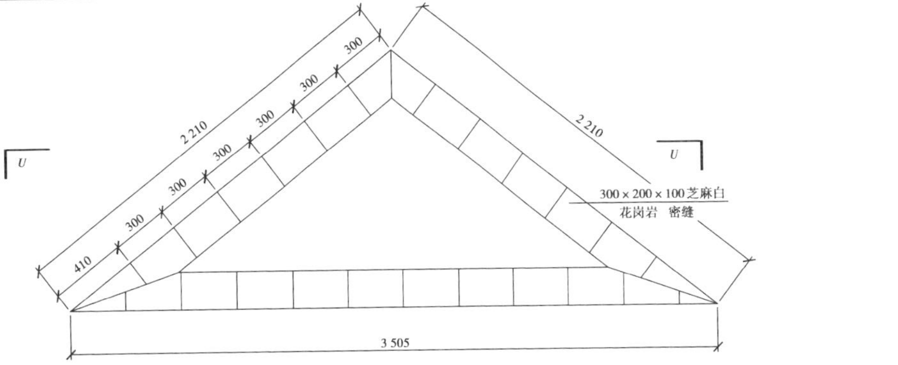

A 种植池4平面图1:20

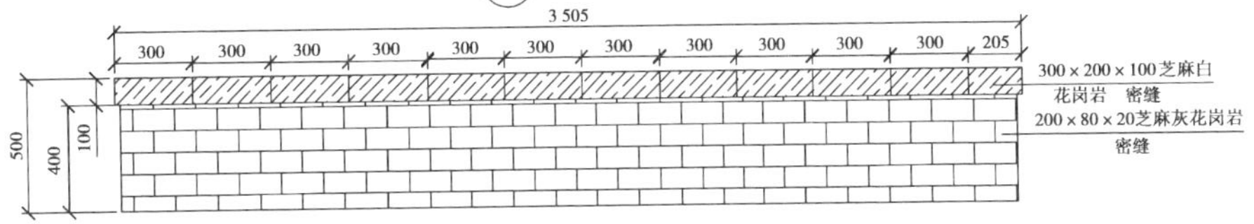

B 种植池4立面图1:20

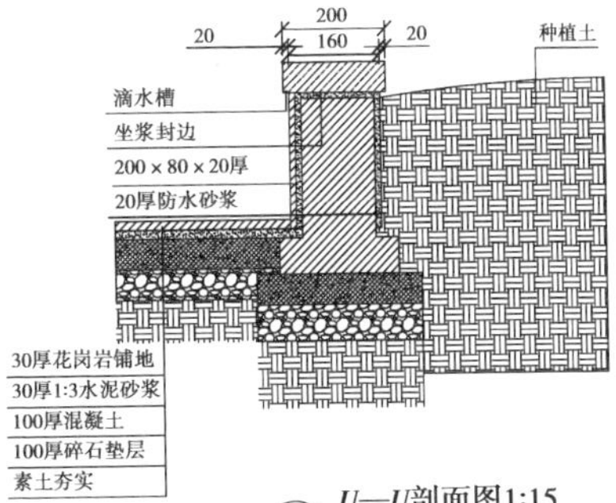

C *U*—*U*剖面图1:15

NOTES(备注)：

1.本设计图版权为××园林景观规划设计建设有限公司拥有，任何人未经允许不得翻印本图纸的任何部分。

2.除列明尺寸或以方格代替比例外，尺寸量度以实地实物为准。

3.图纸上内容如有遗漏，须通知负责该工程的设计师。

4.除经特别说明外，本图不可作为建筑或其他用途。

PROJECT(工程项目)：

某住宅庭院景观设计

TITLE(图纸名称)：

种植池4详图

DRAWING INFORMATION (图纸资料)：

设计人	
审　核	
图　号	ZZC4
比　例	1:20
日　期	
页　码	39

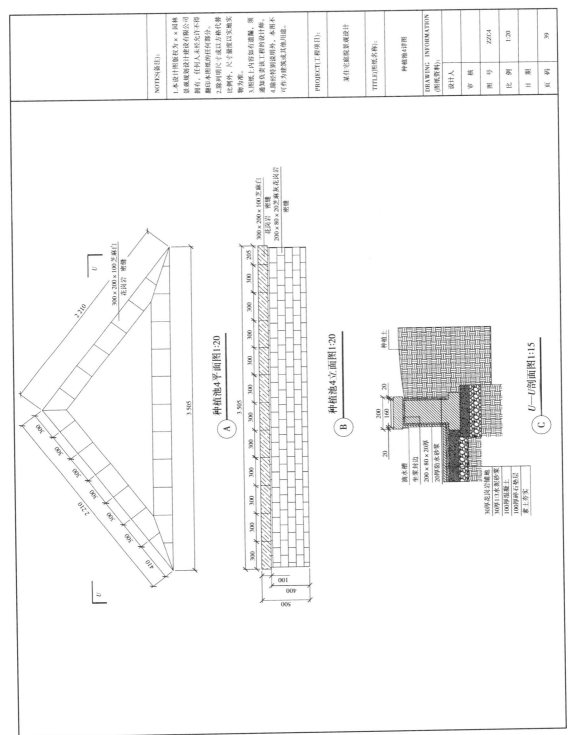

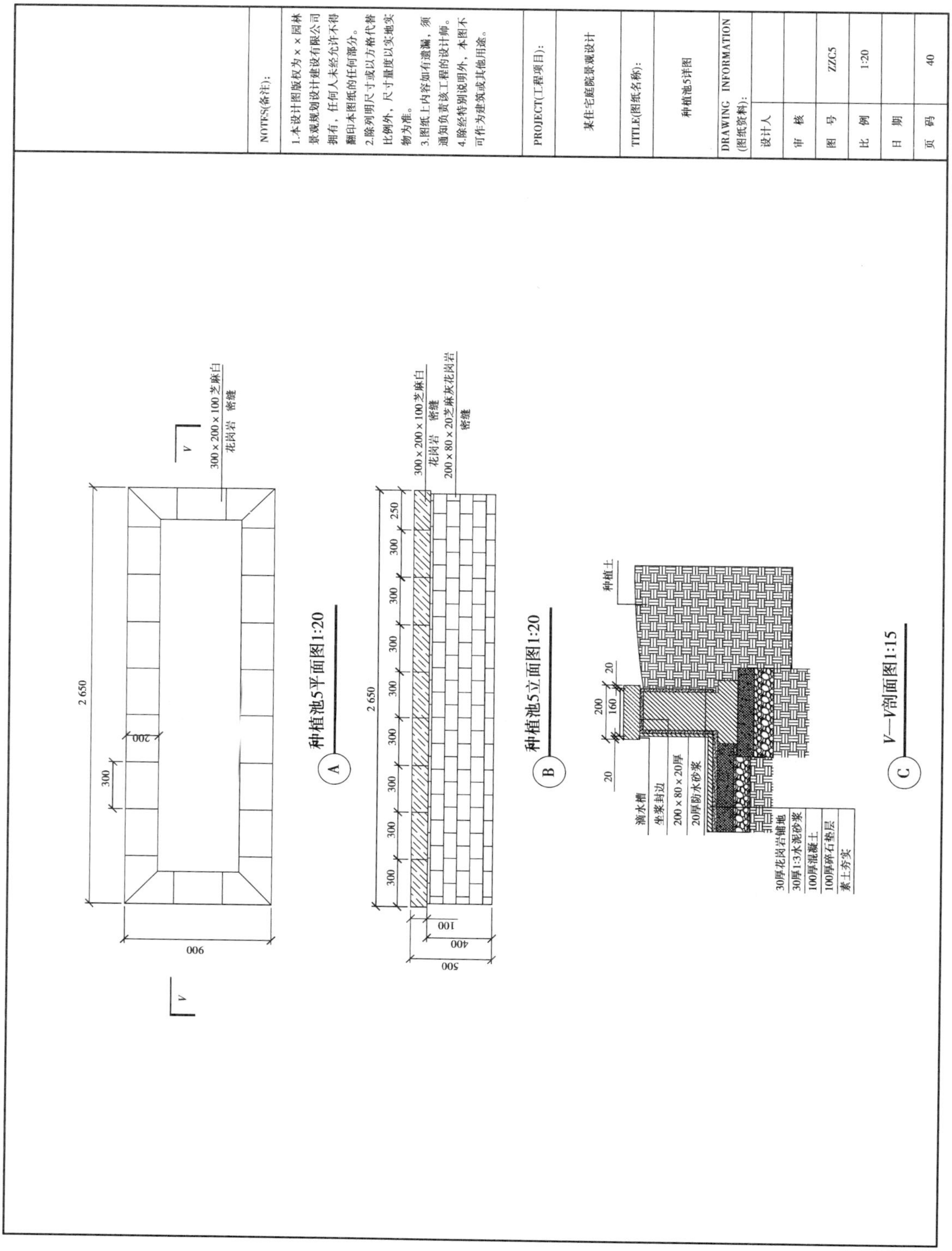
NOTES(备注):
1.本设计图版权为××园林景观规划设计建设有限公司拥有，任何人未经允许不得翻印本图纸的任何部分。
2.除列明尺寸或以方格代替比例外，尺寸量度以实地实物为准。
3.图纸上内容如有遗漏，须通知负责该工程的设计师。
4.除经特别说明外，本图不可作为建筑或其他用途。
PROJECT(工程项目):
某住宅庭院景观设计
TITLE(图纸名称):
种植池5详图
DRAWING INFORMATION (图纸资料):
设计人
审 核
图 号 ZZC5
比 例 1:20
日 期
页 码 40
300×200×100芝麻白花岗岩 密缝
200×80×20芝麻灰花岗岩 密缝
2 650
900
300
200
250
400
100
500
种植池5平面图1:20
种植池5立面图1:20
种植土
滴水槽
坐浆封边
200×80×20厚
20厚防水砂浆
30厚花岗岩铺地
30厚1:3水泥砂浆
100厚混凝土
100厚碎石垫层
素土夯实
160
20
V—V剖面图1:15

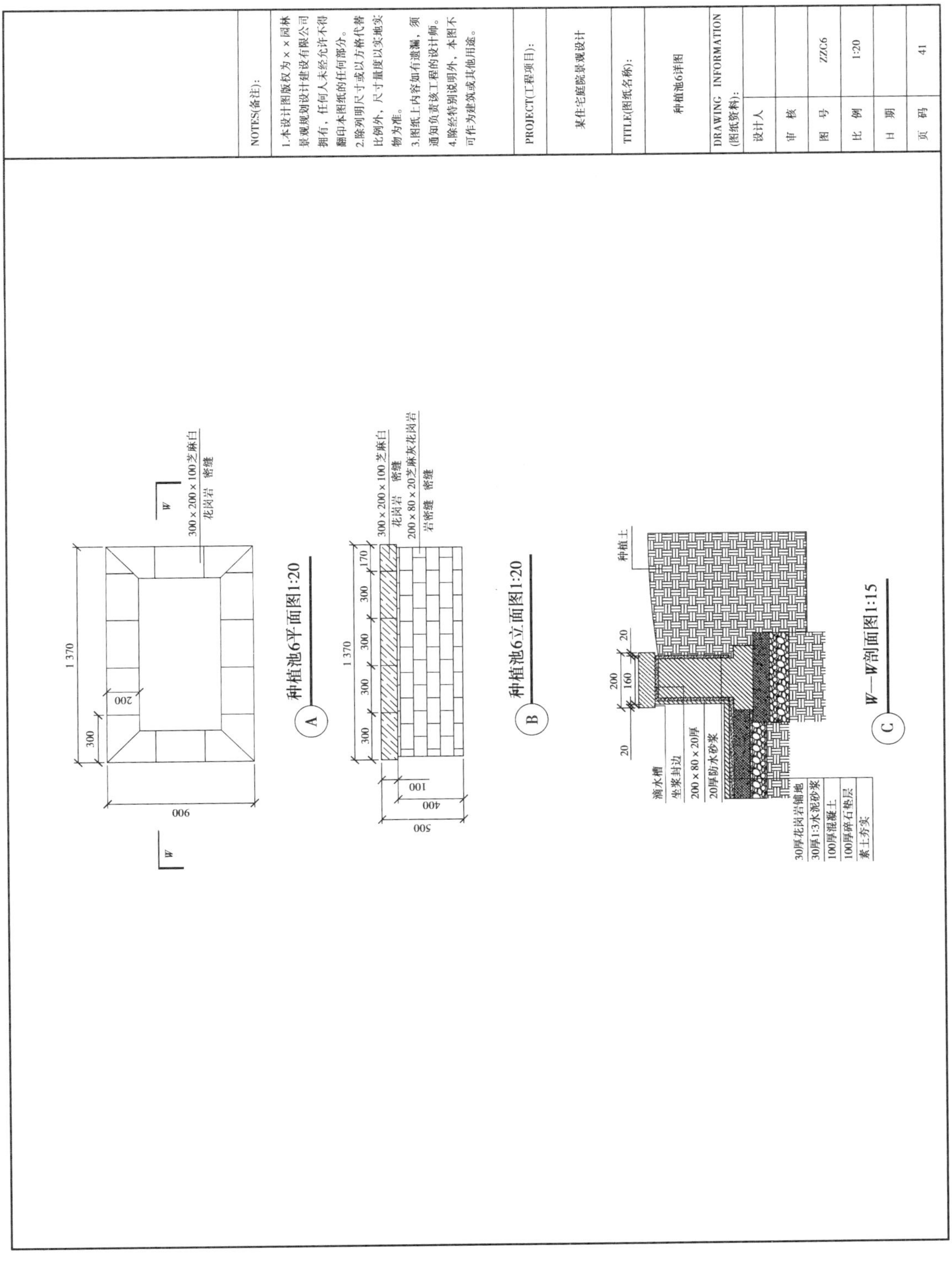
NOTES(备注):
1.本设计图版权为××园林景观规划设计建设有限公司拥有，任何人未经允许不得翻印本图纸的任何部分。
2.除列明尺寸或以方格代替比例外，尺寸量度以实地实物为准。
3.图纸上内容如有遗漏，须通知负责该工程的设计师。
4.除经特别说明外，本图不可作为建筑或其他用途。
PROJECT(工程项目):
某住宅庭院景观设计
TITLE(图纸名称):
种植池6详图
DRAWING INFORMATION (图纸资料):
设计人
审核
图号 ZZC6
比例 1:20
日期
页码 41
300×200×100芝麻白花岗岩 密缝
W
1 370
300
200
900
A 种植池6平面图1:20
300×200×100芝麻白花岗岩 密缝
200×80×20芝麻灰花岗岩密缝
170
300
300
300
300
100
400
500
B 种植池6立面图1:20
种植土
20
200
160
20
滴水槽
坐浆封边
200×80×20厚
20厚防水砂浆
30厚花岗岩铺地
30厚1:3水泥砂浆
100厚混凝土
100厚碎石垫层
素土夯实
C W—W剖面图1:15

Ⓐ 种植池7平面图1:20

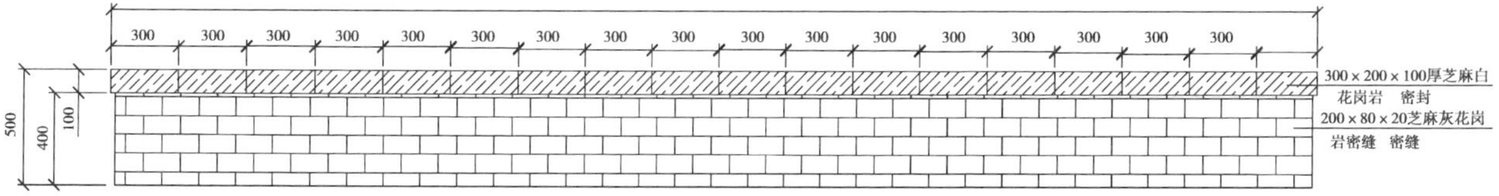

Ⓑ 种植池7立面图1:20

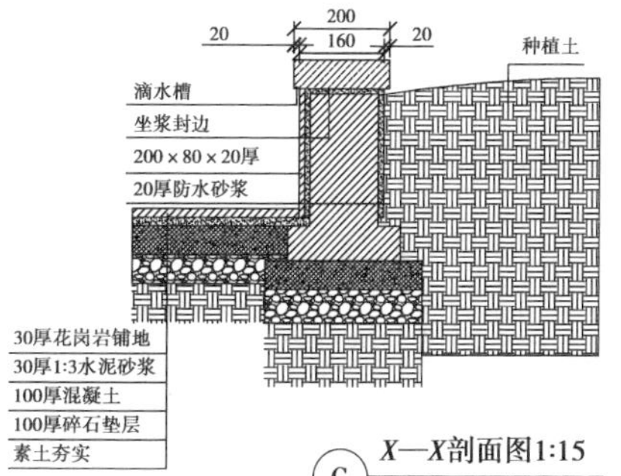

Ⓒ X—X剖面图1:15

NOTES(备注)：

1.本设计图版权为××园林景观规划设计建设有限公司拥有，任何人未经允许不得翻印本图纸的任何部分。
2.除列明尺寸或以方格代替比例外，尺寸量度以实地实物为准。
3.图纸上内容如有遗漏，须通知负责该工程的设计师。
4.除经特别说明外，本图不可作为建筑或其他用途。

PROJECT(工程项目)：

某住宅庭院景观设计

TITLE(图纸名称)：

种植池7详图

DRAWING INFORMATION(图纸资料)：

设计人	
审　核	
图　号	ZZC7
比　例	1:20
日　期	
页　码	42

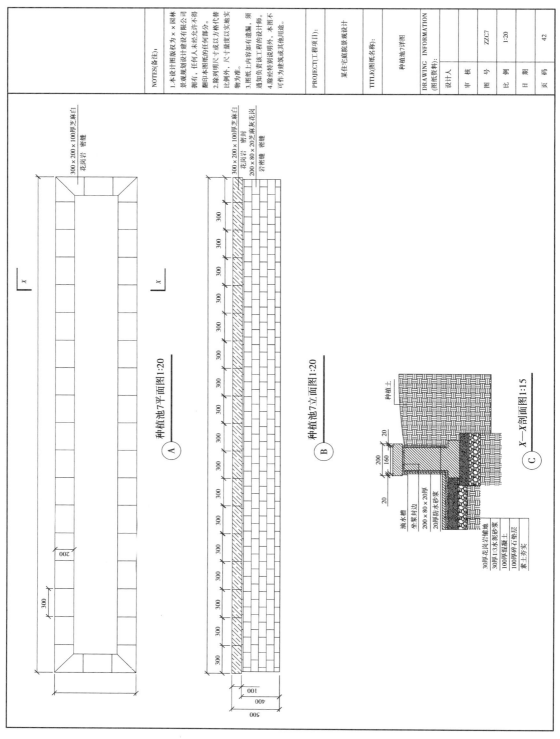

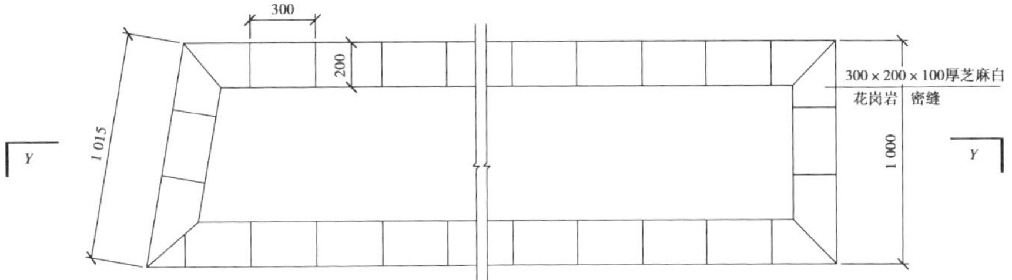

Ⓐ 种植池8平面图1:20

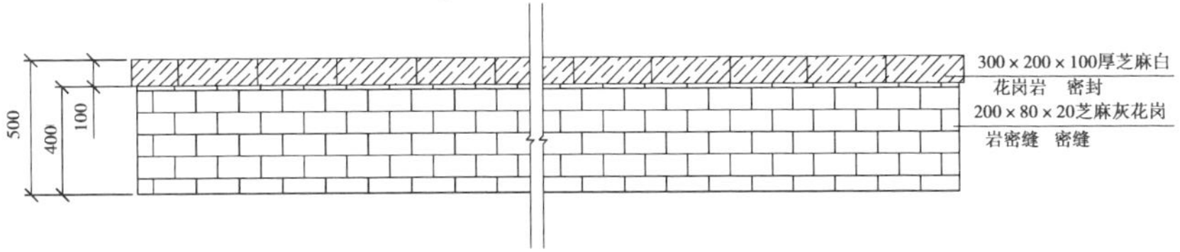

Ⓑ 种植池8立面图1:20

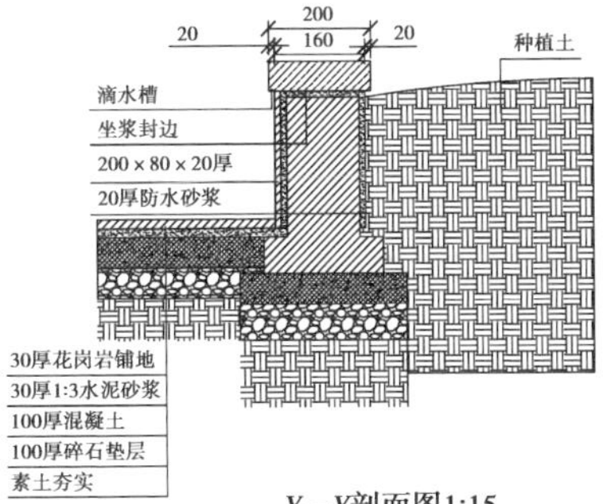

Ⓒ Y—Y剖面图1:15

NOTES(备注):

1.本设计图版权为××园林景观规划设计建设有限公司拥有，任何人未经允许不得翻印本图纸的任何部分。
2.除列明尺寸或以方格代替比例外，尺寸量度以实地实物为准。
3.图纸上内容如有遗漏，须通知负责该工程的设计师。
4.除经特别说明外，本图不可作为建筑或其他用途。

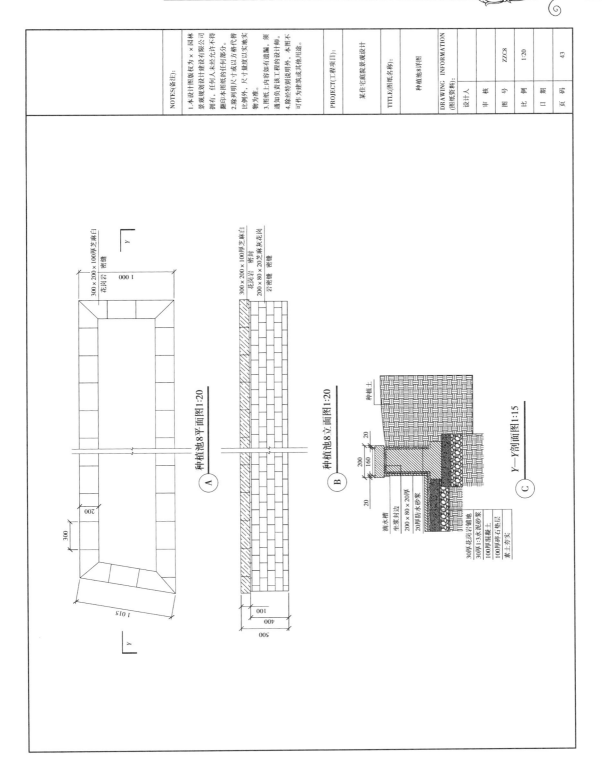

PROJECT(工程项目):

某住宅庭院景观设计

TITLE(图纸名称):

种植池8详图

DRAWING INFORMATION(图纸资料):

设计人	
审　核	
图　号	ZZC8
比　例	1:20
日　期	
页　码	43

A 种植池9平面图1:20

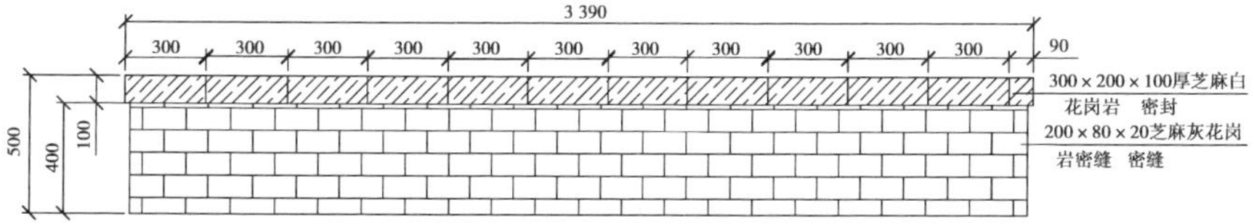

B 种植池9立面图1:20

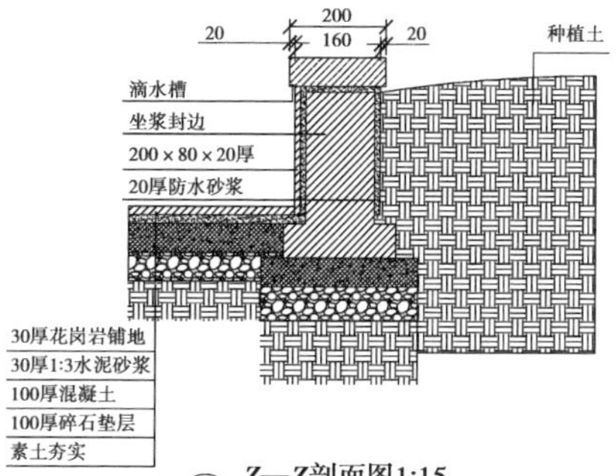

C Z—Z剖面图1:15

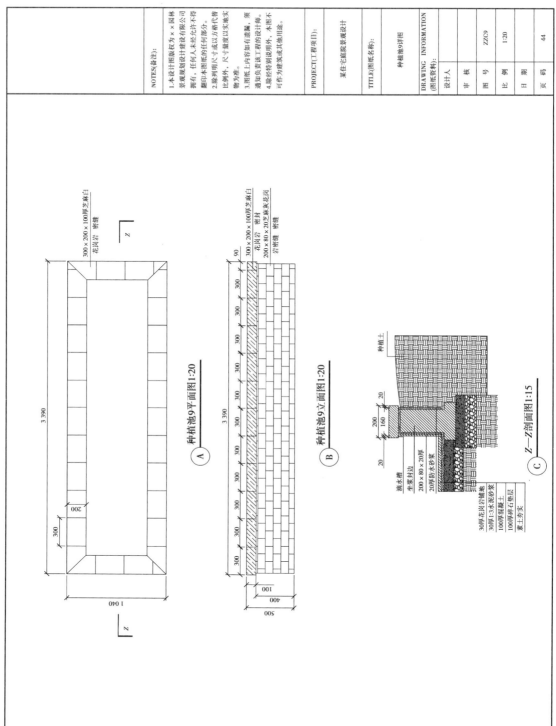

NOTES(备注):	
1.本设计图版权为××园林景观规划设计建设有限公司拥有，任何人未经允许不得翻印本图纸的任何部分。 2.除列明尺寸或以方格代替比例外，尺寸量度以实地实物为准。 3.图纸上内容如有遗漏，须通知负责该工程的设计师。 4.除经特别说明外，本图不可作为建筑或其他用途。	
PROJECT(工程项目):	
某住宅庭院景观设计	
TITLE(图纸名称):	
种植池9详图	
DRAWING INFORMATION (图纸资料):	
设计人	
审 核	
图 号	ZZC9
比 例	1:20
日 期	
页 码	44

第2部分

园林工程工程量清单计量与计价习题

习题1 工程量清单计价概述

【练习目标】

(1)熟悉园林工程项目的划分、造价文件的组成;

(2)掌握园林工程费用的组成;

(3)理解工程量清单计价的概念、特点、依据;

(4)掌握工程量清单计价的模式、程序、方法。

一、单项选择题(每题的备选项中,只有1个最符合题意)

1. 某大学扩建工程建设项目中的安装工程属于(　　)。

A. 单项工程　　B. 单位工程　　C. 分部工程　　D. 分项工程

2. 某医院建设项目中的园林绿化工程包括某园桥工程,该园桥工程属于(　　)。

A. 单项工程　　B. 单位工程　　C. 分部工程　　D. 分项工程

3. 具有独立的设计文件,在竣工后可以独立发挥效益或生产能力的项目是(　　)。

A. 单项工程　　B. 单位工程　　C. 分部工程　　D. 分项工程

4. 具有独立的设计文件,可以独立组织施工和单独核算,但在竣工后不能独立发挥效益或生产能力,且不具有独立存在意义的项目是(　　)。

A. 单项工程　　B. 单位工程　　C. 分部工程　　D. 分项工程

5. 按工程的工程部位、结构形式的不同等划分的工程项目是(　　)。

A. 单项工程　　B. 单位工程　　C. 分部工程　　D. 分项工程

6. 按照不同的施工方法、不同的材料、不同的规格等因素进一步划分的最基本的工程项目是(　　)。

A. 单项工程　　B. 单位工程　　C. 分部工程　　D. 分项工程

7. 在施工图设计完成后工程开工之前,由建设单位或委托造价咨询机构,根据已批准的施工图纸,预先计算和确定工程造价的文件是(　　)。

A. 设计概算　　B. 施工图预算　　C. 招标控制价　　D. 投资估算

8. 工程竣工验收交付使用阶段,由建设单位编制的建设项目从筹建到竣工验收、交付使用全过程中实际支付的全部建设费用的造价文件是(　　)。

A. 设计概算　　B. 施工图预算　　C. 竣工结算　　D. 竣工决算

二、多项选择题（每题的备选项中，有 2 个或 2 个以上符合题意，至少有 1 个错项）

1. 基于建设工程管理和确定工程造价的需要，将一个建设项目依次划分为（　　）等几个基本层次。

A. 单部工程　B. 单项工程　C. 单位工程　D. 分部工程

E. 分项工程

2. 在园林工程项目的实施阶段，需要编制的造价文件有（　　）。

A. 设计概算　B. 投资估算　C. 施工图预算　D. 招标控制价

E. 竣工结算

三、判断题（正确的打"√"，错误的打"×"）

1. 某住宅小区建设项目中的建筑与装饰工程属于单项工程。（　　）

2. 某公园建设项目中的现代亭属于分项工程。（　　）

3. 通常由设计概算控制投资估算，施工图预算控制竣工决算。（　　）

4. 竣工结算是整个建设工程的最终价格，是作为建设单位财务部门汇总固定资产的主要依据。（　　）

5. 投标人的投标报价高于招标控制价的应否决投标。（　　）

6. 工程量清单计价的基本方法是"综合单价法"，即招标人提供工程量清单，投标人根据工程量清单组合分部分项工程的综合单价，并计算出分部分项工程的费用，最后汇总形成总造价。（　　）

四、思考题

1. 分部分项工程费包括哪些内容？

2. 什么是规费？包括哪些内容？了解当地规费的计算规定。

3. 工程造价总组成中的税金与企业管理费中的税金，各包括哪些内容？

4. 建筑安装工程费中哪些费用是不可竞争费？

5. 花架工程中的脚手架工程费属于什么费用？在园林绿化工程中通常还有哪些工程费属于该费用？

6. 暂列金额、总承包服务费属于什么费用？该费用还包括哪些内容？

7. 综合单价法和工料单价法的基本思路和计算方法的区别是什么？

五、计算题

某园林工程包括栽植花木和景墙工程，清单工程量及综合单价见下表，措施项目费为 11 716.17 元，其他项目费为 123 783.76 元，规费为 8 146.54 元，税率为 9%。试用综合单价法计算其建筑安装工程费。

工程名称	序号	项目名称	计量单位	工程量	综合单价/元
栽植花木	1	栽植合欢（ϕ20 cm）	株	50	12 344.18
	2	栽植国槐（ϕ10 cm）	株	100	6 084.39
	3	栽植金叶女贞（土球直径 10 cm）	m^2	20	94.86
景墙	4	土方回填	m^3	0.72	19.61
	5	余方弃置	m^3	1.09	13.96
	6	景墙	m^3	7.62	1 315.12
	7	石材楼地面—压顶	m^2	1.40	172.75

习题 2 定额的组成及应用

【练习目标】

(1)理解园林工程定额的概念及分类;

(2)掌握园林定额的组成;

(3)掌握园林工程定额的应用。

一、多项选择题(每题的备选项中,有 2 个或 2 个以上符合题意,至少有 1 个错项)

1. 建设工程定额按编制单位和执行范围分类,可分为(　　)。

A. 项目定额　B. 地区定额　C. 企业定额　D. 全国定额

E. 补充定额

2. 定额编号一般应包括(　　)3 个单元。

A. 单位工程　B. 单项工程　C. 分部工程　D. 分项工程

E. 顺序号

3. 园林工程定额的应用一般有(　　)3 种形式。

A. 直接套用　B. 间接套用　C. 定额换算　D. 定额补充

E. 定额更新

4. 综合单价包括(　　)。

A. 人工费　B. 材料费　C. 机械费　D. 企业管理费

E. 规费

二、判断题(正确的打"√",错误的打"×")

1. 配合比定额主要作为定额换算和编制补充定额之用,是定额应用的重要补充。(　　)

2. 混凝土墙体定额分为"墙厚 200 mm 以内""墙厚 500 mm 以内"和"墙厚 500 mm 以上"3 组。某工程现浇 C20 中砂混凝土墙(墙厚 250 mm),应套用"墙厚 500 mm 以内"的定额除以 2。(　　)

3. 因设计图纸要求的砂浆配合比与定额的砂浆配合比不同引起换算时,砂浆用量不变,人工费、机械费不变,仅通过调整砂浆材料费换算定额基价。(　　)

三、思考题

1. 什么是园林工程定额?

2. 建设工程定额如何分类？

3. 什么是劳动消耗定额？劳动消耗定额有几种表现形式？

4. 什么是材料消耗定额？

5. 什么是机械台班定额，有哪几种表现形式？

6. 园林定额由哪些内容组成？

7. 定额项目表包括哪些内容？

8. 直接套用定额应注意哪些问题？

四、计算题

1. 定额分析。

(1) 依据 2020 年《××省建设工程工程量清单计价定额》，对定额编号为“AD0011”的项目进行分析。

定额编号		AD0011		
项　目		砖墙 混合砂浆(细砂)M5(单位:10 m^3)		
综合基价		4 981.81		
其　中	人工费/元	1 754.16		
	材料费/元	2 671.50		
	机械费/元	8.09		
	管理费/元	167.41		
	利润/元	380.65		
名　称		单位	单价/元	数量
材　料	混合砂浆(细砂)	m^3	227.60	2.313
	标准砖	千匹	400.0	5.340
	水泥 32.5	kg		(414.027)
	石灰膏	m^3		(0.324)
	细砂	m^3		(2.683)
	水	m^3	2.80	1.236
	其他材料费	元		5.600

①定额编号“AD0011”中的“A”表示：

②定额编号“AD0011”中的“D”表示：

③该分项工程名称是：

④计量单位是：

⑤综合单价组成分析：

⑥综合单价中的材料费组成分析：

⑦材料消耗分析栏中，“混合砂浆（细砂）M10”的单价组成分析：

⑧材料消耗分析栏中，“水”的消耗量分析：

⑨半成品中的原材料用量分析：

（2）依据2020年《××省建设工程工程量清单计价定额》，对园林绿化定额中“EC0055”定额项目进行分析：

定额编号		EC0055		
项　目		原木柱，梁，檩（直径≤400 mm）带树皮（单位：m^3）		
综合基价		1 914.50		
其　中	人工费/元	523.44		
	材料费/元	1 162.68		
	机械费/元	6.76		
	管理费/元	67.49		
	利润/元	154.13		
名　称		单位	单价/元	数量
材　料	原木	m^3	1 100.0	1.05
	铁钉	kg	4.15	0.4
	其他材料费	元		6.02
机　械	汽油	L	6.0	(0.508)

①定额编号：

②计量单位：

③综合单价组成分析：

④综合单价中的材料费组成分析：

2. 请根据下列表格(表2.1、表2.2)分别计算栽植散生竹类,胸径60 mm和胸径65 mm的综合单价。

表2.1

定额编号		EA0213		
项　目		栽植散生竹类胸径≤6 cm(单位:10株)		
综合基价		87.17		
其　中	人工费/元	65.70		
	材料费/元	1.40		
	机械费/元	0.00		
	管理费/元	0.97		
	利润/元	19.10		
名　称		单位	单价/元	数量
材　料	水	m^3	2.8	0.8

表2.2

定额编号		EA0214		
项　目		栽植散生竹类胸径≤8 cm(单位:10株)		
综合基价		180.91		
其　中	人工费/元	126.00		
	材料费/元	2.24		
	机械费/元	0.00		
	管理费/元	16.04		
	利润/元	36.63		
名　称		单位	单价/元	数量
材　料	水	m^3	2.8	0.8

3. 某假山工程用 M10 水泥砂浆(细砂)砌筑砖基础,请根据下列定额(表 2.3、表 2.4、表 2.5)确定其综合单价。

表 2.3

定额编号		AD0001		
项　目		砖基础 水泥砂浆(细砂)M5(单位:10 m^3)		
综合单价		4 361.59		
其　中	人工费/元	1 300.14		
	材料费/元	2 645.65		
	机械费/元	8.74		
	管理费/元	124.34		
	利润/元	282.72		
名　称		单位	单价/元	数量
材　料	水泥砂浆(细砂)	m^3	229.60	2.38
	标准砖	千匹	400	5.24
	水泥	kg	0.40	(537.88)
	细砂	m^3	120.00	(2.761)
	水	m^3	2.80	1.144

表 2.4

定额编号		YC0008		
项　目		水泥砂浆 细砂 M5(单位 m^3)		
综合基价		229.60		
其　中	人工费/元	0.00		
	材料费/元	229.60		
	机械费/元	0.00		
名　称		单位	单价/元	数量
材　料	水泥 32.5	kg	0.40	226.000
	细砂	m^3	120.00	1.160
	水	m^3		(0.300)

表 2.5

定额编号		YC0010		
项　目		水泥砂浆 细砂 M10(单位 m^3)		
综合基价		248.40		
其　中	人工费/元	0.00		
	材料费/元	248.40		
	机械费/元	0.00		
名　称		单位	单价/元	数量
材　料	水泥	kg	0.40	273.000
	细砂	m^3	120.00	1.160
	水	m^3		(0.300)

4. 某直形景墙,用 C15 混凝土(特细砂)现浇,墙厚 240 mm,请根据下列表格(表 2.6、表 2.7、表 2.8)计算其综合单价。

表 2.6

定额编号		AE0049		
项　目		现浇混凝土 直形墙(墙厚≤500 mm)(特细砂)C30(单位:10 m^3)		
综合基价		4 264.03		
其　中	人工费/元	838.98		
	材料费/元	3 044.10		
	机械费/元	44.39		
	管理费/元	102.47		
	利润/元	234.09		
名　称		单位	单价/元	数量
材　料	混凝土(塑.特细砂、砾石粒径≤40 mm)C30	m^3	298.30	10.100
	水泥 42.5	kg		(3 555.200)
	特细砂	m^3		(3.939)
	砾石 5～40 mm	m^3		(9.797)
	水	m^3	2.80	11.118
	其他材料费	元		0.140

表 2.7

定额编号		YA0138		
项 目		塑性混凝土(特细砂)砾石最大粒径:40 mm C30(单位: m^3)		
基价/元		298.30		
其 中	人工费	0.00		
	材料费	298.30		
	机械费	0.00		
名 称		单位	单价/元	数量
材料	水泥	kg	0.45	352.000
	特细砂	m^3	110.00	0.390
	砾石 5 ~ 40 mm	m^3	100	0.970
	水	m^3		(0.190)

表 2.8

定额编号		YA0135		
项 目		塑性混凝土(特细砂)砾石最大粒径:40 mm C15(单位: m^3)		
基价/元		258.40		
其 中	人工费	0.00		
	材料费	258.40		
	机械费	0.00		
名 称		单位	单价/元	数量
材料	水泥	kg	0.40	277.000
	特细砂	m^3	110.00	0.460
	砾石 5 ~ 40 mm	m^3	100	0.970
	水	m^3		(0.190)

5. 某弧形景墙,用 C15 混凝土(中砂)现浇,墙厚 120 mm,请根据下列表格(表 2.9、表 2.10、表 2.11)计算其现浇混凝土综合单价。

表 2.9

定额编号	AE0052
项 目	现浇混凝土 弧形墙(墙厚≤200 mm)(特细砂)C30(单位:10 m^3)
综合基价/元	4 402.35

续表

定额编号		AE0052		
其中	人工费/元	937.47		
	材料费/元	3 046.40		
	机械费/元	44.39		
	管理费/元	113.90		
	利润/元	260.19		
名称		单位	单价/元	数量
材料	混凝土（塑性、特细砂、砾石粒径≤40 mm）C30	m^3	298.30	10.100
	水泥 42.5	kg		(3 555.200)
	特细砂	m^3		(3.939)
	砾石 5～40 mm	m^3		(9.797)
	水	m^3	2.80	11.929
	其他材料费	元		0.170

表 2.10

定额编号		YA0138		
项目		塑性混凝土（特细砂）砾石最大粒径:40 mm C30（单位：m^3）		
基价/元		298.30		
其中	人工费	0.00		
	材料费	298.30		
	机械费	0.00		
名称		单位	单价/元	数量
材料	水泥	kg	0.45	352.000
	特细砂	m^3	110.00	0.390
	砾石 5～40 mm	m^3	100	0.970
	水	m^3		(0.190)

表 2.11

定额编号		YA0051		
项　目		塑性混凝土(中砂)砾石最大粒径:40 mm C15(单位: m^3)		
基价/元		282.80		
其　中	人工费	0.00		
	材料费	282.80		
	机械费	0.00		
名　称		单位	单价/元	数量
材料	水泥	kg	0.40	236.00
	中砂	m^3	130.00	0.600
	砾石 5 ~40 mm	m^3	120.00	0.920
	水	m^3		(0.190)

6. 某园林工程,面层用碎块花岗石拼贴,垫层采用 50mm 厚 C15 混凝土垫层(特细砂),请根据下表(表 2.12)计算其垫层的综合单价。

表 2.12

定额编号		AE0002		
项　目		楼地面混凝土垫层(特细砂)C15(单位:10 m^3)		
综合基价/元		3 696.30		
其　中	人工费/元	730.83		
	材料费/元	2 652.64		
	机械费/元	24.90		
	管理费/元	87.66		
	利润/元	200.27		
名　称		单位	单价/元	数量
材　料	混凝土(塑性、特细砂、砾石粒径≤40 mm)C15	m^3	258.40	10.15
	水泥	kg		(2 811.550)
	中砂	m^3		(4.669)
	砾石	m^3		(9.846)
	水	m^3	2.80	(7.258)
	其他材料费	元		9.560

习题 3 建筑面积计算

【练习目标】

(1)熟悉建筑面积的计算规则;

(2)掌握建筑面积的计算方法。

一、单项选择题(每题的备选项中,只有1个最符合题意)

1. 关于建筑面积、使用面积、辅助面积、结构面积、有效面积的相互关系,下列表达式正确的是(　　)。

A. 有效面积=建筑面积-结构面积

B. 使用面积=有效面积+结构面积

C. 建筑面积=使用面积+辅助面积

D. 辅助面积=使用面积-结构面积

2. 以下对单层建筑物的建筑面积计算描述正确的是(　　)。

A. 均计算全面积

B. 结构层高在2.20 m及以上者应计算全面积

C. 结构层高在2.10 m及以上者应计算全面积

D. 结构净高在2.10 m及以上者应计算全面积

3. 建筑物的(　　)不能按建筑物的自然层计算建筑面积。

A. 无围护结构的观光电梯　　B. 室内楼梯间

C. 通风排气竖井　　D. 电梯井

4. 关于坡屋顶的建筑面积计算描述错误的是(　　)。

A. 斜面结构板顶高在2.20 m及以上的部位,应全部计算全面积

B. 斜面结构板顶高不足2.10 m的部位,应全部计算1/2面积

C. 斜面结构板顶高不足2.10 m的部位,不应计算建筑面积

D. 斜面结构板顶高为1.20 m的部位,不应计算建筑面积

5. 以下对建筑物内设有局部楼层时,建筑面积计算描述正确的是(　　)。

A. 对于局部楼层的二层及以上楼层,有围护结构的应按其围护结构外表面所围空间的水平投影面积计算

B. 对于局部楼层的二层及以上楼层,无围护结构的应按其结构顶板水平面积计算

C. 对于局部楼层的二层及以上楼层，结构层高在 2.10 m 及以上的应计算全面积

D. 对于局部楼层的二层及以上楼层，结构净高不足 2.20 m 者应计算 1/2 面积

6. 以下对建筑物架空层建筑面积计算的描述不正确的是(　　)。

A. 应按其顶板水平投影计算建筑面积

B. 结构层高在 2.10 m 及以上的，应计算全面积

C. 结构层高在 2.20 m 以下的，应计算 1/2 面积

D. 应按其围护设施外表面水平面积计算建筑面积

7. 下列关于地下室、半地下室建筑面积的计算规定，正确的是(　　)。

A. 结构层高为 2.10 m 的部位计算 1/2 面积

B. 结构层高不足 1.80 m 的部位计算 1/2 面积

C. 结构层高为 2.10 m 的部位应计算全面积

D. 结构层高为 2.20 m 以上的部位应计算全面积

8. 以下要计算建筑面积的是(　　)。

A. 骑楼的底层　　B. 屋顶水箱

C. 有柱雨篷　　D. 无顶盖的建筑空间

9. 某六层砖混结构住宅，结构层高为 2.90 m，每层水平面积(外墙外表面)为 40 m×20 m，二层及以上的阳台已封闭，底层阳台未封闭，每层阳台的水平投影面积为 40 m^2，下列建筑面积计算正确的是(　　)。

A. 4 800 m^2　　B. 4 980 m^2　　C. 5 020 m^2　　D. 5 040 m^2

10. 高低联跨的单层建筑物需分别计算面积时应以(　　)为界分别计算。

A. 高跨结构内边线　　B. 高跨结构外边线

C. 低跨结构外边线　　D. 低跨结构内边线

二、多项选择题(每题的备选项中，有 2 个或 2 个以上符合题意，至少有 1 个错项)

1. 以下说法正确的是(　　)。

A. 自然层是按楼地面结构分层的楼层

B. 结构层高是指楼面或地面结构层上表面至上部结构层下表面之间的垂直距离

C. 当外墙结构本身在一个层高范围内不等厚时，以楼地面结构标高处的外围水平面积计算

D. 围护结构是指为保障安全而设置的栏杆、栏板等围挡

E. 结构净高是指楼面或地面结构层上表面至上部结构层下表面之间的垂直距离

2. 下列不计算建筑面积的是(　　)。

A. 结构层高为 2.10 m 的门斗　　B. 建筑物内的大型上料平台

C. 无围护结构的观光电梯　　D. 有围护结构的舞台灯光控制室

E. 过街楼底层的开放公共空间

3. 下列有关建筑面积的计算范围，叙述正确的有(　　)。

A. 有围护结构的舞台灯光控制室，应按其围护结构外表面水平面积计算，结构层高在 2.20 m 及以上的，应计算全面积

B. 附属在建筑物外墙的落地橱窗，应按其围护结构外表面水平面积计算，结构层高在 2.20 m 及以上的，应计算全面积

C. 有围护设施的室外走廊(挑廊),应按其结构底板水平投影面积计算 1/2 面积

D. 对于立体书库、立体仓库、立体车库,有围护结构的应按其围护结构外表面水平面积计算建筑面积,结构层高在 2.10 m 及以上的,应计算全面积

E. 窗台与室内楼地面高差在 0.50 m 以下且结构净高在 2.20 m 及以上的凸(飘)窗,应按其围护结构外围水平面积的计算 1/2 面积

4. 下列关于建筑面积计算,说法正确的有(　　)。

A. 露天游泳池按设计图示外围水平投影面积的 1/2 计算

B. 有柱雨篷应按其围护设施外表面水平面积计算

C. 有永久顶盖的室外楼梯,按楼梯水平投影面积计算

D. 建筑物主体结构内的阳台按其结构外围水平面积计算

E. 宽度超过 2.10 m 的雨篷按结构板的水平投影面积的 1/2 计算

5. 以下关于建筑物间的架空走廊建筑面积计算描述正确的是(　　)。

A. 建筑物间的架空走廊,有顶盖和围护结构的,应按其围护结构外表面水平面积计算全面积

B. 有围护设施的架空走廊,应按其结构底板水平投影面积的 1/2 计算

C. 无围护结构、有围护设施的架空走廊均计算 1/2 面积

D. 有围护结构的架空走廊,按底板计算面积

E. 无顶盖的架空走廊,均不计算面积

6. 以下关于雨篷建筑面积计算的描述正确的是(　　)。

A. 无柱雨篷出挑宽度,是指雨篷的结构外边线至外墙结构外边线的宽度

B. 有柱雨篷应按其结构板水平投影面积的 1/2 计算建筑面积

C. 无柱雨篷出挑宽度在 2.10 m 及以上的,应按雨篷结构板的水平投影面积的 1/2 计算建筑面积

D. 无柱雨篷不计算建筑面积

E. 有柱雨篷结构层高在 2.2 m 以下的,不计算建筑面积

三、判断题(正确的打"√",错误的打"×")

1. 辅助面积是指建筑物各层平面布置中为辅助生产或辅助生活所占净面积之和。(　　)

2. 建筑面积是指建筑物(包括墙体)所形成的墙柱面面积。(　　)

3. 墙面抹灰、装饰面、镶贴块料面层、装饰性幕墙不计算建筑面积。(　　)

4. 建筑物以外的地下人防通道,独立的烟囱等构筑物应单独计算建筑面积。(　　)

5. 骑楼、过街楼底层的开放公共空间和建筑物通道不计算建筑面积。(　　)

6. 有围护结构的室外走廊应按其结构底板水平投影面积计算 1/2 面积。(　　)

7. 有顶盖无围护结构的车棚、货棚、站台、加油站、收费站等,应按其顶盖水平投影面积计算建筑面积。(　　)

8. 起装饰作用的敞开式挑台、平台以及主体结构外的空调室外机搁板(箱)、构件、配件不计算建筑面积。(　　)

四、思考题

1. 建筑面积的概念和作用?

2. 围护结构和围护设施的区别?

3. 根据《建筑工程建筑面积计算规范》(GB/T 50353—2013)、《民用建筑通用规范》(GB 55031—2022),哪些情况下应计算半面积?

4. 根据《建筑工程建筑面积计算规范》(GB/T 50353—2013)、《民用建筑通用规范》(GB 55031—2022),哪些情况下不计算建筑面积?

五、计算题

1. 某植物园内有一座车棚,如图 3.1 所示,计算车棚的建筑面积。

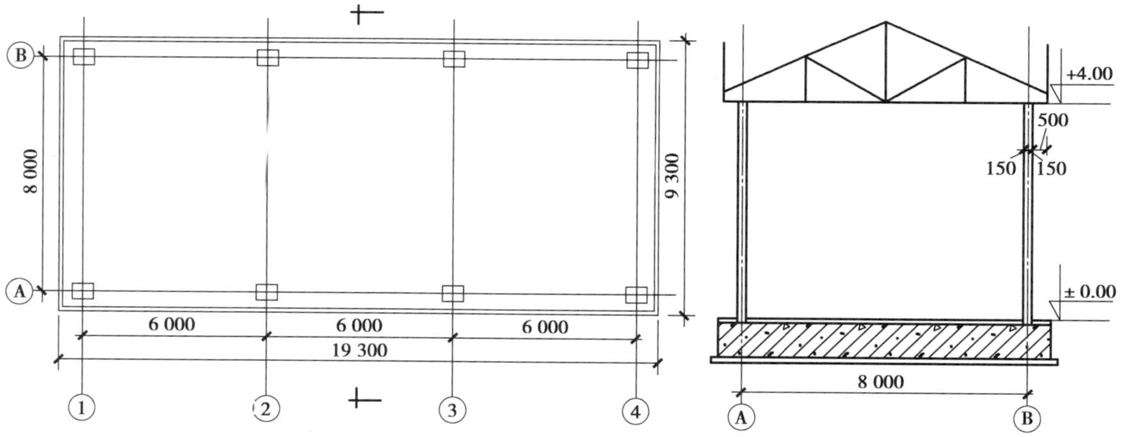

图 3.1　某车棚屋顶平面图、剖面图

2. 某别墅如图 3.2 所示，墙体除注明外均为 240 mm 厚，外墙外边线至外围护结构外表面总厚度为 100 mm。弧形落地窗半径 R=1 500 mm（为 B 轴外墙外边线到弧形窗边线的距离，弧形窗的厚度忽略不计）。别墅共一层，层高 4.2 m，依据《房屋建筑与装饰工程工程量计算规范》（GB 50854—2013）、《民用建筑通用规范》（GB 55031—2022）的规定，计算别墅的建筑面积。

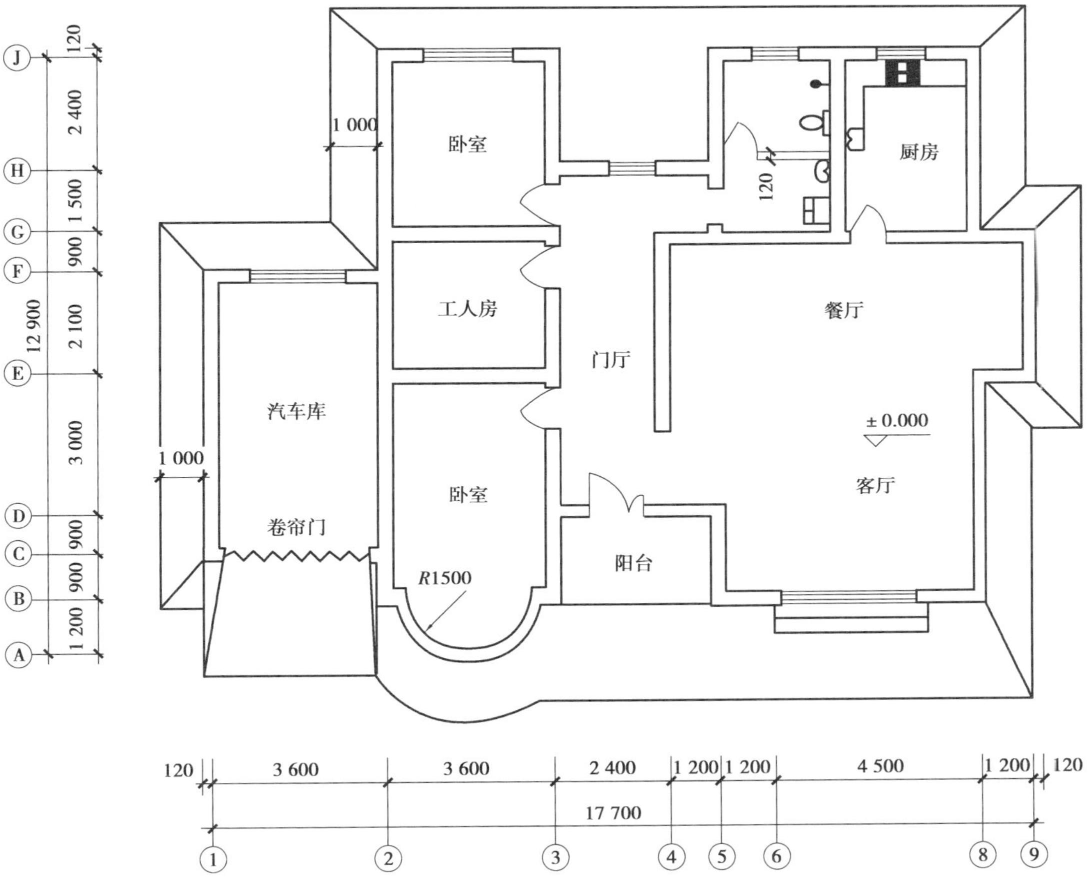

图 3.2　某别墅平面图

习题4 园林绿化工程工程量清单编制

【练习目标】

(1)熟悉园林工程工程量清单的计算规则、计算方法;

(2)掌握分部分项工程量清单、措施项目清单、其他项目清单、规费、税金项目清单的编制方法。

4.1 绿化工程

4.1.1 绿地整理

一、单项选择题(每题的备选项中,只有1个最符合题意)

1. 根据《园林绿化工程工程量计算规范》(GB 50858—2013)的规定,砍伐乔木的项目特征应描述树干胸径,树干胸径应为地表面向上(　　)高处树干直径。

A. 0.10 m　　B. 0.60 m

C. 1.20 m　　D. 1.50 m

2. 挖树根(蔸)项目的清单工程量按数量以(　　)计算。

A. 株　　B. m

C. m^2　　D. 丛

3. 根据《园林绿化工程工程量计算规范》(GB 50858—2013)的规定,整理绿化用地项目的工作内容包含厚度(　　)回填土计算。

A. ≤100 mm　　B. ≤200 mm

C. ≤300 mm　　D. ≤400 mm

4. (　　)应为地表面向上0.10 m高处树干直径。

A. 地径　　B. 冠径

C. 胸径　　D. 苗径

5. 根据《园林绿化工程工程量计算规范》(GB 50858—2013)的规定,清除草皮的工作内容不包括(　　)。

A. 挖树根　　B. 除草

C. 废弃物运输　　D. 场地清理

6. 绿地起坡造型适用于坡顶与坡底高差在(　　)以内或平均坡度在15°以内的绿地的土方堆置。

A. 2.10 m　　B. 1.80 m

C. 1.50 m　　D. 1.20 m

7. 根据《园林绿化工程工程量计算规范》(GB 50858—2013)的规定,绿地起坡造型项目的工程量按设计图示尺寸以(　　)计算。

A. 长度　　B. 面积

C. 体积　　D. 垂直投影面积

二、多项选择题(每题的备选项中,有2个或2个以上符合题意,至少有1个错项)

1. 根据《园林绿化工程工程量计算规范》(GB 50858—2013)的规定,绿地整理包括(　　)等项目。

A. 砍伐乔木　　B. 砍挖灌木丛及根

C. 清除草皮　　D. 绿地起坡造型

E. 喷播植草籽

2. 根据《园林绿化工程工程量计算规范》(GB 50858—2013)的规定,绿化工程包括(　　)等内容。

A. 绿地整理　　B. 园路工程

C. 栽植花木　　D. 驳岸

E. 绿地喷灌

3. 根据《园林绿化工程工程量计算规范》(GB 50858—2013)的规定,清除草皮项目的工作内容包括(　　)。

A. 排地表水　　B. 除草

C. 废弃物运输　　D. 场地清理

E. 回填

4. 根据《园林绿化工程工程量计算规范》(GB 50858—2013)的规定,砍挖灌木丛及根项目的计量单位可以是(　　)。

A. 个　　B. 株

C. m　　D. m^2

E. m^3

5. 根据《园林绿化工程工程量计算规范》(GB 50858—2013)的规定,下列选项中属于屋顶花园基底处理项目工作内容的是(　　)。

A. 排地表水　　B. 抹找平层

C. 防水层铺设　　D. 排水层铺设

E. 过滤层铺设

6. 根据《园林绿化工程工程量计算规范》(GB 50858—2013)的规定,按面积计算工程量的项目有(　　)。

A. 砍挖芦苇(或其他水生植物)及根　　B. 砍挖竹及根

C. 清除草皮　　D. 挖树根(蔸)

E. 清除地被植物

三、判断题(正确的打“√”,错误的打“×”)

1. 工程量清单计算规范所列项目的工作内容,除另有规定和说明外,应视为已经包括完成该项目的全部工作内容,未列内容或未发生的,不应另行计算。　(　　)

2. 以成品考虑的项目,如采用现场制作的,不包括制作的工作内容。　(　　)

3. 工程量清单计算规范中砍伐乔木的工作内容包括挖树根。　(　　)

4. 种植土回填的工程量可以按设计图示回填面积乘以回填厚度以体积计算。　(　　)

5. 屋面清理的项目特征应描述屋面高度,屋面高度是指室内地面至屋顶顶面的高度。　(　　)

四、思考题

1. 根据《园林绿化工程工程量计算规范》(GB 50858—2013)的规定,整理绿化用地项目包括哪些工作内容?

2. 屋顶花园基底处理项目常见的施工做法是什么?

五、计算题

1. 某城市公园内有一绿地如图4.1所示，现重新整修，需要把以前所种植物全部更新，整理绿化用地面积为520 m^2。试根据图示数量计算绿地整理的清单工程量并完成清单工程量计算表(表4.1)。

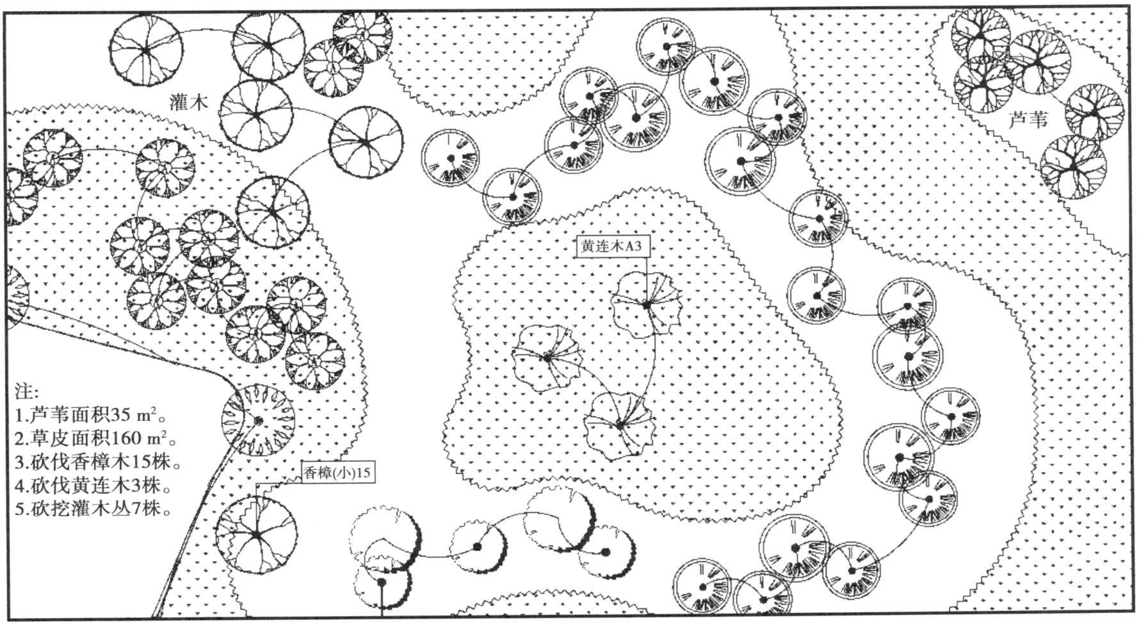

灌木
芦苇
黄连木A3
香樟(小)15
注:
1.芦苇面积35 m²。
2.草皮面积160 m²。
3.砍伐香樟木15株。
4.砍伐黄连木3株。
5.砍挖灌木丛7株。

图4.1　某城市公园整理局部示意图

表4.1　清单工程量计算表

工程名称：某城市公园绿地整理

序号	项目编码	项目名称	计量单位	工程量
1		砍伐乔木		
2		挖树根		
3		砍挖灌木丛及根		
4		砍挖芦苇及根		
5		清除草皮		
6		整理绿化用地		

2. 某公共绿地，因工程建设需要进行重建，如图 4.2 所示。绿地尺寸为 80 m×60 m，进行土方堆土造型 1 的体积为 400 m^3，造型 2 的体积为 80 m^3，计算绿地起坡造型清单工程量。

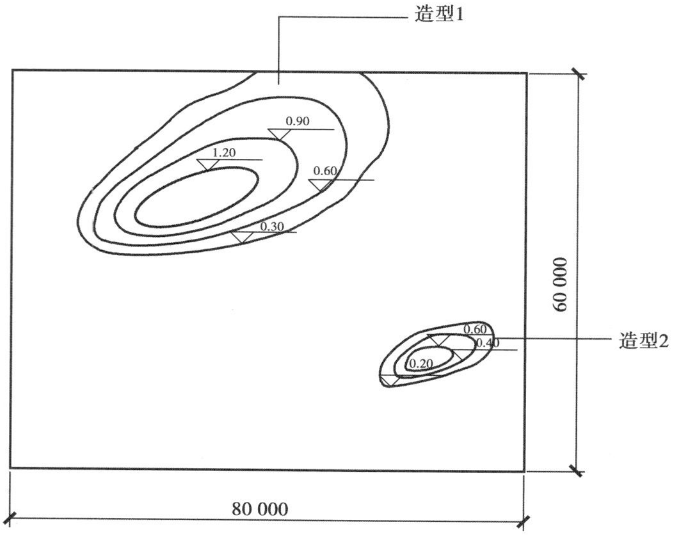

图 4.2　绿地起坡造型示意图

4.1.2　栽植花木

一、单项选择题(每题的备选项中,只有1个最符合题意)

1. 垂直墙体绿化种植项目的清单工程量可以按设计图示尺寸以绿化(　　)计算。

A. 数量　　B. 面积

C. 水平投影面积　　D. 垂直投影面积

2. 根据《园林绿化工程工程量计算规范》(GB 50858—2013)的规定,蓬径应为灌木、灌丛(　　)的直径。

A. 地表面　　B. 顶端

C. 水平投影面　　D. 垂直投影面

3. 根据《园林绿化工程工程量计算规范》(GB 50858—2013)的规定,草木移(假)植项目应按(　　)相关项目单独编码列项。

A. 绿地起坡造型　　B. 花木栽植

C. 箱(钵)栽植　　D. 绿地喷灌

4. 主干不明显,藏在基部发出多个枝干的木本植物称为(　　),如玫瑰、龙船花、杜鹃、黄素梅等。

A. 乔木　　B. 灌木

C. 裸根苗木　　D. 地被植物

二、多项选择题(每题的备选项中,有2个或2个以上符合题意,至少有1个错项)

1. 根据《园林绿化工程工程量计算规范》(GB 50858—2013)的规定,园林绿化工程中可以把“m^2”作为计量单位的项目有(　　)。

A. 栽植绿篱　　B. 栽植攀缘植物

C. 栽植色带　　D. 栽植花卉

E. 垂直墙体绿化种植

2. 根据《园林绿化工程工程量计算规范》(GB 50858—2013)的规定,以“株”作为计量单位的项目有(　　)。

A. 栽植竹类　　B. 栽植棕榈类

C. 栽植绿篱　　D. 栽植攀缘植物

E. 栽植水生植物

3. 根据《园林绿化工程工程量计算规范》(GB 50858—2013)的规定,栽植花卉项目的计量单位为(　　)。

A. 株　　B. 丛

C. 缸　　D. m^2

E. m

4. 根据《园林绿化工程工程量计算规范》(GB 50858—2013)的规定,栽植竹类、棕榈类项目的工作内容包括(　　)。

A. 起挖　　B. 运输

C. 喷播　　D. 栽植

E. 养护

5. 根据《园林绿化工程工程量计算规范》(GB 50858—2013)的规定,栽植花卉的项目特征需描述(　　)。

A. 花卉种类　　B. 株高或蓬株

C. 栽植容器材质、规格　　D. 单位面积株数

E. 养护期

三、判断题(正确的打"√",错误的打"×")

1. 冠径又称冠幅,应为苗木冠丛垂直投影面的最大直径。(　　)

2. 项目特征应描述灌木的冠丛高,冠丛高应为地表面至灌木顶端的高度。(　　)

3. 养护期应为招标文件中要求苗木种植结束后承包人负责养护的时间。(　　)

4. 工程量清单计算规范规定土球包裹材料、树体输液保湿及喷洒生根剂等费用未包含在相应项目内。(　　)

四、思考题

本地区计价定额综合单价中是否包括苗木花卉的价格?如发生特大、名贵及古树木的起挖和栽植,应如何处理?

五、计算题

1. 某公园墙体做垂直绿化,墙体种植小叶女贞,植株高度0.50 m。墙长15.00 m,墙高4.50 m,如图4.3所示,计算垂直墙体绿化种植清单工程量。

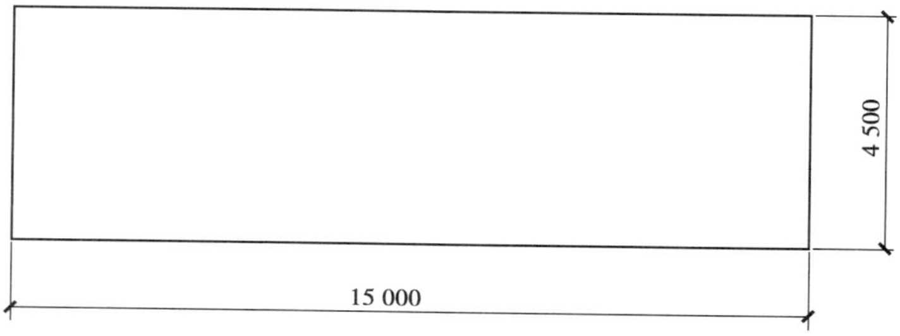

图4.3　墙体垂直绿化示意图

2. 某广场的绿化工程中种植了5条相同的色带，为紫花酢浆草，高0.30 m，色带的具体尺寸如图4.4所示。

问题：

(1)由以上已知条件，计算清单工程量并完成清单工程量计算表(表4.2)。

(2)根据本地区计价定额，计算栽植色带项目的计价工程量，并完成工程量清单计价表(表4.3)。

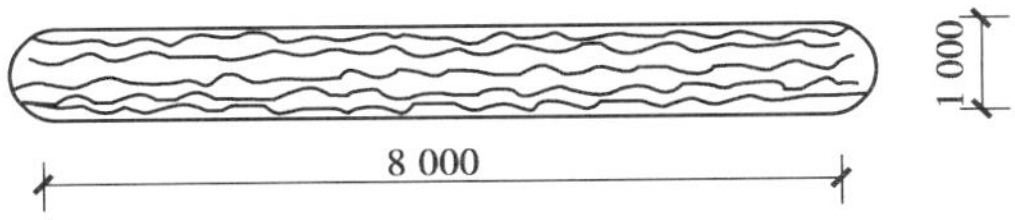

图4.4 某广场的绿化色带示意图

表4.2 清单工程量计算表

工程名称：某广场绿化

序号	项目编码	项目名称	项目特征描述	计量单位	工程量
1		栽植色带			

表4.3 工程量清单计价表

工程名称：某广场绿化

序号	定额编号	项目名称	定额单位	定额数量	综合单价	合价/元

3. 某公园内有一处嵌草砖铺装场地，场地长60 m，宽20 m，其局部剖面图如图4.5所示。

问题：

(1)根据已知条件，计算清单工程量并完成清单工程量计算表(表4.4)。

(2)根据本地区计价定额，计算嵌草砖铺装计价工程量，并完成工程量清单计价表(表4.5)。

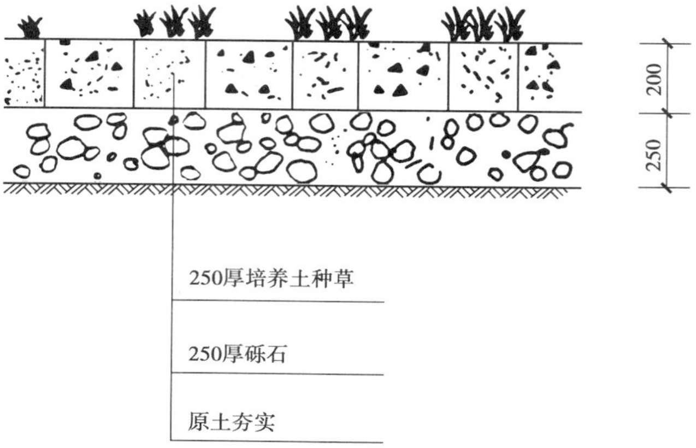

图 4.5 嵌草砖场地示意图

表 4.4 清单工程量计算表

序号	项目编码	项目名称	项目特征描述	计量单位	工程量
		嵌草砖铺装			

表 4.5 工程量清单计价表

序号	项目名称	定额编号	定额单位	定额数量	综合单价	合价/元

4. 某公园带状绿地位于公园大门入口处，长度为 100 m，宽度为 15 m。绿地两边种植中等乔木，绿地中配置了一定数量的常绿树木、花和灌木，丰富植物色彩，如图 4.6 所示。

问题：根据已知条件，计算清单工程量并完成清单工程量计算表（表 4.6）。

图 4.6　公园大门口绿地

1—小叶女贞；2—合欢；3—广玉兰；4—樱花；5—碧桃；6—红叶李；7—丁香；
8—金钟花；9—榆叶梅；10—黄杨球；11—紫薇；12—贴梗海棠

注：带状绿地两边绿篱长度为 15 m，宽度为 5 m，绿篱内种植小叶女贞

表 4.6　清单工程量计算表

工程名称：某公园绿地

序号	项目编码	项目名称	项目特征描述	计量单位	工程量
1		栽植绿篱	小叶女贞，绿篱长 15 m		
2		栽植乔木	合欢，胸径 15 cm 以内		
3		栽植乔木	广玉兰，胸径 10 cm 以内		
4		栽植乔木	樱花，胸径 10 cm 以内		
5		栽植乔木	碧桃，胸径 5 cm 以内		
6		栽植乔木	红叶李，胸径 10 cm 以内		
7		栽植灌木	丁香，高度 2 m 以内		
8		栽植灌木	金钟花，高度 2 m 以内		
9		栽植灌木	榆叶梅，高度 2 m 以内		
10		栽植灌木	黄杨球，高度 1.5 m 以内		
11		栽植灌木	紫薇，高度 2 m 以内		
12		栽植灌木	贴梗海棠，高度 1.5 m 以内		
13		整理绿化用地	人工整理绿化用地		
14		满铺草皮	满铺草皮		

4.1.3 绿地喷灌

一、单项选择题(每题的备选项中,只有1个最符合题意)

1. 下列项目应按国家标准《市政工程工程量计算规范》(GB 50857—2013)的相关项目编码列项的是(　　)。

A. 喷灌管线安装　　B. 阀门井

C. 喷灌配件安装　　D. 挂网

2. 根据《园林绿化工程工程量计算规范》(GB 50858—2013)的规定,喷灌配件安装项目的计量单位是(　　)。

A. 组　　B. 个

C. 套　　D. 系统

二、多项选择题(每题的备选项中,有2个或2个以上符合题意,至少有1个错项)

1. 根据《园林绿化工程工程量计算规范》(GB 50858—2013)的规定,喷灌管线项目安装的工程量按设计图示管道中心线长度以延长米计算,不扣除(　　)所占的长度。

A. 检查井　　B. 支管

C. 阀门　　D. 管件

E. 附件

2. 根据《园林绿化工程工程量计算规范》(GB 50858—2013)的规定,喷灌管线项目安装的工作内容包括(　　)。

A. 管道铺设　　B. 管道固筑

C. 水压试验　　D. 刷防护材料、油漆

E. 管道附件安装

三、思考题

根据《园林绿化工程工程量计算规范》(GB 50858—2013)的规定,喷灌配件安装项目的工作内容包括哪些?

四、计算题

某草地喷灌的局部平面示意图,如图4.7所示。管道长为150 m,管道埋于地下0.5m处。其中,管道采用镀锌钢管,公称直径为95 mm;阀门为低压塑料丝扣阀门,外径为30 mm;水表采用螺纹连接,公称直径为35 mm;换向摇臂喷头,微喷。管道刷红丹防锈漆2遍。

问题:

(1)根据以上描述,按照《园林绿化工程工程量计算规范》(GB 50858—2013)的规定完成清单工程量计算表(表4.7)。

(2)按照本地区计价定额的相关规定计算其计价工程量,并确定其综合单价和合价。

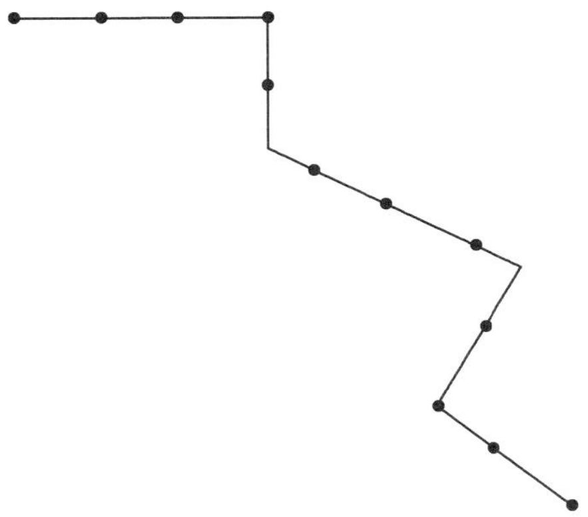

图4.7　喷泉局部平面示意图

表4.7　清单工程量计算表

工程名称:某绿地喷灌设施

序号	项目编码	项目名称	项目特征描述	计量单位	工程量	工程量计算式

4.2 园路、园桥工程

4.2.1 园路、园桥工程

一、单项选择题(每题的备选项中,只有1个最符合题意)

1. 根据《园林绿化工程工程量计算规范》(GB 50858—2013)的规定,路牙铺设按设计图示尺寸以(　　)计算。

A. 长度　　B. 水平投影面积
C. 体积　　D. 数量

2. 桥基础在施工时,根据施工方案规定需筑围堰时,筑拆围堰的费用,应列在工程量清单(　　)内。

A. 分部分项工程项目费　　B. 措施项目费
C. 其他项目费　　D. 规费

3. 根据《园林绿化工程工程量计算规范》(GB 50858—2013)的规定,栈道的工程量按面板设计图示尺寸以(　　)计算。

A. 长度　　B. 面积
C. 体积　　D. 数量

4. 根据《园林绿化工程工程量计算规范》(GB 50858—2013)的规定,木制步桥按桥面板设计图示尺寸以(　　)计算。

A. 面积　　B. 长度
C. 体积　　D. 宽度

5. 根据《园林绿化工程工程量计算规范》(GB 50858—2013)的规定,拱券石的工程量按设计图示尺寸以(　　)计算。

A. 长度　　B. 面积
C. 体积　　D. 数量

6. 根据《园林绿化工程工程量计算规范》(GB 50858—2013)的规定,下列选项中以"m^2"计算的是(　　)。

A. 石桥墩、石桥台　　B. 树池围牙、盖板
C. 路牙铺设　　D. 踏(蹬)道、石券脸

二、多项选择题(每题的备选项中,有2个或2个以上符合题意,至少有1个错项)

1. 园路项目的清单工作内容包括(　　　)等内容。

A. 路基、路床整理　　B. 路牙铺设
C. 垫层铺筑　　D. 路面铺筑
E. 路面养护

2. 树池围牙项目的清单计量单位可以是(　　　)。

A. m　　B. m^2
C. m^3　　D. 套

E. 根

3. 根据《园林绿化工程工程量计算规范》(GB 50858—2013)的规定,按设计图示尺寸以体积计算的项目有(　　)。

A. 桥基础　　B. 石桥墩

C. 石桥台　　D. 石券脸

E. 石桥面铺筑

4. 木制步桥项目的部件,可分为(　　),各部件的规格应在工程量清单中进行描述。

A. 木扶手　　B. 木桩

C. 木桥板　　D. 木栏杆

E. 木平板

5. 根据《园林绿化工程工程量计算规范》(GB 50858—2013)的规定,木制步桥项目的工作内容包括(　　)。

A. 木桩加工、打木桩基础

B. 木梁、木桥板、木桥栏杆、木扶手制作、安装

C. 凿洞、安装支架

D. 连接铁件、螺栓安装

E. 刷防护材料

三、判断题(正确的打"√",错误的打"×")

1.《园林绿化工程工程量计算规范》(GB 50858—2013)中的园路、园桥工程既适用于公园、小游园,也适用于按市政道路设计标准设计的道路。　(　　)

2. 园路、园桥工程的挖土方、开凿石方、回填等应按国家标准《市政工程工程量计算规范》(GB 50857—2013)的相关项目编码列项。　(　　)

3. 石栏杆、石栏板、扶手等应按国家标准《仿古建筑工程工程量计算规范》(GB 50855—2013)的相关项目编码列项。　(　　)

4. 园路的清单工程量按设计图示尺寸以面积"m^2"计算,包括路牙。园路如有坡度时,工程量以斜面积计算。　(　　)

5. 桥基础的清单工程量内容包括垫层铺筑、基础砌筑。　(　　)

6. 园路是指园林中的道路。园桥是园林中供游人通行的步桥。　(　　)

7. 嵌草砖铺装清单工程量应扣除镂空部分的面积。　(　　)

四、计算题

1. 某小区绿地内园路如图4.8所示,园路宽1.5 m、长20 m,采用青石面层,计算其园路清单工程量。

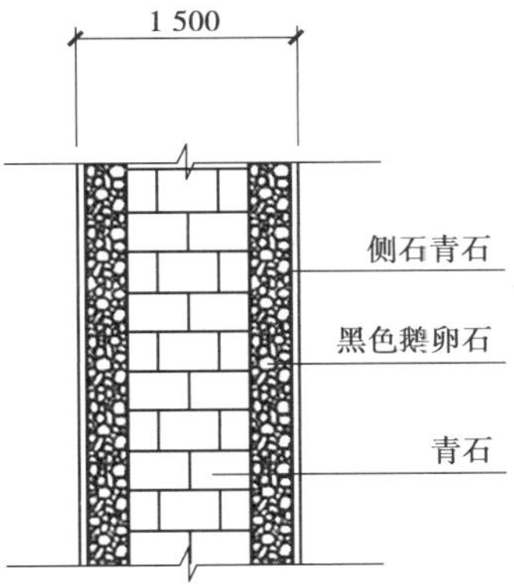

图4.8　园路铺装示意图

2. 某园林道路，需要在其路面两侧安置路牙，已知某园路长 50 m，路牙如图 4.9 所示，计算路牙清单工程量。

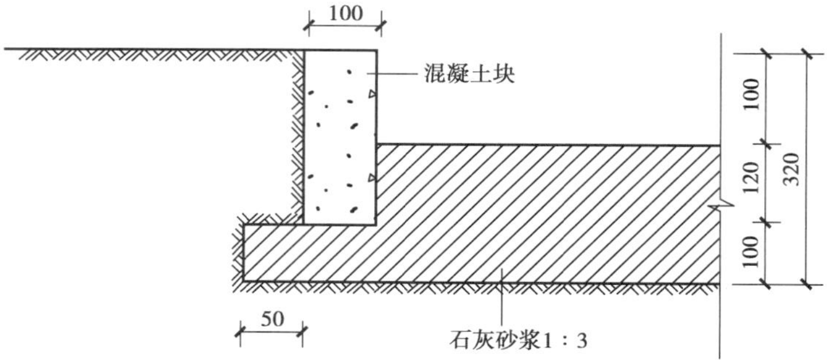

图 4.9　**路牙示意图**

3. 某园林中有一正方形的树池，其四周进行围牙平铺处理，尺寸如图 4.10 所示，计算树池围牙的清单工程量。

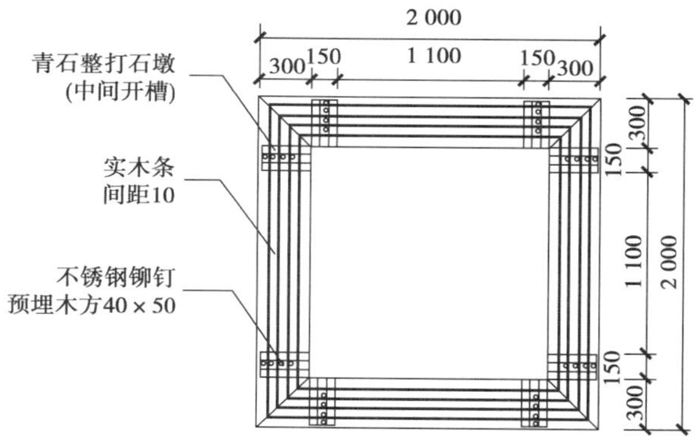

图 4.10　**树池示意图**

4. 某停车场采用马尼拉草嵌草砖铺装，各尺寸如图 4.11 所示，试计算清单工程量，并根据本地区计价定额规定计算其计价工程量，确定综合单价和合价。

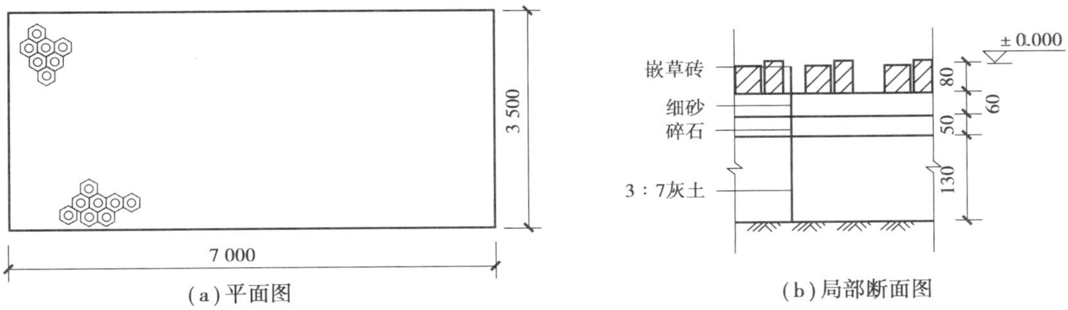

图 4.11 嵌草砖铺装局部示意图

5. 某石桥的局部基础断面如图 4.12 所示，土为三类土，具体尺寸在图中已标出，计算其清单工程量。

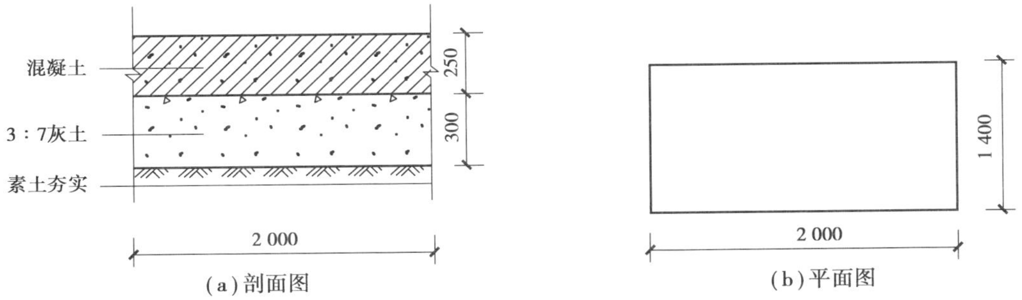

图 4.12 石桥基础局部示意面

6. 某湿地公园有一座石桥，有 8 个桥墩，具体尺寸如图 4.13 所示，试计算其桥墩基础清单工程量。

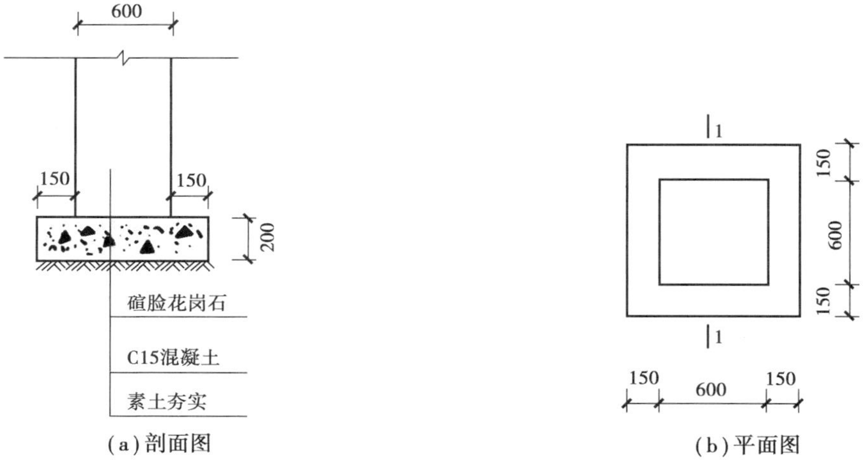

图 4.13 石桥墩示意图

7. 某公园有一座拱桥，采用 600 mm 厚的花岗石安装拱旋石，桥拱展开面宽度为 1.80 m。石券脸采用青白石。拱桥具体构造如图 4.14 所示。计算拱券石、石券脸清单工程量。

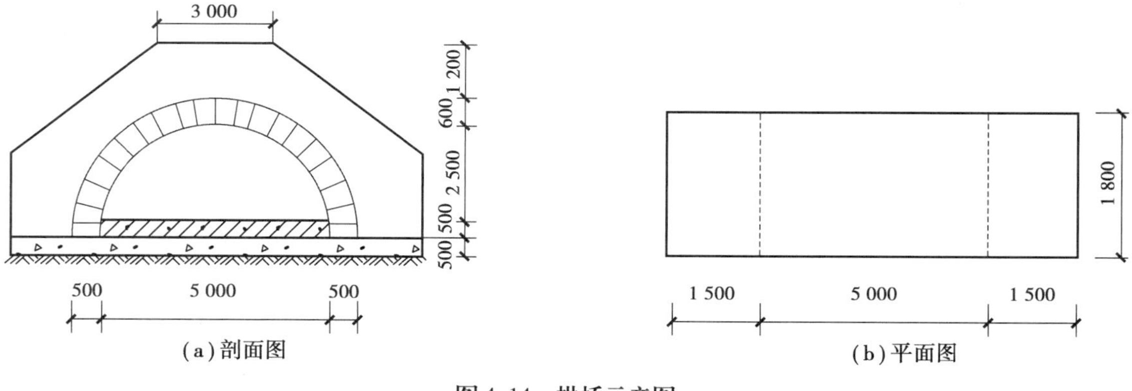

图 4.14 拱桥示意图

8. 某公园步行木桥如图4.15所示，桥面总长为8 m、宽为1.60 m。桥板厚度为25 mm，满铺平口对缝，采用木桩基础；原木桩梢径 ϕ80、长6 m，共18根；横梁原木梢径 ϕ80、长1.80 m，共9根；纵梁原木梢径 ϕ900、长5.60 m，共5根。栏杆、栏杆柱、扶手、扫地杆、斜撑采用枋木80 mm×80 mm（刨光），栏杆高900 mm。全部采用杉木。

问题：(1) 试计算其清单工程量并完成清单工程量计算表（表4.8）。

(2) 试根据本地区计价定额的规定计算其计价工程量并完成工程量清单计价表（表4.9）。

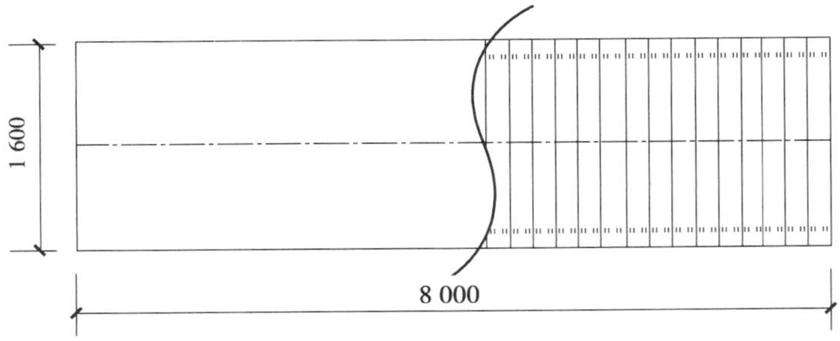

图4.15　步行木桥示意图

表4.8　清单工程量计算表

序号	项目编码	项目名称	项目特征	计量单位	工程量	工程量计算式
		木制步桥				

表4.9　工程量清单计价表

序号	项目名称	定额编号	定额单位	定额数量	综合单价	合价/元

4.2.2 驳岸、护岸

一、单项选择题(每题的备选项中,只有1个最符合题意)

1. 框格花木护岸的铺草皮、撒草籽等应按《园林绿化工程工程量清单计算规范》(GB 50858—2013)附录的(　　)相关项目编码列项。

A. 措施项目　　B. 园林景观工程

C. 园路工程　　D. 绿化工程

2. 驳岸工程的挖土方、开凿石方、回填等应按国家标准(　　)工程量计算规范的相关项目编码列项。

A.《市政工程工程量计算规范》　　B.《园林绿化工程工程量计算规范》

C.《房屋建筑与装饰工程工程量计算规范》　　D.《仿古建筑工程量计算规范》

3. 钢筋混凝土仿木桩驳岸,其钢筋混凝土及表面装饰应按国家标准(　　)的相关项目编码列项。

A.《市政工程工程量计算规范》　　B.《园林绿化工程工程量计算规范》

C.《房屋建筑与装饰工程工程量计算规范》　　D.《仿古建筑工程量计算规范》

二、多项选择题(每题的备选项中,有2个或2个以上符合题意,至少有1个错项)

1. 根据《园林绿化工程工程量计算规范》(GB 50858—2013)的规定,石砌驳岸的工程量可以按设计图示以(　　)计算。

A. 长度　　B. 水平投影

C. 体积　　D. 质量

E. 块数

2. 根据《园林绿化工程工程量计算规范》(GB 50858—2013)的规定,满铺砂卵石护岸的工程量可以按(　　)计算。

A. 设计图示尺寸以护岸延长米　　B. 设计图示尺寸以护岸展开面积

C. 设计图示尺寸以护岸体积　　D. 卵石使用质量

E. 卵石使用数量

3. 根据《园林绿化工程工程量计算规范》(GB 50858—2013)的规定,点(散)布大卵石的工程量可以按设计图示数量以(　　)计算。

A. 设计图示数量以块　　B. 设计图示尺寸以护岸展开面积

C. 设计图示数量以个　　D. 卵石使用质量

E. 卵石使用数量

4. 根据《园林绿化工程工程量计算规范》(GB 50858—2013)的规定,原木桩驳岸的项目特征应描述(　　)。

A. 木材种类　　B. 桩直径

C. 粗细砂比例　　D. 桩间根长度

E. 防护材料种类

三、思考题

根据本地区计价定额的规定，规则式驳岸、木桩钎、钢筋混凝土仿木桩驳岸、框格花木护岸按什么项目计算综合单价？

四、计算题

1. 某人工湖泊为毛石砌垂直型驳岸，截面如图4.16所示，长度12 m，计算其清单工程量并完成清单工程量计算表（表4.10）。

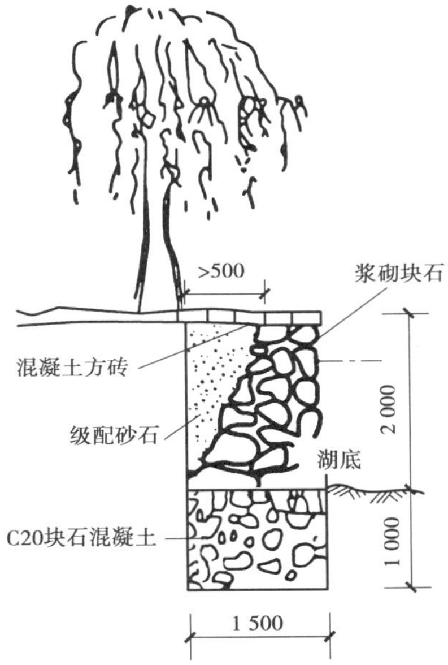

图4.16　驳岸结构示意图

表4.10　清单工程量计算表

序号	项目编码	项目名称	项目特征	计量单位	工程量	工程量计算式
		石砌驳岸				

2. 某生态公园水景用满铺砂卵石护岸,如图 4.17 所示。护岸长度为 15 m,宽度为 2.50 m,计算其清单工程量。

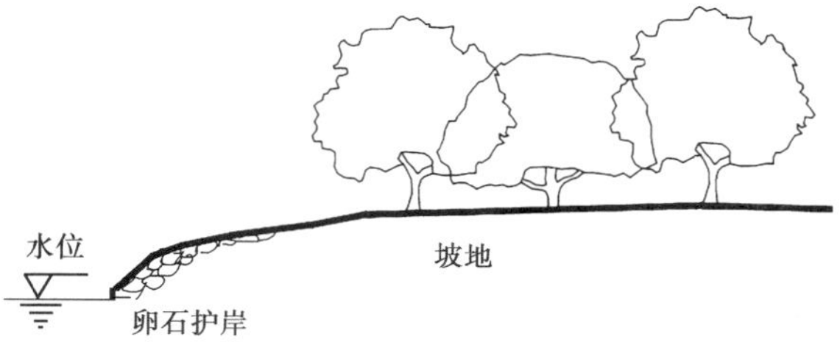

图 4.17　满(散)铺砂卵石护岸示意图

4.3 园林景观工程

4.3.1 堆塑假山

一、单项选择题(每题的备选项中,只有1个最符合题意)

1. 假山(堆筑土山丘除外)工程的挖土方应按国家标准(　　)的相关项目编码列项。

A.《市政工程工程量计算规范》　　B.《园林绿化工程工程量计算规范》

C.《房屋建筑与装饰工程工程量计算规范》　　D.《仿古建筑工程量计算规范》

2. 土山丘水平投影外接矩形与高度形成椎体的各面最小坡度应(　　)。

A. ≥10%　　B. ≥20%

C. ≥30%　　D. ≥40%

3. 根据《园林绿化工程工程量计算规范》(GB 50858—2013)的规定,堆砌石假山的工程量按设计图示尺寸以(　　)计算。

A. 长度　　B. 质量

C. 体积　　D. 数量

4. 根据《园林绿化工程工程量计算规范》(GB 50858—2013)的规定,塑假山的工程量按设计图示尺寸以(　　)计算。

A. 长度　　B. 质量

C. 体积　　D. 展开面积

5. 根据《园林绿化工程工程量计算规范》(GB 50858—2013)的规定,下列工程量计算的选项中,以水平投影面积计算的是(　　)。

A. 堆筑土山丘　　B. 堆砌石假山

C. 山坡石台阶　　D. 点风景石

6. 点风景石及单体石料体积(取长、宽、高各自的平均值)乘以石料密度(2.6 t/m^3)以(　　)计算。

A. m^3　　B. m^2

C. t　　D. 100 kg

二、多项选择题(每题的备选项中,有2个或2个以上符合题意,至少有1个错项)

1. 根据《园林绿化工程工程量计算规范》(GB 50858—2013)的规定,堆塑假山(编码:050301)包括(　　)等项目。

A. 石砌驳岸　　B. 堆塑土山丘

C. 堆砌石假山　　D. 塑假山

E. 盆景置石

2. 如无石料进场验收数量。堆砌假山工程量计算公式为:$W_{重}=2.6\times A_{矩}\times H_{大}\times K_{n}$,式中$K_0$为孔隙折减系数,下列说法正确的是(　　)。

A. 当$H_{大}\leq 1$ m时,$K_n=0.77$　　B. 当$H_{大}\leq 2$ m时,$K_n=0.653$

C. 当$H_{大}\leq 3$ m时,$K_n=0.653$　　D. 当$H_{大}\leq 4$ m时,$K_n=0.60$

E. 当 $H_大 \leq 5$ m 时,$K_n = 0.60$

3. 根据《园林绿化工程工程量计算规范》(GB 50858—2013)的规定,塑假山项目的工作内容包括(　　　)。

A. 选料　　　　B. 骨架制作

C. 假山胎模制作　　　　D. 塑假山

E. 山皮料安装

4. 根据《园林绿化工程工程量计算规范》(GB 50858—2013)的规定,按设计图示尺寸以体积计算的项目有(　　　)。

A. 堆筑土山丘　　　　B. 堆砌石假山

C. 塑假山　　　　D. 山石护角

E. 山坡(卵)石台阶

三、判断题(正确的打"√",错误的打"×")

1. 假山(堆砌土山丘除外)工程的开凿石方应按国家标准《房屋建筑与装饰工程工程量计算规范》(GB 50854—2013)的相关项目编码列项。　(　　)

2. 堆筑土山丘的工程量按设计图示山丘水平投影外接矩形面积乘以高度的 1/3 以体积"m^3"计算。　(　　)

3. 堆砌石假山的计算公式为:堆砌假山工程量(m^3)= 进料的验收数量-进料验收的剩余数量。　(　　)

4. 堆砌石假山工程量,如无石料进场验收数量。其工程量计算按公式 $W_重 = 2.6 \times A_矩 \times H_大 \times K_n$ 计算,式中:$A_矩$ 表示假山不规则平面轮廓的水平投影面积的最大外接矩形面积;$H_大$ 表示假山石着地点至最高点的垂直距离;K 表示孔隙折减系数。　(　　)

5. 山坡石台阶指随山坡而砌,多使用不规整的块石,无严格统一的每步台阶高度限制,踏步和踢脚无需石表面加工或有少量加工(打荒)。　(　　)

四、思考题

堆筑土山丘与绿地起坡造型的区别?

五、计算题

1. 某庭院为了分隔空间,在一定位置堆筑了一个高 2.5 m 的土山丘,具体造型如图 4.18 所示,计算堆筑土山丘清单工程量。

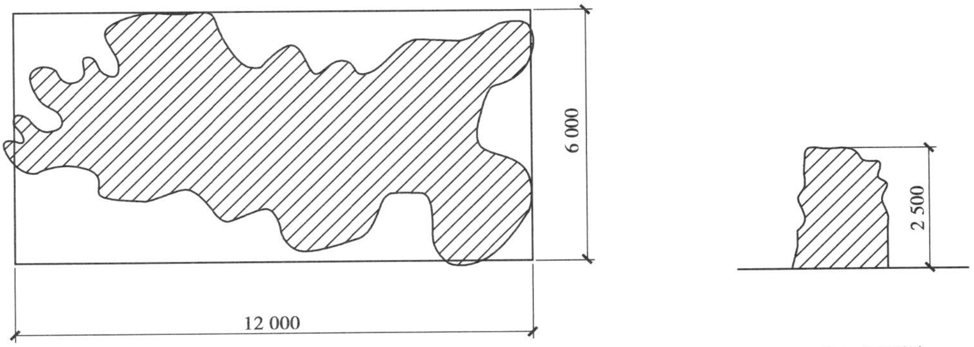

(a)平面图　　(b)立面图

图4.18 土山丘示意图

2. 某公园内有一堆砌石假山，山石材料为黄石，山高3.5 m。假山平面轮廓的水平投影外接矩形长8 m，宽5 m，投影面积为32 m^2。石间空隙处填土配制有小灌木（法国冬青，根盘直径25 cm，养护期3年），如图4.19所示。试计算其清单工程量并完成清单工程量计算表（表4.11）。

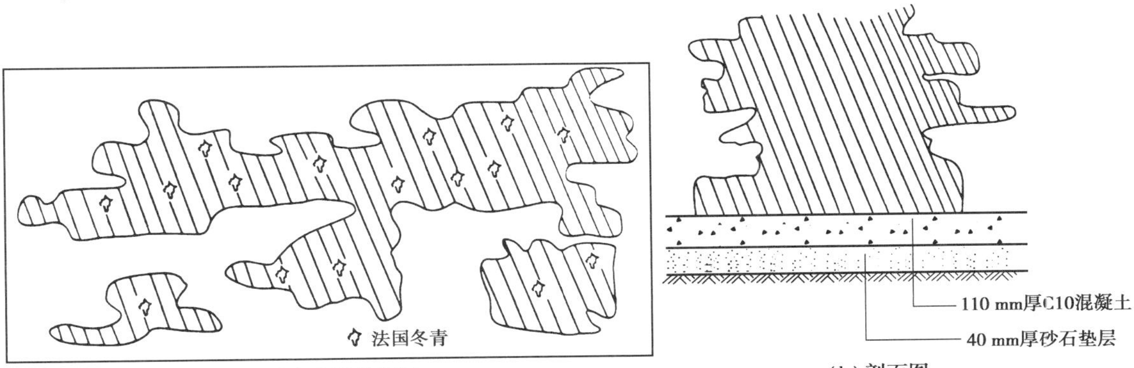

(a)水平投影图　　(b)剖面图

图4.19 假山示意图

表4.11 清单工程量计算表

序号	项目编码	项目名称	项目特征描述	计量单位	工程量	工程量计算式

3. 某公园为了美化景观，在一定位置堆塑一座假山，如图 4.20 所示。假山展开面积：A 段 25 m^2、B 段 13 m^2、C 段 6 m^2、D 段 12 m^2、E 段 7 m^2、F 段 5 m^2、G 段 18 m^2、H 段 7 m^2、I 段 20 m^2、J 段 7 m^2、K 段 14 m^2。石材选用砖骨架，砌筑胚形后用 1：2 的水泥砂浆仿照自然山石石面进行抹面，最后用小块的英德石作山皮料进行贴面，计算塑假山清单工程量。

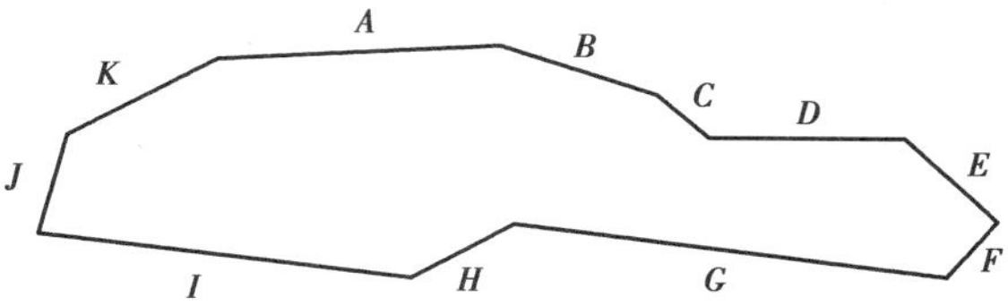

图 4.20　塑假山平面示意图

4. 某景区内一带土假山，如图 4.21 所示。根据设计要求需要在拐角处设置山石护角，每块石的规格为 1.20 m×0.60 m×0.80 m。假山中修有山石台阶，每个台阶的规格为 0.70 m×0.50 m×0.20 m，台阶共 8 级，材质为 C15 混凝土，厚度是 120 mm，表面水泥砂浆抹面，素土夯实，山石的材料为黄石。试计算山石护角、山坡石台阶清单工程量。

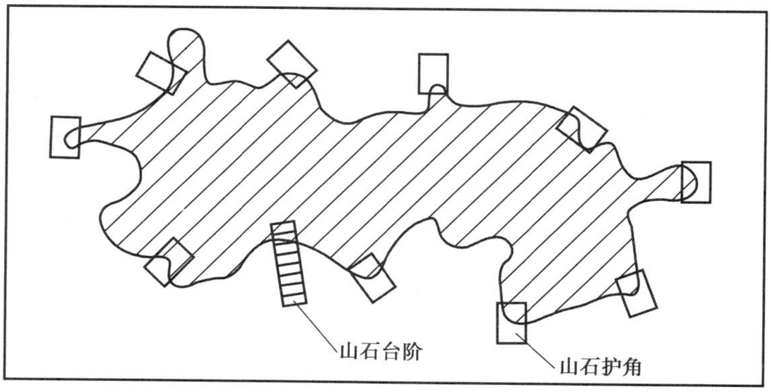

图 4.21　假山平面示意图

4.3.2　原木、竹构件

一、单项选择题（每题的备选项中，只有1个最符合题意）

1. 根据《园林绿化工程工程量计算规范》（GB 50858—2013）的规定，原木（带树皮）柱、梁、檩、椽按设计图示尺寸以（　　）计算。

A. m　　B. m^2

C. m^3　　D. t

2. 根据《园林绿化工程工程量计算规范》（GB 50858—2013）的规定，按设计图示尺寸以框外围面积计算的项目是（　　）。

A. 原木墙　　B. 树枝吊挂楣子

C. 竹编墙　　D. 原木梁

二、多项选择题（每题的备选项中，有2个或2个以上符合题意，至少有1个错项）

1. 木构件连接方式应包括（　　）。

A. 开榫连接　　B. 铁件连接

C. 粘胶连接　　D. 扒钉连接

E. 铁钉连接

2. 竹构件连接方式应包括（　　）。

A. 开榫连接　　B. 竹钉固定

C. 竹篾绑扎　　D. 扒钉连接

E. 铁丝连接

3. 根据《园林绿化工程工程量计算规范》（GB 50858—2013）的规定，竹吊挂楣子的工作内容包括（　　）。

A. 构件制作　　B. 构件安装

C. 材料裁接　　D. 刷防护材料

E. 整理，选型

4. 按设计图示尺寸以长度计算清单工程量的项目包括（　　）。

A. 原木（带树皮）柱　　B. 原木（带树皮）墙

C. 竹柱、梁　　D. 竹吊挂楣子

E. 竹檩、椽

三、判断题（正确的打“√”，错误的打“×”）

1. 原木柱、梁、檩、椽适用于刨光的圆形木构件。（　　）

2. 根据《园林绿化工程工程量计算规范》（GB 50858—2013）的规定，竹编墙项目按设计图要求尺寸以面积计算（包括柱、梁）。（　　）

四、计算题

1. 某园林景区根据设计要求，原木墙要做成高低参差不齐的形状，如图4.22所示，采用直径为12 cm的原木，其中高1.80 m的原木8根，高2.10 m的原木18根，计算原木墙清单工程量。

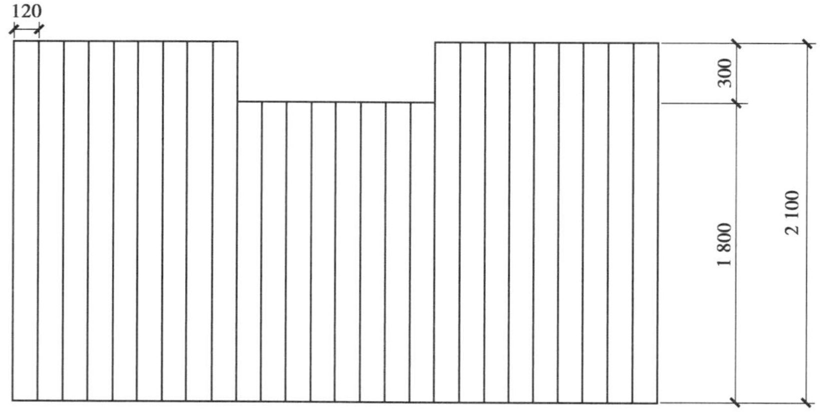

图 4.22 原木墙立面示意图

2. 某公园有一竹制小屋,结构造型如图 4.23 所示,小屋的长×宽×高为 6 m×4 m×2.5 m。由直径 12 cm 的竹子作梁,横梁长 6 m,共 3 根,斜梁长 2.4 m,共 4 根;由直径 8cm 的竹子作檩条,共 2 根;由直径 5 cm 的竹子作竹椽,共 48 根;竹编墙采用直径 1 cm 的竹子编制,采用竹框墙龙骨,该屋子有一宽 1.5 m,高 2.0 m 的门;竹屋面采用直径为 1.5 cm 的竹子铺设而成。试求其清单工程量。

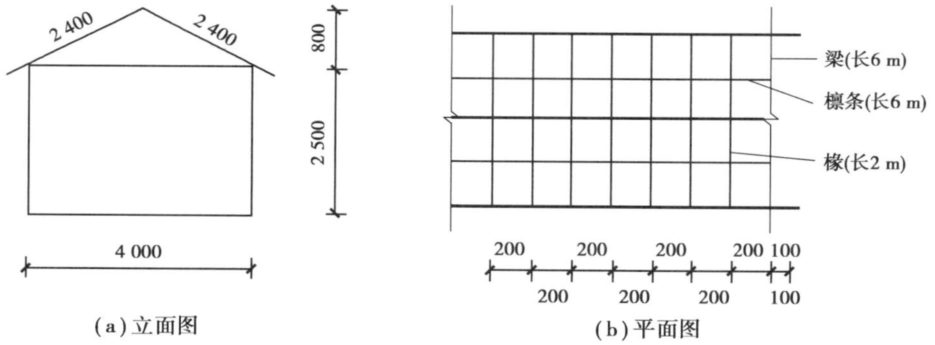

图 4.23 竹编小屋示意图

3. 某公园内有一座以桂竹为原料制作的亭子，如图4.24所示。亭子为直径3 m的圆亭，由6根直径10 cm的竹子作柱子；6根直径为12 cm、长度为1.8 m竹子作梁；6根直径为8 cm，长1.6 m的竹子作檩条；64根长1.2 m、直径4 cm竹子作椽，并在檐枋下倒挂竹子做万字纹的竹吊挂楣子，宽12 cm，试计算该竹亭清单工程量并完成清单工程量计算表（表4.12）。

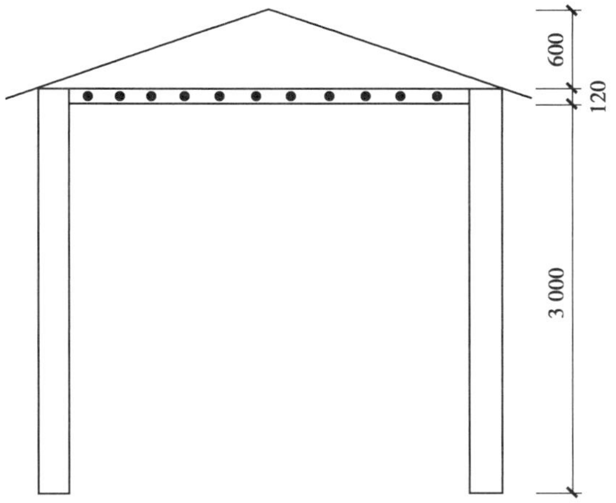

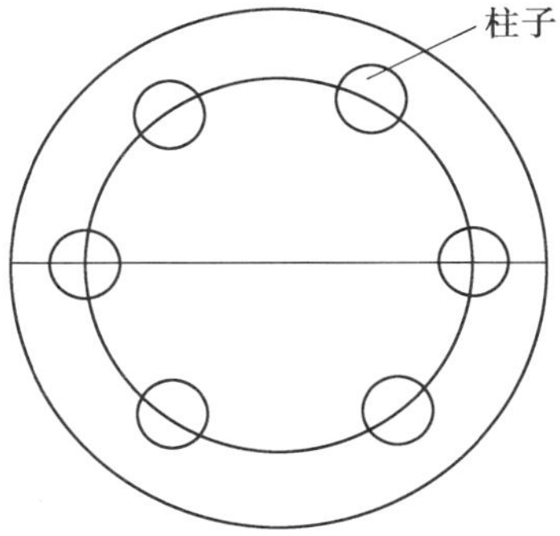

图4.24　亭子构造示意图

表4.12　清单工程量计算表

序号	项目编码	项目名称	项目特征描述	计量单位	工程量
1		竹柱			
2		竹梁			
3		竹檩			
4		竹椽			
5		竹吊挂楣子			

4.3.3 亭廊屋面

一、单项选择题(每题的备选项中,只有1个最符合题意)

1. 根据《园林绿化工程工程量计算规范》(GB 50858—2013)的规定,以下关于预制混凝土穹顶说法不正确的是(　　)。

A. 按设计图示尺寸以体积"m^3"计算　　B. 混凝土脊并入屋面体积

C. 穹顶的肋并入屋面体积　　D. 穹顶的基梁不并入屋面体积

2. 应按设计图示尺寸以实铺面积计算清单工程量的项目是(　　)。

A. 草屋面　　B. 油毡瓦屋面

C. 树皮屋面　　D. 彩色压型钢板攒尖亭屋面板

二、多项选择题(每题的备选项中,有2个或2个以上符合题意,至少有1个错项)

1. 根据《园林绿化工程工程量计算规范》(GB 50858—2013)的规定,按设计图示尺寸以斜面积计算工程量的项目是(　　)。

A. 草屋面　　B. 竹屋面

C. 树皮屋面　　D. 油毡瓦屋面

E. 预制混凝土穹顶

2. 根据《园林绿化工程工程量计算规范》(GB 50858—2013)的规定,彩色压型钢板攒尖亭屋面板工作内容包括(　　)。

A. 模板制作、运输、安装、拆除、保养　　B. 压型板安装

C. 护角、包角、泛水安装　　D. 嵌缝

E. 刷防护材料

3. 根据《园林绿化工程工程量计算规范》(GB 50858—2013)的规定,按设计图示尺寸以实铺面积计算清单工程量的项目是(　　)。

A. 木屋面　　B. 预制混凝土穹顶

C. 彩色压型钢板穹顶屋面　　D. 油毡瓦屋面

E. 玻璃屋面

三、判断题(正确的打"√",错误的打"×")

1. 膜结构的亭、廊,应按国家标准《园林绿化工程工程量计算规范》(GB 50858—2013)编码列项。(　　)

2. 钢筋混凝土亭屋面板应按国家标准《房屋建筑与装饰工程工程量计算规范》(GB 50854—2013)中相应项目编码列项。(　　)

四、思考题

柱顶石(磉蹬石)、钢筋混凝土屋面板、钢筋混凝土亭屋面板、木柱、木屋架、钢柱、钢屋架、屋面木基层和防水层等应按什么项目编码列项?

五、计算题

某草屋面由山草铺设而成，铺设厚度为 150 mm，如图 4.25 所示，试计算其工程量。

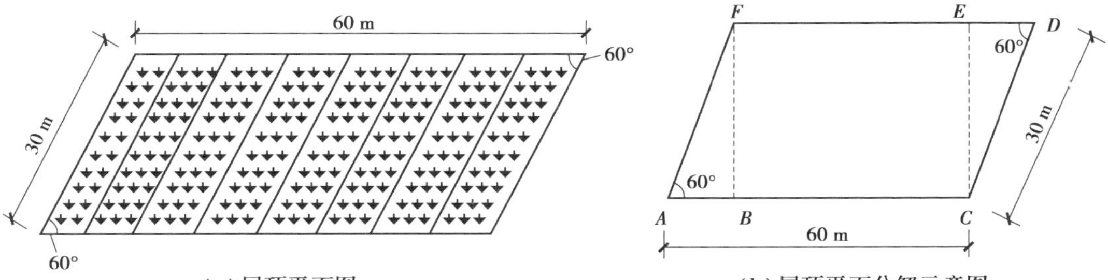

(a)屋顶平面图　　(b)屋顶平面分解示意图

图 4.25　草屋面示意图

4.3.4 花架

一、单项选择题(每题的备选项中,只有1个最符合题意)

1. 根据《园林绿化工程工程量计算规范》(GB 50858—2013)的规定,以下对花架描述正确的是(　　)。

A. 花架工作内容中包括土方和基础的施工

B. "金属花架柱、梁"工作内容仅包括制作、运输和安装

C. "木花架柱、梁"工作内容包括刷防护材料、油漆

D. 混凝土花架柱、梁项目工作内容中未包括模板的制作、运输、安装、拆除和保养

2. 根据《园林绿化工程工程量计算规范》(GB 50858—2013)的规定,现浇混凝土花架柱、梁的计量单位是(　　)。

A. m　　B. m^2

C. m^3　　D. t

3. 根据《园林绿化工程工程量计算规范》(GB 50858—2013)的规定,木花架柱、梁的计量单位是(　　)。

A. m　　B. m^2

C. m^3　　D. t

二、判断题(正确的打"√",错误的打"×")

1. 花架基础、玻璃天棚、表面装饰及涂料项目应按国家标准《房屋建筑与装饰工程工程量计算规范》(GB 50854—2013)中相关的项目编码列项。(　　)

2. 金属花架柱、梁项目按设计图示尺寸以体积计算。(　　)

3. 木花架柱、梁按设计图示截面乘长度以体积计算,其中长度包括榫长。(　　)

三、思考题

1. 根据本地区计价定额,现浇混凝土花架柱、梁和预制混凝土花架柱、梁计价项目包括哪些? 清单工程量和计价工程量分别如何计算?

2. 根据本地区计价定额,木花架柱、梁和竹花架柱、梁计价项目包括哪些? 清单工程量和计价工程量分别如何计算?

四、计算题

某公园有混凝土花架一处，如图4.26所示，已知该花架柱、连系梁均为现浇C20混凝土，盖梁为预制C20混凝土梁，连系梁中心线长度12.27 m，面层装饰厚度均为20 mm。确定该混凝土花架柱、梁项目编码，并计算该混凝土花架柱、梁清单工程量。

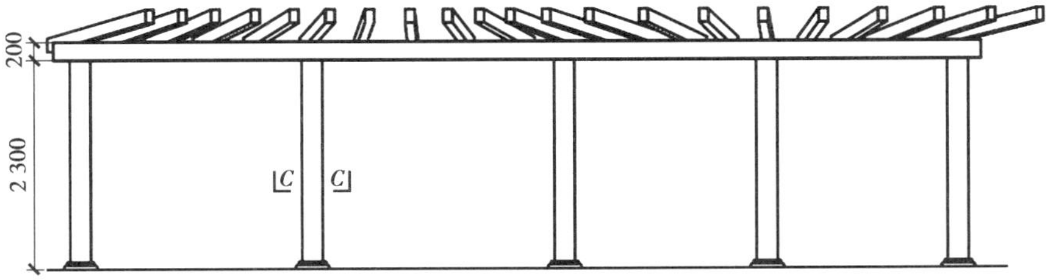

(a)花架正立面图

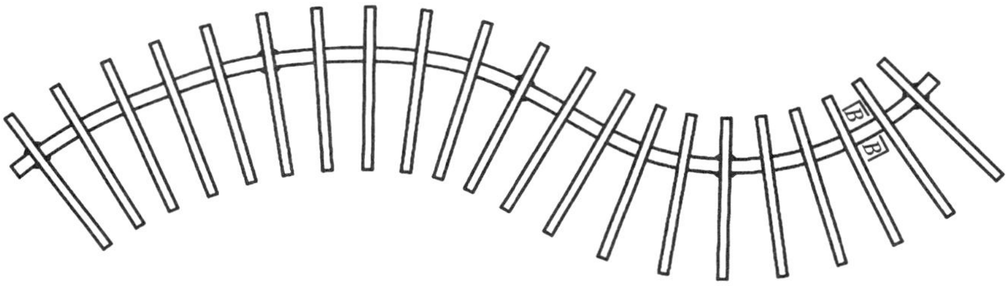

(b)花架架顶平面图

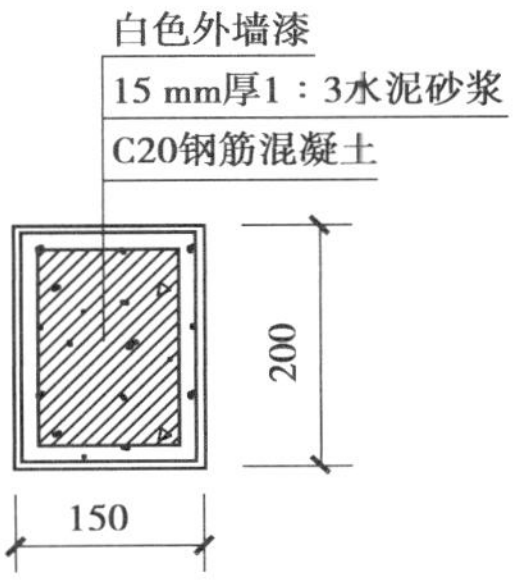

(c)B—B剖面图

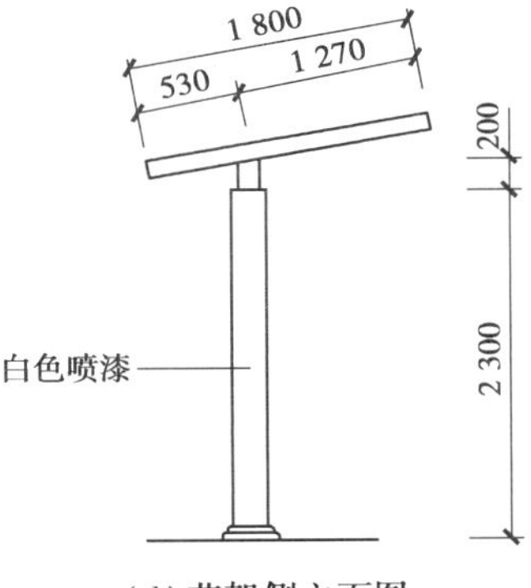

(d)花架侧立面图

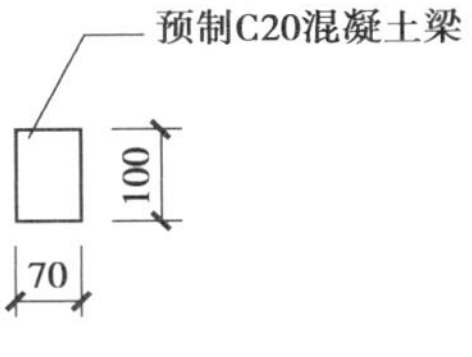

(e)盖梁大样图

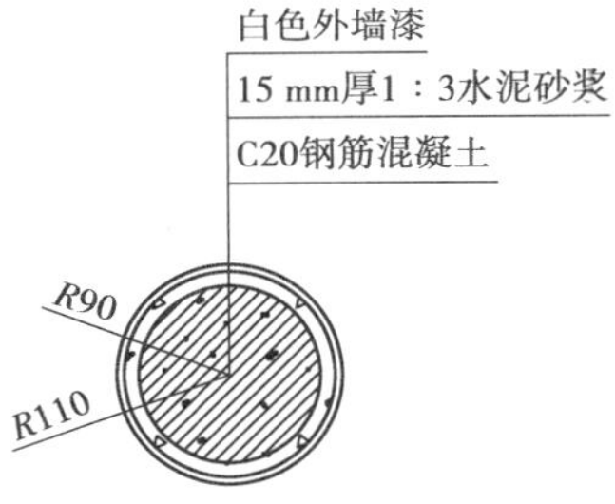

(f)C—C剖面图

图4.26　花架

4.3.5 园林桌椅

一、多项选择题(每题的备选项中,有2个或2个以上符合题意,错选或多选都不得分)

1. 根据《园林绿化工程工程量计算规范》(GB 50858—2013)的规定,园林桌椅中按设计图示尺寸以座凳面中心线长度计算的有(　　)。

A. 预制钢筋混凝土飞来椅　　B. 竹制飞来椅

C. 现浇混凝土桌凳　　D. 石桌石凳

E. 铁艺椅

2. 根据《园林绿化工程工程量计算规范》(GB 50858—2013)的规定,园林桌椅中按设计图示尺寸以数量计算的有(　　)。

A. 水磨石飞来椅　　B. 现浇混凝土桌凳

C. 水磨石桌凳　　D. 石桌石凳

E. 金属椅

二、判断题(正确的打"√",错误的打"×")

1. 木制飞来椅按国家标准《仿古建筑工程量计算规则》(GB 50855—2013)的相关项目编码列项。(　　)

2. 根据《园林绿化工程工程量计算规范》(GB 50858—2013)的规定,石桌石凳工作内容中未包括土方挖运。(　　)

3. 根据《园林绿化工程工程量计算规范》(GB 50858—2013)的规定,预制混凝土飞来椅工作内容中包括模板制作、运输、安装、拆除和保养。(　　)

4. 根据《园林绿化工程工程量计算规范》(GB 50858—2013)的规定,竹制飞来椅和塑料、铁艺、金属椅工作内容中包括刷防护材料。(　　)

三、思考题

1. 根据本地区计价定额,预制钢筋混凝土飞来椅计价项目包括哪些?清单工程量和计价工程量分别如何计算?

2. 根据本地区计价定额,现浇混凝土桌凳、预制混凝土桌凳计价项目包括哪些?清单工程量和计价工程量分别如何计算?

3. 根据本地区计价定额，石桌石凳计价项目包括哪些？清单工程量和计价工程量分别如何计算？

四、计算题

1. 某草亭预制混凝土飞来椅如图 4.27 所示，确定其项目编码并计算其清单工程量。

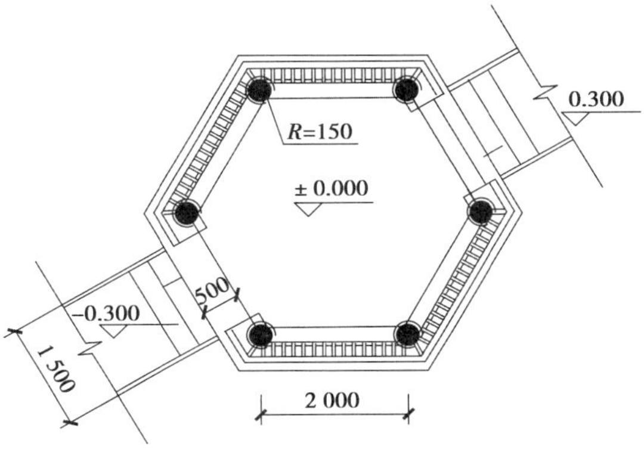

图 4.27　草亭预制混凝土飞来椅平面图

2. 某广场中有石桌 3 个、石凳 12 个、金属凳 6 个、预制混凝土凳 10 个，确定该广场园林桌椅项目编码，并计算其清单工程量。

4.3.6 喷泉安装

一、判断题(正确的打"√",错误的打"×")

1. 根据《园林绿化工程工程量计算规范》(GB 50858—2013)的规定,喷泉管道按设计图示管道中心线长度以延长米计算,应该扣除检查井(阀门井)、阀门、管道及附件所占长度。 ( )

2. 根据《园林绿化工程工程量计算规范》(GB 50858—2013)的规定,喷泉管道和喷泉电缆的工作内容中包括土石方挖运。 ( )

3. 喷泉水池和管架应按国家标准《房屋建筑与装饰工程工程量计算规范》(GB 50854—2013)中的相关项目编码列项。 ( )

4. 水下艺术装饰灯具、电气控制柜和喷泉设备按设计图示尺寸以数量计算。 ( )

二、思考题

根据本地区计价定额,喷泉管道、喷泉电缆计价项目有哪些?清单工程量和计价工程量分别如何计算?

三、计算题

某公园有喷泉一处如图4.28所示,已知该喷泉有蓝色水下艺术装饰灯具3套,确定喷泉管道、水下艺术装饰灯具和喷泉设备项目编码,并计算其清单工程量。

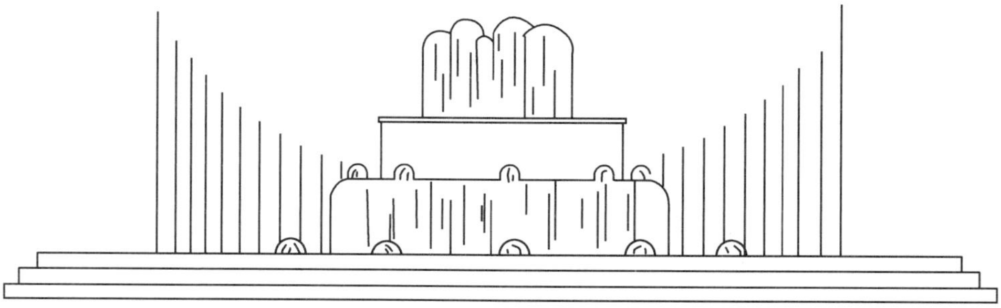

(a)喷泉立面图

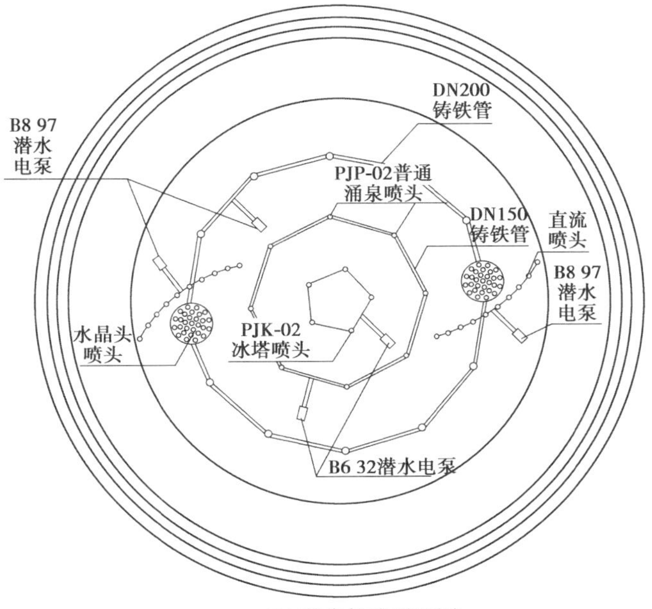

(b)喷泉管线平面图

主材表

编号	名称	型号	规格	数量
01	普通涌泉喷头	PJ0-02	40 mm	18
02	冰塔喷头	PJK-02	8 mm	8
03	水晶头喷头	PSH-02	100 mm	2
04	直流喷头	PZK-02	15 mm	20
05	潜水电泵	B6-32	15~20 m	2
06	潜水电泵	B8-97	5~8 m	3
07	DN200铸铁管	DN200		
08	DN150铸铁管	DN150		
09	水泵软接头			38

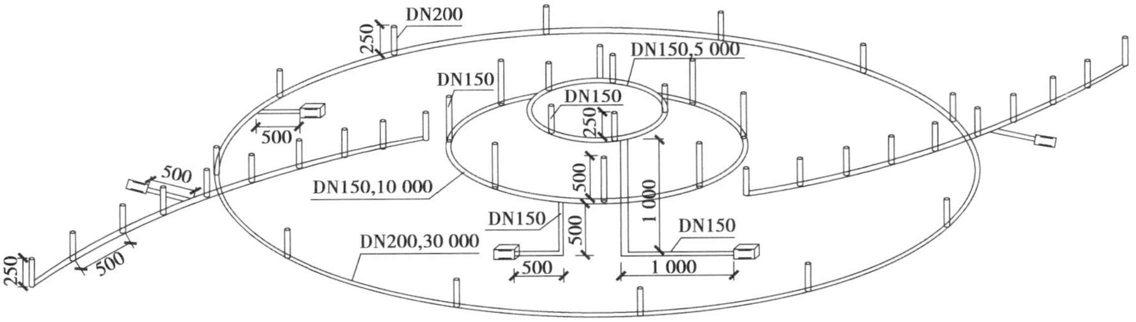

(c)管线轴侧图

图4.28　喷泉示意图

4.3.7 杂项

一、多项选择题（每题的备选项中，有 2 个或 2 个以上符合题意，错选或多选都不得分）

1. 根据《园林绿化工程工程量计算规范》(GB 50858—2013)的规定，以下对杂项描述正确的是(　　)。

A. 铁艺栏杆按设计图示尺寸以长度计算

B. 标志牌按图示设计数量计算

C. 景窗按设计图示尺寸以面积计算

D. 柔性水池按设计图示尺寸以面积计算

E. 花池可以按设计图示尺寸以池壁中心线处延长米计算

2. 以下可以按砖石小摆设项目编码列项的是(　　)。

A. 石灯　　B. 石球

C. 塑仿石音响　　D. 砌筑果皮箱

E. 放置盆景的须弥座

3. 根据《园林绿化工程工程量计算规范》(GB 50858—2013)的规定，景墙的计量单位可以是(　　)。

A. m　　B. m^2

C. m^3　　D. 个

E. 段

4. 根据《园林绿化工程工程量计算规范》(GB 50858—2013)的规定，以下可以按设计图示数量以“个”计算的是(　　)。

A. 石灯　　B. 石球

C. 标志牌　　D. 博古架

E. 景窗

二、判断题（正确的打“√”，错误的打“×”）

1. 根据《园林绿化工程工程量计算规范》(GB 50858—2013)的规定，景墙工作内容包括土石方挖运，垫层、基础铺设，墙体砌筑、面层铺贴。　(　　)

2. 根据《园林绿化工程工程量计算规范》(GB 50858—2013)的规定，花池工作内容包括土石方挖运，垫层铺设，基础砌(浇)筑，墙体砌(浇)筑，面层铺贴。　(　　)

3. 根据《园林绿化工程工程量计算规范》(GB 50858—2013)的规定，景窗、花饰和博古架工作内容中包括了表面涂刷。　(　　)

三、思考题

根据本地区计价定额，景墙、花池计价项目有哪些？清单工程量和计价工程量分别如何计算？

四、计算题

1. 某广场有景墙一段，如图4.29所示，确定景墙项目编码，并以 m^3 为单位计算该景墙清单工程量。

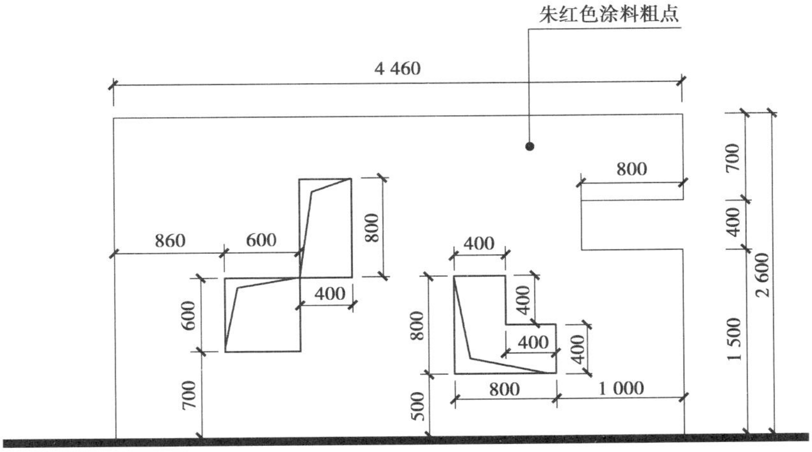

(a)景墙立面图

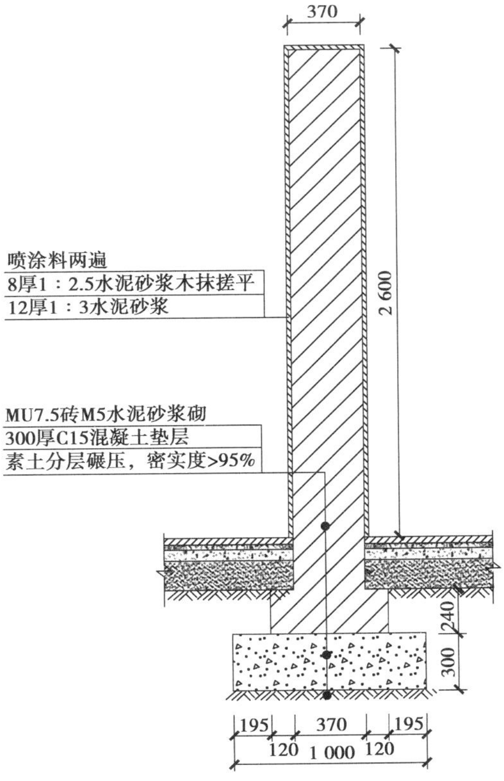

(b)景墙剖面图

图4.29　景墙示意图

2. 某花池平面图及剖面图如图 4.30 所示,C10 混凝土垫层,M5 水泥砂浆砌筑 MU7.5 标准页岩砖花池。确定花池项目编码,并分别以 m 和 m^3 为计量单位计算该花池清单工程量。

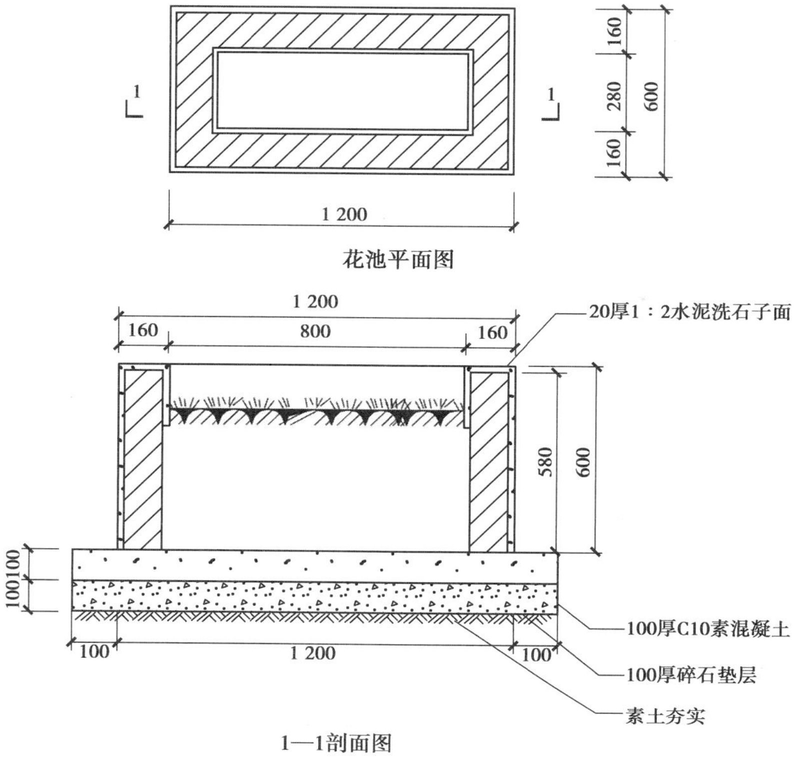

图 4.30 花池示意图

4.4　其他工程

4.4.1　土石方工程

一、单项选择题（每题的备选项中，只有1个最符合题意）

1. 挖天然密实体积10 m^3 的土方，换算为虚方体积为（　　）m^3。

A. 7.70　　B. 13.00

C. 8.70　　D. 10.80

2. 根据《房屋建筑与装饰工程工程量计算规范》（GB 50854—2013）的规定，一二类土的放坡起点为（　　）m。

A. 1.20　　B. 1.50

C. 1.80　　D. 2.00

3. 根据《房屋建筑与装饰工程工程量计算规范》（GB 50854—2013）的规定，人工挖三类土，放坡系数为（　　）。

A. 0.5　　B. 0.33

C. 0.25　　D. 0.67

4. 根据《房屋建筑与装饰工程工程量计算规范》（GB 50854—2013）的规定，机械坑内挖一二类土，放坡系数为（　　）。

A. 0.5　　B. 0.33

C. 0.25　　D. 0.67

5. 根据《房屋建筑与装饰工程工程量计算规范》（GB 50854—2013）的规定，混凝土基础垫层支模板，每边各增加工作面（　　）mm。

A. 200　　B. 150

C. 300　　D. 1 000

6. 根据《房屋建筑与装饰工程工程量计算规范》（GB 50854—2013），PVC管道直径500 mm，每侧增加工作面（　　）。

A. 300　　B. 400

C. 500　　D. 600

7. 某土方工程，底宽6 m，底长20 m，则该土方工程应按（　　）编码列项。

A. 挖一般土方　　B. 挖基坑土方

C. 挖沟槽土方　　D. 平整场地

8. 某土方工程，底宽8 m，底长20 m，则该土方工程应按（　　）编码列项。

A. 挖一般土方　　B. 挖基坑土方

C. 挖沟槽土方　　D. 平整场地

9. 某土方工程，底宽3 m，底长7 m，则该土方工程应按（　　）编码列项。

A. 挖一般土方　　B. 挖基坑土方

C. 挖沟槽土方　　D. 平整场地

10. 挖土深度计算方式为(　　)。

A. 挖土深度按基础底标高至交付施工场地标高确定

B. 挖土深度按基础底标高至室内地坪确定

C. 挖土深度按基础垫层底标高至交付施工场地标高确定

D. 挖土深度按基础底标高至室内地坪确定

二、多项选择题(每题的备选项中,有 2 个或 2 个以上符合题意,错选或多选都不得分)

1.《房屋建筑与装饰工程工程量计算规范》(GB 50854—2013),以下属于三类土的是(　　)。

A. 粉土　　B. 砂土

C. 黏土　　D. 素填土

E. 杂填土

2. 根据《房屋建筑与装饰工程工程量计算规范》(GB 50854—2013)的规定,以下说法正确的是(　　)。

A. 挖基坑土方按设计图示尺寸以基础底面积乘以挖土深度以体积计算

B. 挖沟槽土方按设计图示尺寸以基础垫层底面积乘以挖土深度以体积计算,因工作面和放坡增加的工作量是否并入各土方工程量中,按各省、自治区、直辖市或行业建设主管部门规定实施

C. 场地回填按回填面积乘平均回填厚度以体积计算

D. 室内回填按墙体间面积乘回填厚度,应扣除间隔墙

E. 基础回填按挖方清单项目工程量减室内地坪以下埋设的基础体积(包括基础垫层及其他构筑物)以体积计算

3. 根据《房屋建筑与装饰工程工程量计算规范》(GB 50854—2013)的规定,以下说法错误的是(　　)。

A. 建筑场地≤±200 mm 的挖、填、运、找平,应按平整场地项目编码列项

B. 厚度>±200 mm 的竖向布置挖土或山坡切土应按一般挖土方项目编码列项

C. 计算放坡时,在交接处的重复工程量不予扣除

D. 原槽作基础垫层时,放坡自垫层下表面开始计算

E. 办理结算时,挖沟槽土方按设计图示尺寸以基础垫层底面积乘挖土深度计算

4. 以下关于土石方工程项目特征的描述正确的是(　　)。

A. 弃、取土运距可以不描述,但应注明由投标人根据施工现场实际情况自行考虑,决定报价

B. 土壤类别不能准确区分时,招标人可以注明综合,由投标人根据地勘报告决定报价

C. 填方密实度要求,在无特殊要求情况下,可以描述为满足设计和规范要求

D. 填方粒径在无特殊要求情况下,项目特征可以不描述

E. 如需买土回填,应在填方来源中描述,并注明买方数量

三、判断题(正确的打"√",错误的打"×")

1. 平整场地按设计图示尺寸以建筑物首层面积计算。(　　)

2. 原槽做基础垫层时,挖土深度按垫层上表面至交付施工场地标高确定。(　　)

3. 土石方体积应按挖掘前的天然密实体积计算,非天然密实体积需根据"土方体积折算系

数表”换算。　(　　)

4. 虚方体积是指未经碾压，堆积时间≤1 年的土壤。　(　　)

5. 沟槽、基坑中土壤类别不同时，分别按其放坡起点、放坡系数，依不同土壤类别厚度加权平均计算。　(　　)

6. 余方弃置清单工程量可以是负数。　(　　)

四、思考题

本地区定额中，挖一般土方、挖基坑土方和挖沟槽土方工作内容中是否包括土方运输？如果施工方案中需要运输土方，计价时应该如何处理？

五、计算题

1. 某工程的地貌方格网测量图如图 4.31 所示，计算该工程挖一般土方清单工程量。

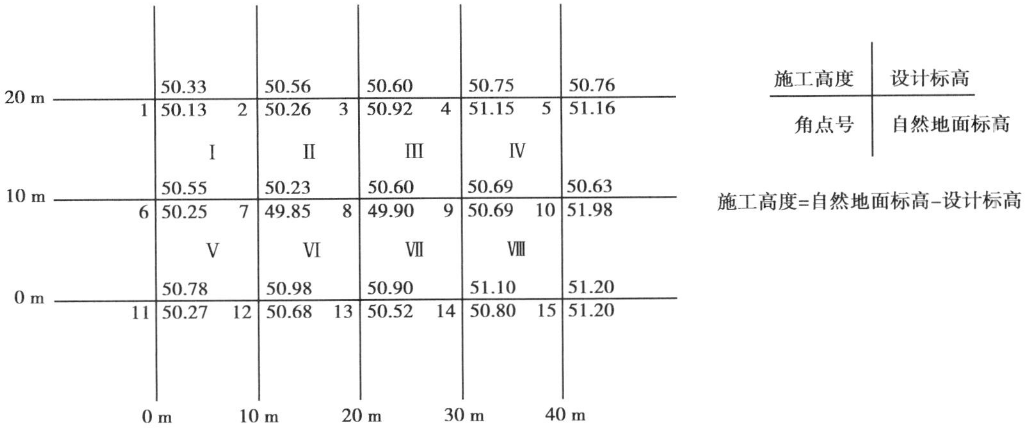

图 4.31　方格网图

2. 某公园有座凳 10 个，如图 4.32 所示，确定该座凳挖沟槽土方、回填方和余方弃置项目编码，并计算其清单工程量。

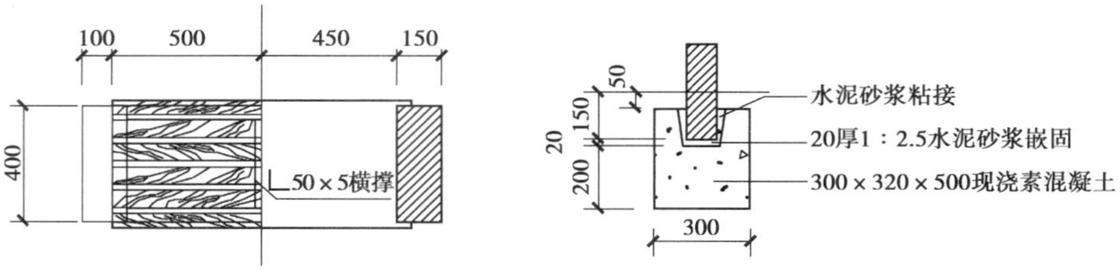

(a)座凳平面图　(b)座凳基础图

图 4.32　座凳

3. 某欧式亭基础平面和剖面如图 4.33 所示，已知该工程基础为混凝土垫层，非原槽浇筑，需要支模，二类土，人工挖土，该工程需考虑放坡及工作面。确定该工程挖基坑土方项目编码，并计算其清单工程量。

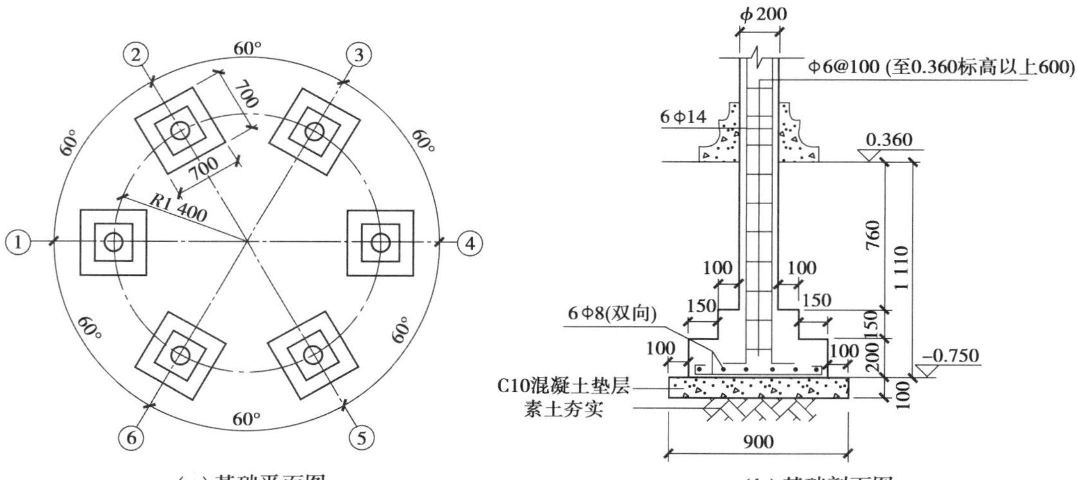

(a)基础平面图　(b)基础剖面图

图 4.33　欧式亭基础图

4. 某公园有花坛一处，其平面和剖面如图4.34所示。本工程基础土方为人工挖土，土壤为砂土，均为天然密实土，不考虑放坡及工作面，花坛内种植土回填500 mm，其余部分为原土回填。计算该花池土方工作清单工程量，并编制工程量清单(表4.13)。

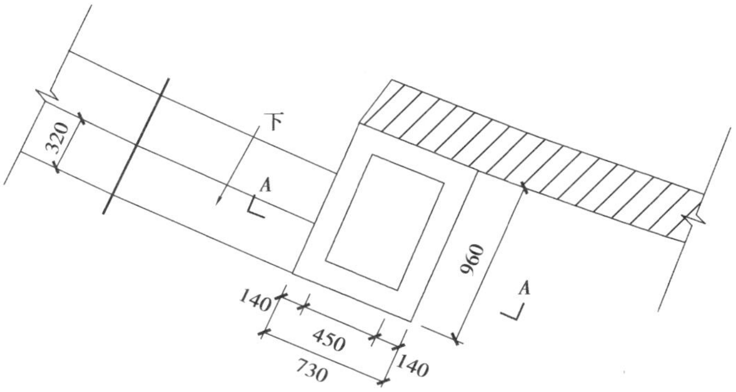

花坛平面图

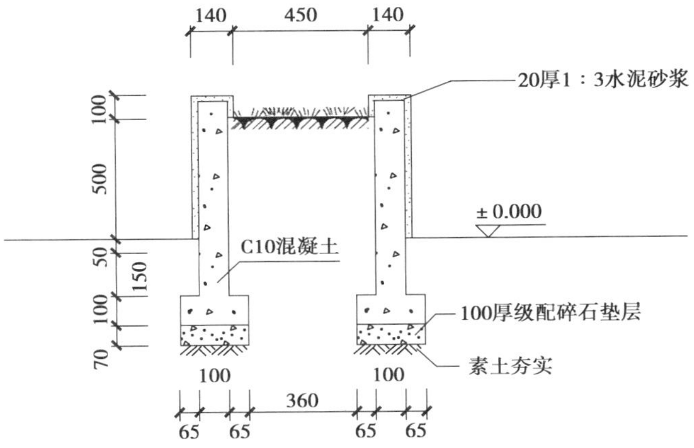

A—A剖面图

图4.34　花坛

表 4.13 分部分项工程和单价措施项目清单与计价表

序号	项目编码	项目名称	项目特征描述	计量单位	工程量	金额/元	
						综合单价	合计

5. 某公园有厕所一座，其基础平面和剖面如图 4.35 所示。

已知：

(1)该工程土壤为二类土，均为天然密实土。

(2)因放坡和工作面增加工作量需加入土方工程量中，人工挖土，放坡系数 0.5，工作面 0.15 m。

(3)室内地坪标高±0.000，室内外高差-0.150 m，构造柱从垫层上表面升起，不考虑场地回填。

(4)土方采用原土回填，土方运输距离由投标人根据施工现场实际情况自行考虑、决定报价。

计算该厕所土石方工程清单工程量，并完成工程量清单计价表(表 4.14)。

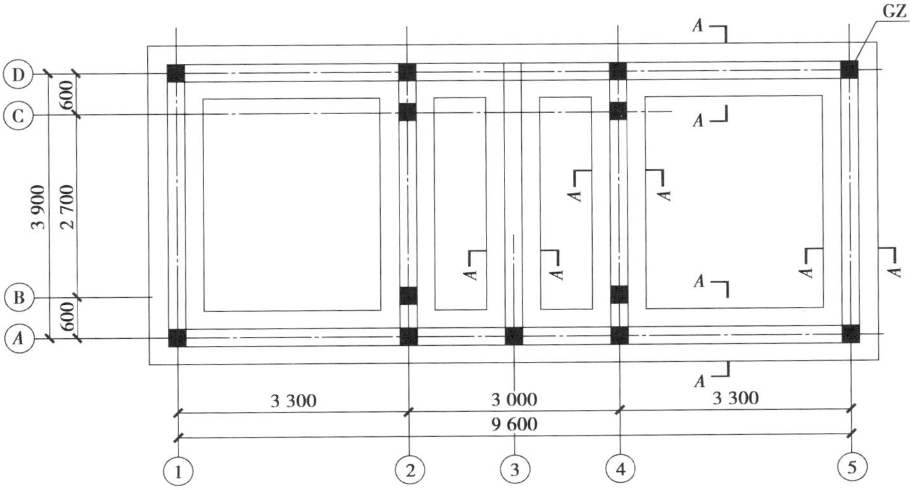

(a)厕所基础平面图

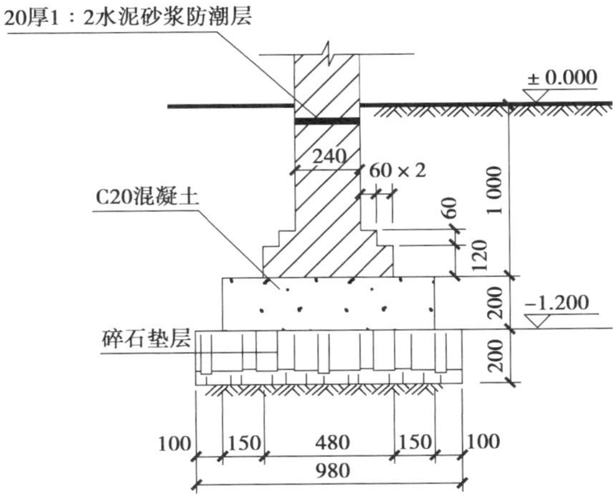

(b)A—A剖面图

图 4.35　厕所基础图

表 4.14 分部分项工程和单价措施项目清单与计价表

序号	项目编码	项目名称	项目特征描述	计量单位	工程量	金额/元	
						综合单价	合计

4.4.2　砌筑工程

一、单项选择题（每题的备选项中，只有1个最符合题意）

1. 基础与墙身使用不同材料，材料分界线位于室内设计地坪≤±300 mm时，基础与墙身的分界线是（　　）。

A. 室内设计地面　　B. 室外设计地面

C. 材料分界线　　D. 室内地面+300 mm

2. 围墙基础和墙身的分界线是（　　）。

A. 室内设计地坪　　B. 室外设计地坪

C. 不同材料分界线　　D. 室内地坪+300 mm

3. 以下关于外墙墙高的描述错误的是（　　）。

A. 坡屋面无檐口天棚者算至屋面板底

B. 有屋架且室内外均有天棚者算至屋架下弦底另加200 mm

C. 无天棚者算至屋架下弦底另加300 mm

D. 出檐宽度超过300 mm时按实砌高度计算

4. 以下关于内墙墙高的描述错误的是（　　）。

A. 位于屋架下弦者，算至屋架下弦底　　B. 无屋架者算至天棚底另加300 mm

C. 有混凝土楼板隔层者算至楼板顶　　D. 有框架梁时算至梁底

5. 根据《房屋建筑与装饰工程工程量计算规范》（GB 50854—2013），需要并入实心砖墙工程量计算的是（　　）。

A. 突出墙面的腰线　　B. 突出墙面的窗台线

C. 突出墙面的砖垛　　D. 突出墙面的门窗套

6.《房屋建筑与装饰工程工程量计算规范》（GB 50854—2013），砖地坪的计量单位是（　　）。

A. m　　B. m

C. m^3　　D. t

7.《房屋建筑与装饰工程工程量计算规范》（GB 50854—2013），砖地沟、明沟的计量单位是（　　）。

A. m　　B. m^2

C. m^3　　D. t

8.《房屋建筑与装饰工程工程量计算规范》（GB 50854—2013），石勒脚的计量单位是（　　）。

A. m　　B. m^2

C. m^3　　D. t

二、多项选择题（每题的备选项中，有2个或2个以上符合题意，错选或多选都不得分）

1. 以下关于标准砖墙厚度，说法正确的是（　　）。

A. 1/2标准砖墙的计算厚度是120 mm　　B. 3/4砖标准砖墙的计算厚度是178 mm

C. 1砖标准砖墙的计算厚度是240 mm　　D. 3/2标准砖墙的计算厚度是370 mm

E. 1/4标准砖墙的计算厚度是53 mm

2. 根据《房屋建筑与装饰工程工程量计算规范》(GB 50854—2013),以下关于砖基础工程量计算的说法正确的是(　　)。

A. 砖基础中包括附墙垛宽出部分体积

B. 扣除地梁、构造柱所占体积

C. 扣除基础大放脚T形接头处的重叠部分

D. 扣除嵌入基础内的钢筋、铁件、管道、基础砂浆防潮层和单个面积≤0.3 m^2 的孔洞所占体积

E. 靠墙暖气沟的挑檐不增加

3. 根据《房屋建筑与装饰工程工程量计算规范》(GB 50854—2013),以下关于实心砖墙工程量计算的说法正确的是(　　)。

A. 扣除门窗、洞口、嵌入墙内钢筋混凝土柱、梁、圈梁等所占体积

B. 扣除梁头、板头、砖墙内加固钢筋、木筋、铁件和钢管所占体积

C. 外墙按中心线计算

D. 内墙按净长度计算

E. 框架间墙不分内外墙按墙体净尺寸以体积计算

4. 根据《房屋建筑与装饰工程工程量计算规范》(GB 50854—2013),以下关于空花墙工程量计算的描述正确的是(　　)。

A. 按设计图示尺寸以空花部分外形体积计算

B. 不扣除空洞部分体积

C. 使用混凝土花格砌筑的空花墙,实砌墙体与混凝土花格分别计算

D. 混凝土花格按混凝土及钢筋混凝土中预制构件相关项目编码列项

E. 应扣除空洞部分体积

5. 根据《房屋建筑与装饰工程工程量计算规范》(GB 50854—2013),以下可以按零星砌砖项目编码列项的是(　　)。

A. 砖砌台阶　　B. 花台

C. 花池　　D. 砖地沟

E. 池槽

6. 根据《房屋建筑与装饰工程工程量计算规范》(GB 50854—2013),以下关于石基础的描述正确的是(　　)。

A. 按设计图示尺寸以体积计算

B. 不包括附墙垛基础宽出部分体积

C. 不扣除基础砂浆防潮层及单个面积≤0.3 m^2 的孔洞所占体积

D. 靠墙暖气沟的挑檐并入工程量内

E. 外墙按中心线,内墙按净长线计算

7. 根据《房屋建筑与装饰工程工程量计算规范》(GB 50854—2013),以下关于石砌体的描述正确的是(　　)。

A. 石柱按设计图示尺寸以体积计算

B. 石护坡按设计图尺寸以体积计算

C. 石台阶按设计图示尺寸以水平投影面积计算

D. 石坡道按设计图示尺寸以水平投影面积计算

E. 石地沟、明沟按设计图示尺寸以中心线长度计算

三、判断题(正确的打"√",错误的打"×")

1. 根据《房屋建筑与装饰工程工程量计算规范》(GB 50854—2013),砖基础工作内容中已包括防潮层铺设,砖基础中防潮层不需单独编码列项。 ( )

2. 平屋面外墙墙高算至钢筋混凝土板底。 ( )

3. 内外山墙墙高按墙体最高点计算。 ( )

4. 围墙高度算至压顶上表面,如有混凝土压顶时算至压顶下表面。 ( )

5. 女儿墙墙高从屋面板上表面算至压顶顶面。 ( )

6. 根据《房屋建筑与装饰工程工程量计算规范》(GB 50854—2013),实心砖柱按设计图示尺寸以体积计算,不扣除混凝土及钢筋混凝土梁垫、梁头、板头所占体积。 ( )

7. 根据《房屋建筑与装饰工程工程量计算规范》(GB 50854—2013),砖砌台阶可按水平投影面积以 m^2 计算。 ( )

8. 砖砌体中的钢筋加固,应按混凝土工程及钢筋混凝土工程相关项目编码列项。 ( )

9. 砖砌体勾缝按墙柱面装饰与幕墙、隔断工程相应项目编码列项。 ( )

10. 除混凝土垫层外,没有包括垫层要求的清单项目按砌筑工程垫层项目编码列项。 ( )

四、计算题

1. 某六角亭柱下独立砖基础如图 4.36 所示,已知砖基础与砖柱采用同一种材料砌筑,柱断面为 240 mm×240 mm,垫层厚 100 mm,基础放脚体积 $\Delta V_{放}=0.073\ m^3$,计算该六角亭独立砖基础清单工程量。

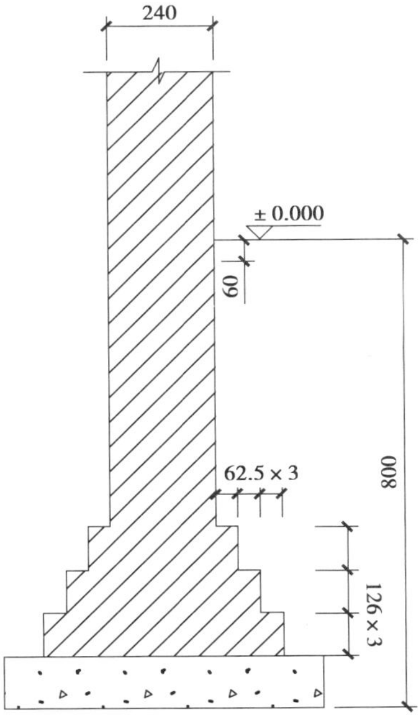

图 4.36 独立砖基础剖面图

2. 某广场有矮墙 4 段,如图 4.37 所示,已知墙身与基础都采用 M5 水泥砂浆砌筑 MU10 标准页岩砖,矮墙顶做 60 mm 厚混凝土压顶,确定该矮墙砌筑工程清单项目编码,计算该矮墙砌筑工程清单工程量,并完成该矮墙砌筑工程工程量清单编制(表 4.15)。

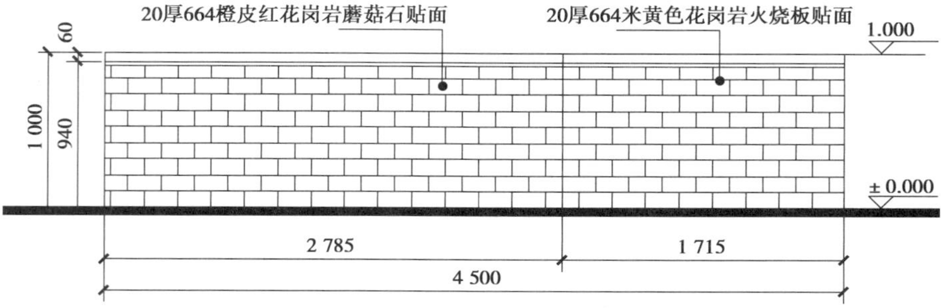

(a)矮墙立面图

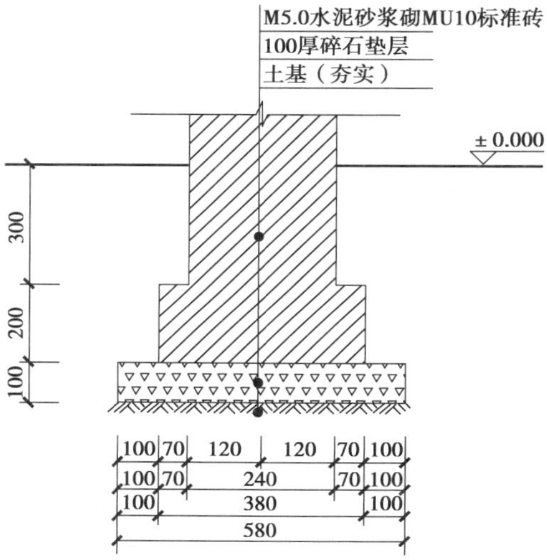

(b)矮墙基础

图 4.37　矮墙

表 4.15　分部分项工程和单价措施项目清单与计价表

序号	项目编码	项目名称	项目特征描述	计量单位	工程量	金额/元	
						综合单价	合计

3. 某公园茶室基础平面及剖面如图 4.38 所示，已知基础和墙体都采用 M5 水泥砂浆砌筑 MU10 标准页岩砖，基础墙厚度 240 mm，构造柱从混凝土基础上表面升起。确定该砖基础项目编码，并计算该砖基础清单工程量。

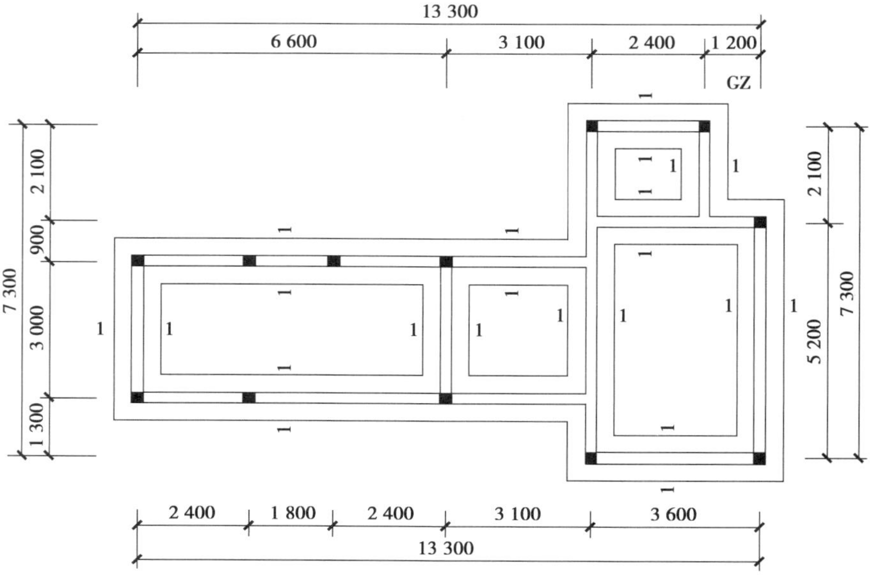

(a) 基础平面布置图

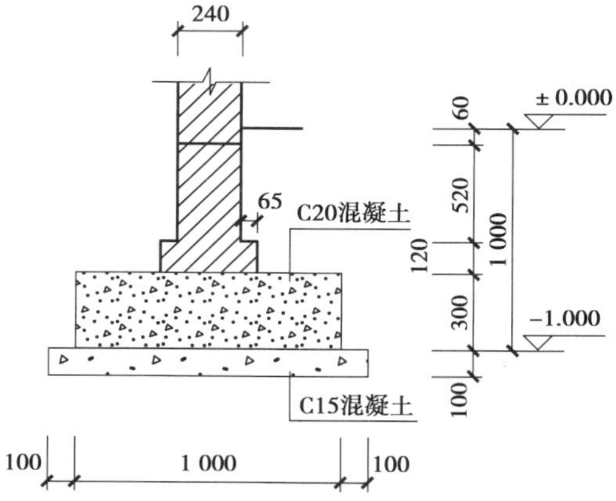

(b) 1—1剖面图

图 4.38 茶室基础图

4. 某公园值班室平面和立面如图 4. 39 所示，基础为 M5 水泥砂浆砌筑 MU10 标砖页岩砖至室内地坪，室内地坪处 M5 混合砂浆砌筑 MU10 标砖准页岩砖墙体，墙厚 240 mm，墙垛截面尺寸为 240 mm×240 mm，C 轴上①—②轴之间直形墙长 2 m，弧形墙半径 2 m。层高位置设置圈梁，截面 240 mm×300 mm，屋面板厚 100 mm，门窗上方设置混凝土过梁，两端深入支座 250 mm，高 200 mm。M1 尺寸为 900 mm×2 000 mm，C1 尺寸为 1 500 mm×1 500 mm，C2 长 2. 80 m，占墙体面积 2. 36 m^2，C3 尺寸为 1 200 mm×1 500 mm。确定该值班室墙体项目编码，并计算其清单工程量。

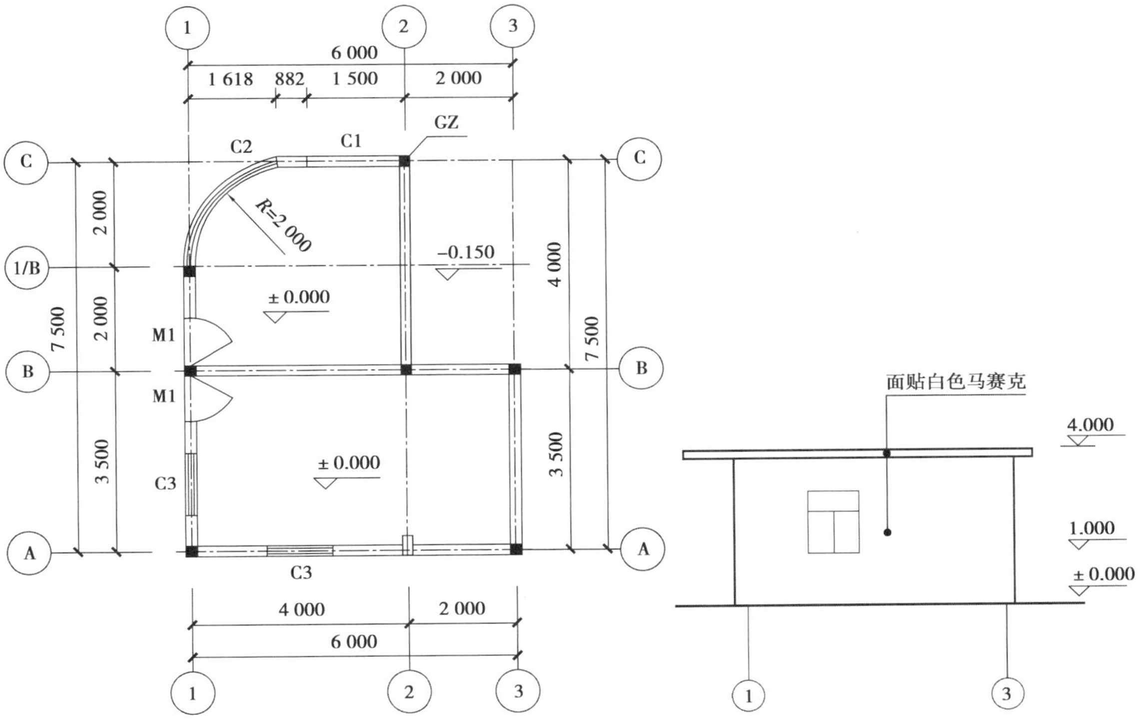

(a)值班室平面图　　(b)值班室立面图

图 4. 39　**值班室**

4.4.3 混凝土及钢筋混凝土工程

一、单项选择题(每题的备选项中,只有1个最符合题意)

1. 根据《房屋建筑与装饰工程工程量计算规范》(GB 50854—2013)的规定,天沟、挑檐板计量单位是(　　)。

A. m　　B. m^2

C. m^3　　D. t

2. 根据《房屋建筑与装饰工程工程量计算规范》(GB 50854—2013)的规定,雨篷、悬挑板、阳台板计量单位是(　　)。

A. m　　B. m^2

C. m^3　　D. t

3. 根据《房屋建筑与装饰工程工程量计算规范》(GB 50854—2013)的规定,散水、坡道计量单位是(　　)。

A. m　　B. m^2

C. m^3　　D. t

4. 根据《房屋建筑与装饰工程工程量计算规范》(GB 50854—2013)的规定,室外地坪计量单位是(　　)。

A. m　　B. m^2

C. m^3　　D. t

5. 根据本地区计价定额,现浇混凝土扶手、压顶计量单位是(　　)。

A. m　　B. m^2

C. m^3　　D. t

6. 根据本地区计价定额,现浇混凝土楼梯计量单位是(　　)。

A. m　　B. m^2

C. m^3　　D. t

7. 根据本地区计价定额,现浇混凝土台阶计量单位是(　　)。

A. m　　B. m^2

C. m^3　　D. t

8. 根据《房屋建筑与装饰工程工程量计算规范》(GB 50854—2013),钢筋工程计量单位是(　　)。

A. m　　B. m^2

C. m^3　　D. t

二、多项选择题(每题的备选项中,有2个或2个以上符合题意,错选或多选都不得分)

1. 以下关于混凝土柱高的描述正确的是(　　)。

A. 有梁板的柱高,自基础底算至上一层楼板上表面之间的高度计算

B. 有梁板的柱高,自楼板上表面算至一层楼板上表面之间的高度计算

C. 无梁板的柱高,自基础底算至柱帽上表面之间的高度计算

D. 框架柱的柱高,应自柱基上表面至柱顶高度计算

E. 构造柱按全高计算

2. 以下关于现浇混凝土梁的计算规则的描述正确的是(　　)。

A. 梁与柱连接时,梁长算至柱侧面

B. 梁与柱连接时,梁长不扣除柱宽

C. 主梁与次梁连接时,次梁算至主梁侧面

D. 主梁与次梁连接时,主梁算至次梁侧面

E. 伸入墙内的梁头、梁垫不并入梁体积

3. 根据《房屋建筑与装饰工程工程量计算规范》(GB 50854—2013)的规定,以下关于现浇混凝土墙的描述正确的是(　　)。

A. 按设计图示尺寸以体积计算

B. 扣除门窗洞口所占体积

C. 扣除单个面积>0.3 m^2 空洞所占体积

D. 墙垛及凸出墙面部分不并入墙体体积

E. 不扣除单个面积≤0.3 m^2 空洞所占体积

4. 根据《房屋建筑与装饰工程工程量计算规范》(GB 50854—2013)的规定,以下关于现浇混凝土板的描述正确的是(　　)。

A. 按设计图示尺寸以体积计算

B. 不扣除单个面积≤0.3 m^2 的柱、垛以及孔洞所占体积

C. 有梁板按梁、板体积之和计算

D. 无梁板不计算柱帽体积

E. 伸入墙内的板头不并入板体积内

5. 根据《房屋建筑与装饰工程工程量计算规范》(GB 50854—2013)的规定,现浇混凝土楼梯可以按水平投影面积计算,包括以下哪些部分?(　　)

A. 休息平台

B. 平台梁

C. 宽度≤500 mm 的楼梯井

D. 宽度>500 mm 的楼梯井

E. 楼梯与现浇楼板无梯梁连接时,以楼梯最后一个踏步边缘加 300 mm 为界

三、判断题(正确的打"√",错误的打"×")

1. 根据本地区定额,现浇混凝土构件按混凝土构件捣制和模板项目分别编制,现浇模板在措施项目中单列。(　　)

2. 依附在柱上的牛腿应并入柱身体积计算。(　　)

3. 现浇混凝土梁按设计图示尺寸计算,伸入墙内的梁头、梁垫不并入梁体积内。(　　)

4. 后浇带按设计图示尺寸以面积计算。(　　)

5. 现浇混凝土挑檐、天沟板、雨篷、阳台与板连接时,以外墙外边线为分界线;与圈梁连接时,以梁外边线为分界线。外边线以外为挑檐、天沟、雨篷或阳台。(　　)

6. 预制混凝土花格,按其他预制构件中其他构件编码列项。(　　)

7. 根据《房屋建筑与装饰工程工程量计算规范》(GB 50854—2013)的规定,现浇构件中伸出构件的锚固钢筋不并入钢筋工程量内。(　　)

8. 根据《房屋建筑与装饰工程工程量计算规范》(GB 50854—2013)的规定,钢筋工程量除设计(包括规范规定)表面的搭接外,其他施工搭接不计算工程量,在综合单价中综合考虑。 ( )

四、计算题

1. 某欧式亭现浇混凝土基础平面和剖面如图4.40所示,确定其垫层和基础项目编码,并计算清单工程量。

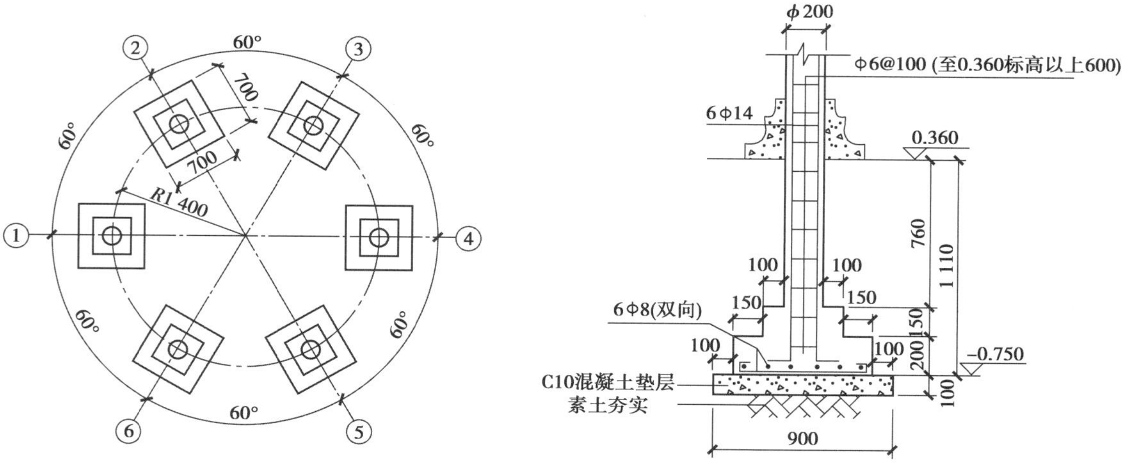

(a)基础平面图　　(b)基础剖面图

图4.40 欧式亭基础图

2. 某公园有休闲亭一处,其现浇混凝土基础、柱、基础梁如图4.41所示。已知该休闲亭柱顶标高为+3.20 m,基础梁顶标高为±0.000 m,确定该休闲亭现浇混凝土基础、柱、基础梁的项目编码,并计算其清单工程量。

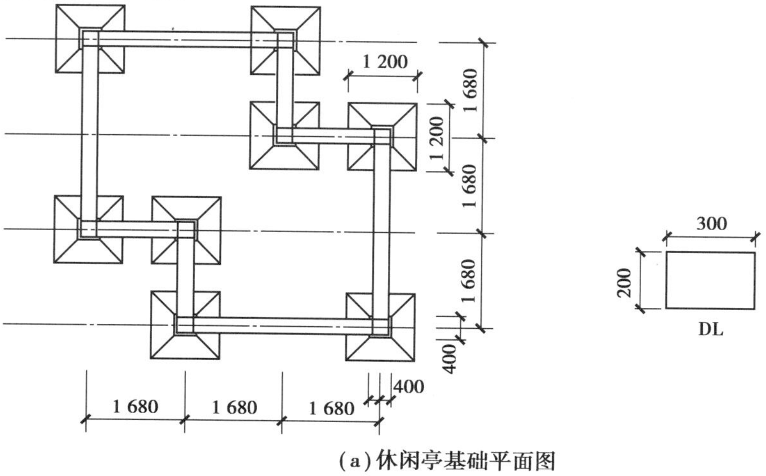

(a)休闲亭基础平面图

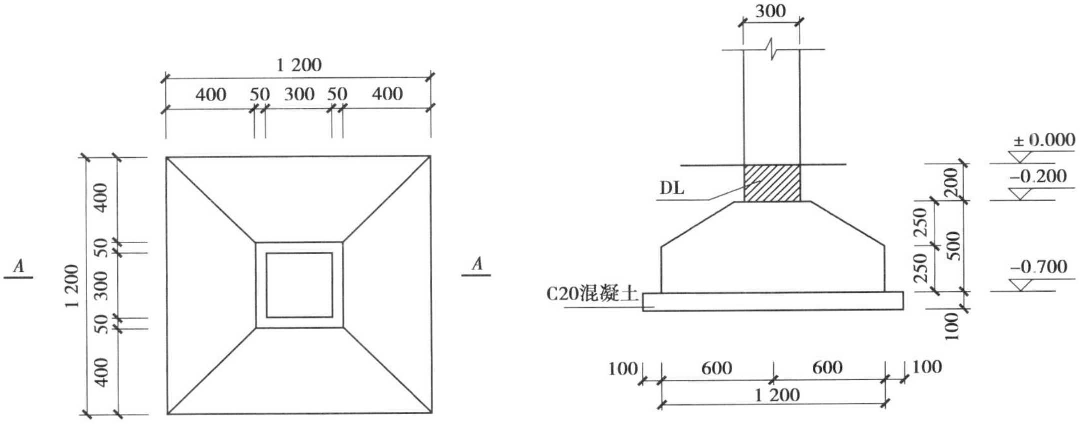

(b)柱基础平面图　　(c)A—A剖面图

图4.41　**休闲亭基础**

3.某廊架预制混凝土柱下杯口独立基础共10个,如图4.42所示,确定该杯口独立基础和垫层项目编码,并计算其清单工程量。

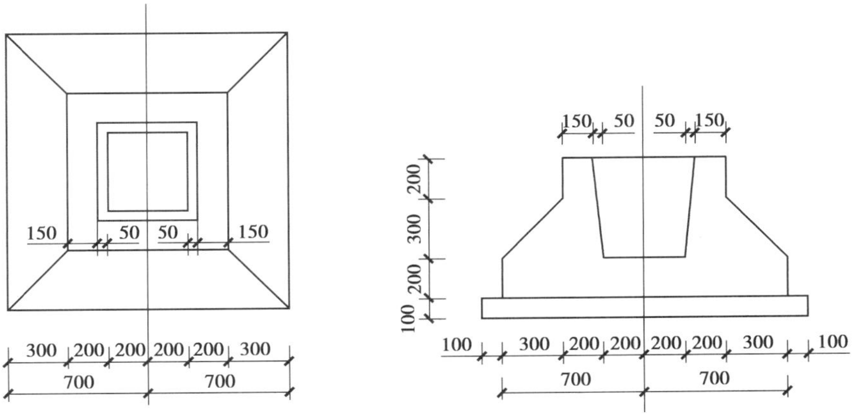

图4.42　**杯口基础图**

4. 某园林建筑有一字形构造柱 3 个，L 形构造柱 6 个，T 形构造柱 3 个，十字形构造柱 1 个，已知构造柱截面为 240 mm×240 mm，柱高均为 6.00 m，墙厚 240 mm，确定该构造柱项目编码，并计算其清单工程量。

5. 广场中某方亭现浇混凝土顶板如图 4.43 所示，已知板厚 100 mm，柱的截面为 300mm×300 mm，柱基上表面到板顶的高度是 3.60 m。确定该混凝土板、柱的项目编码，并计算清单工程量。

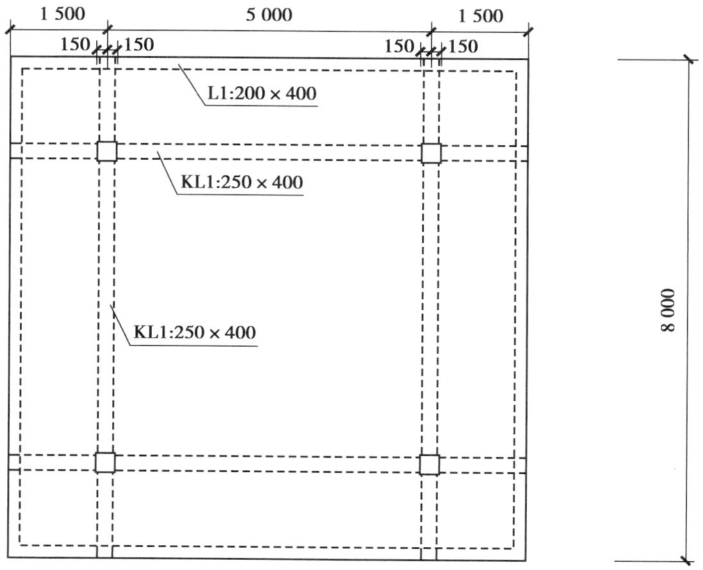

图 4.43 方亭顶板

6. 某园林建筑现浇混凝土楼梯如图 4.44 所示，无梯梁，确定该混凝土楼梯项目编码，并以“m^2”为计量单位计算其清单工程量。

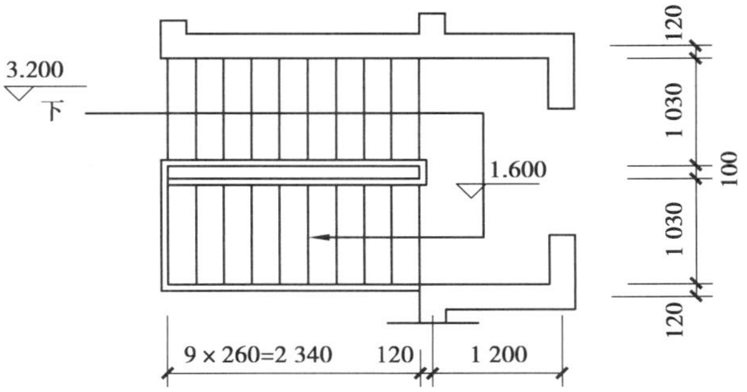

图 4.44　某园林建筑楼梯示意图

7. 某广场休闲亭台阶如图 4.45 所示，已知该台阶共两段，每段长 2.90 m，确定该现浇混凝土台阶项目编码，并以“m^2”为计量单位计算其清单工程量。

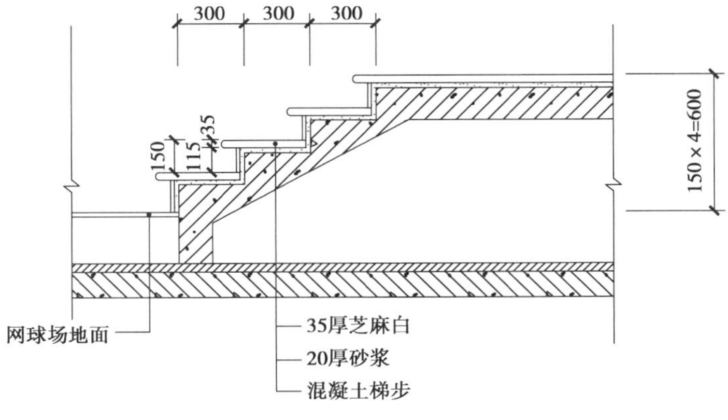

图 4.45　台阶剖面图

4.4.4 木结构工程

一、单项选择题(每题的备选项中,只有1个最符合题意)

1. 以下关于木屋架的描述错误的是(　　)。

A. 木屋架宽度应以上、下弦中心线两交点之间的距离计算

B. 木屋架以"榀"计量时,按标准图设计的应注明图代号

C. 木屋架以"榀"计量时,按非标准图集设计的项目特征需按《房屋建筑与装饰工程工程量计算规范》(GB 50854—2013)的要求描述

D. 钢木屋架可以按设计图示尺寸以体积计算

2. 木楼梯按设计图示尺寸以水平投影面积计算,不扣除宽度≤(　　)mm 的楼梯井,伸入墙内部分不计算。

A. 100　　B. 200

C. 300　　D. 500

3. 根据《房屋建筑与装饰工程工程量计算规范》(GB 50854—2013)的规定,屋面木基层工作内容不包含(　　)。

A. 椽子制作、安装　　B. 望水板制作安装

C. 顺水条和挂瓦条制作、安装　　D. 刷油漆、涂料

4. 根据《房屋建筑与装饰工程工程量计算规范》(GB 50854—2013)的规定,以下关于屋面木基层的描述正确的是(　　)。

A. 按设计图示尺寸以水平投影面积计算

B. 扣除房上烟囱、风帽底座、风道、小气窗、斜沟等所占体积

C. 增加小气窗的出檐部分面积

D. 按设计图示尺寸以斜面积计算

二、计算题

1. 某园林建筑做全木屋架,屋面做法为木檩条上钉椽子,椽子上挂小青瓦。木屋架和屋面如图4.46所示,已知木屋架共5榀,木材断面100 mm×120 mm,木檩条断面60 mm×80 mm,共10根,每根长5 m,屋面木基层矢跨比3∶8。确定木屋架、木檩条和屋面木基层的项目编码,并计算其清单工程量。

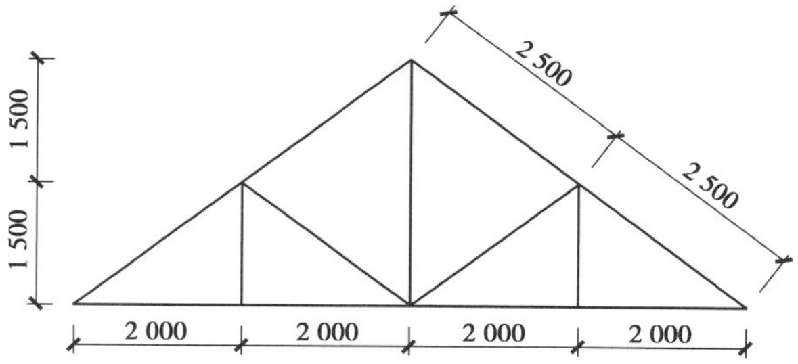

(a)屋架示意图

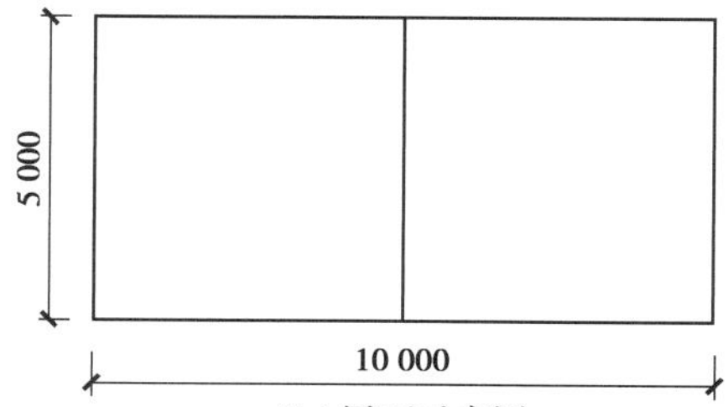

(b)屋面示意图

图4.46　某园林建筑屋顶示意图

2. 某公园有木方亭如图 4.47 所示，屋面做法为檩条上满钉望板，望板上满铺油毡，油毡上钉顺水条和挂瓦条，挂瓦条上挂瓦，已知檩条为 0.85 m^3 木条，确定该工程木柱、木梁和屋面木基层项目编码，并编制其工程量清单。

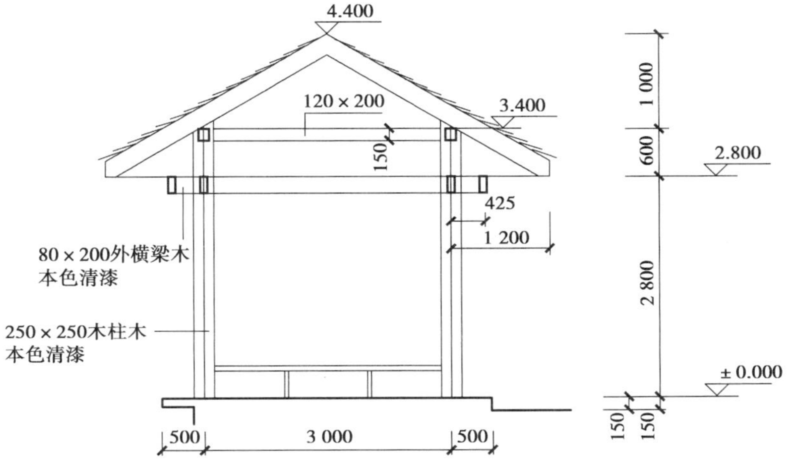

(a) 木方亭立面图

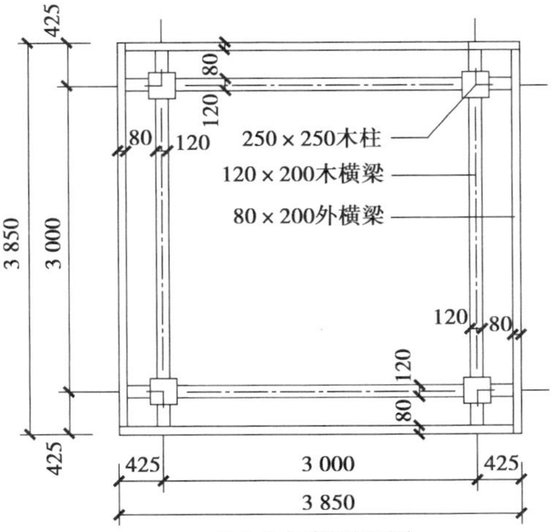

(b) 木框架平面图

图 4.47 木方亭

4.4.5 装饰工程

一、单项选择题(每题的备选项中,只有1个最符合题意)

1. 整体面层按设计图图示尺寸以面积计算,不扣除≤(　　)m^2 的空洞所占面积。

A. 0.1　　B. 0.2

C. 0.3　　D. 0.5

2. 间壁墙是指厚度≤(　　)mm 的墙。

A. 53　　B. 115

C. 120　　D. 240

3. 台阶装饰,按设计图示尺寸以台阶水平投影面积计算,应算至最上层踏步边沿加(　　)mm。

A. 100　　B. 200

C. 300　　D. 500

4. 楼地面零星装饰项目是指不大于(　　)m^2 的少量分散的楼地面项目。

A. 0.1　　B. 0.2

C. 0.3　　D. 0.5

5. 内墙抹灰高度,有吊顶天棚的高度算至(　　)。

A. 天棚底面　　B. 吊顶天棚底面

C. 吊顶天棚底面另加 200 mm　　D. 天棚顶面

6. 抹灰面油漆计量单位是(　　)。

A. m　　B. m^2

C. kg　　D. 樘

7. 扶手、栏杆、栏板计量单位是(　　)。

A. m　　B. m

C. m^3　　D. t

二、多项选择题(每题的备选项中,有2个或2个以上符合题意,错选或多选都不得分)

1. 以下关于块料楼地面的描述正确的是(　　)。

A. 按设计图示尺寸以面积计算

B. 门洞、空圈、暖气包槽、壁龛开口部分并入相应工程量内

C. 不扣除间壁墙及≤0.3 m^2 柱、垛、附墙烟囱及孔洞所占面积

D. 门洞、空圈、暖气包槽、壁龛开口部分不增加面积

E. 不扣除主墙所占面积

2. 楼梯面层装饰按设计图示尺寸以水平投影面积计算,包括(　　)。

A. 踏步　　B. 休息平台

C. ≤500 mm 楼梯井　　D. 梯口梁

E. 无梯口梁者算至最上一层踏步边沿加 500 mm

3. 踢脚线计量单位可以是(　　)。

A. m　　B. m^2

C. m^3

D. 樘

E. 根

4. 根据《房屋建筑与装饰工程工程量计算规范》(GB 50854—2013)的规定,以下哪些可以按墙面装饰抹灰列项(　　)。

A. 墙面抹水泥砂浆

B. 墙面水刷石

C. 墙面斩假石

D. 墙面干粘石

E. 墙面抹石灰砂浆

5. 根据《房屋建筑与装饰工程工程量计算规范》(GB 50854—2013)的规定,墙面抹灰按设计图示尺寸以面积计算,应扣除(　　)部分面积。

A. 墙裙

B. 门窗洞口

C. 踢脚线

D. 挂镜线

E. 墙与构件交接处

6. 根据《房屋建筑与装饰工程工程量计算规范》(GB 50854—2013)的规定,以下关于天棚抹灰的描述正确的是(　　)。

A. 按设计图示尺寸以水平投影面积计算

B. 按设计图示尺寸以面积计算

C. 扣除间壁墙面积

D. 带梁天棚梁两侧抹灰面积并入天棚面积

E. 板式楼梯底面抹灰按水平投影面积计算

7. 根据《房屋建筑与装饰工程工程量计算规范》(GB 50854—2013)的规定,以下关于吊顶天棚的描述正确的是(　　)。

A. 按设计图示尺寸以水平投影面积计算

B. 按设计图示尺寸以面积计算

C. 天棚中灯槽及跌级、锯齿形、吊挂式、藻井式天棚面积展开计算

D. 不扣除间壁墙、检查口、附墙烟囱、柱垛和管道所占体积

E. 扣除单个>0.3 m^2 的孔洞、独立柱及与天棚相连的窗帘盒所占的面积

8. 根据《房屋建筑与装饰工程工程量计算规范》(GB 50854—2013)的规定,门窗油漆计量单位可以是(　　)

A. m

B. m^2

C. kg

D. 樘

E. m^3

三、判断题(正确的打"√",错误的打"×")

1. 楼地面混凝土垫层应按《房屋建筑与装饰工程工程量计算规范》(GB 50854—2013)附录E.1 垫层项目编码列项,混凝土外的其他材料垫层按 D.4 垫层项目编码列项。(　　)

2. 踢脚线应按《房屋建筑与装饰工程工程量计算规范》(GB 50854—2013)附录 M 墙柱面装饰及幕墙隔断工程相关项目编码列项。(　　)

3. 根据《房屋建筑与装饰工程工程量计算规范》(GB 50854—2013)的规定,墙柱面抹灰按结构尺寸以面积计算,墙柱面镶贴块料按镶贴表面积计算。(　　)

4. 根据《房屋建筑与装饰工程工程量计算规范》(GB 50854—2013)的规定,锯齿形楼梯底

面抹灰按水平投影面积计算。 (   )

5. 根据《房屋建筑与装饰工程工程量计算规范》(GB 50854—2013)的规定,压条、装饰线按设计图示尺寸以长度计算。 (   )

四、计算题

1. 某草亭地面铺装如图 4.48 所示,已知该地面铺装构造为 10 mm 厚 C10 混凝土垫层,20 mm 厚 1∶3 水泥砂浆找平层,20 mm 厚 1∶2 水泥砂浆结合层,面层铺装。草亭 4 个钢筋混凝土柱,每个占地面积 0.15 m^2。确定该楼地面工程项目编码,并计算其清单工程量。

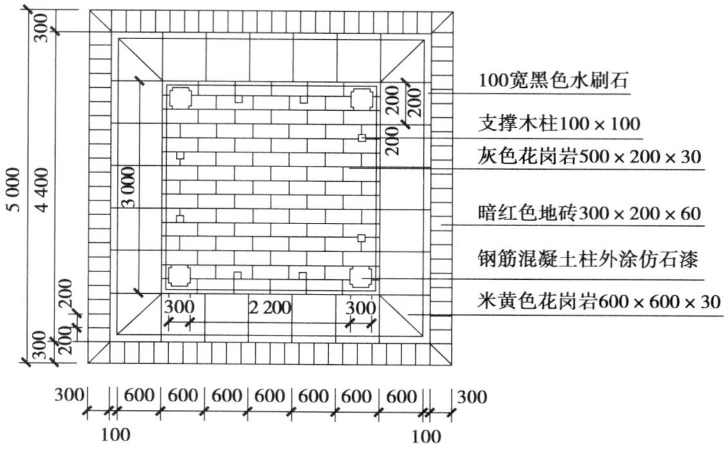

图 4.48 草亭地面铺贴平面图

2. 某公园法式餐厅楼梯平面和剖面如图 4.49 所示，已知梯梁宽 240 mm，楼梯面层采用大理石装饰，配铝合金栏杆，栏杆转弯处为 0.20 m/个，一、二层栏杆水平长度都为 5.00 m。

(1)楼梯面层装饰项目编码是(　　　　　　)，清单工程量是(　　　　　)。

(2)铝合金栏杆项目编码是(　　　　　　)，清单工程量是(　　　　　)。

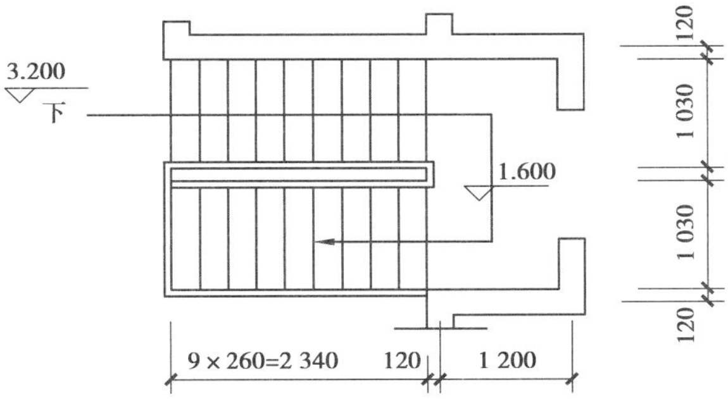

(a)楼梯平面图

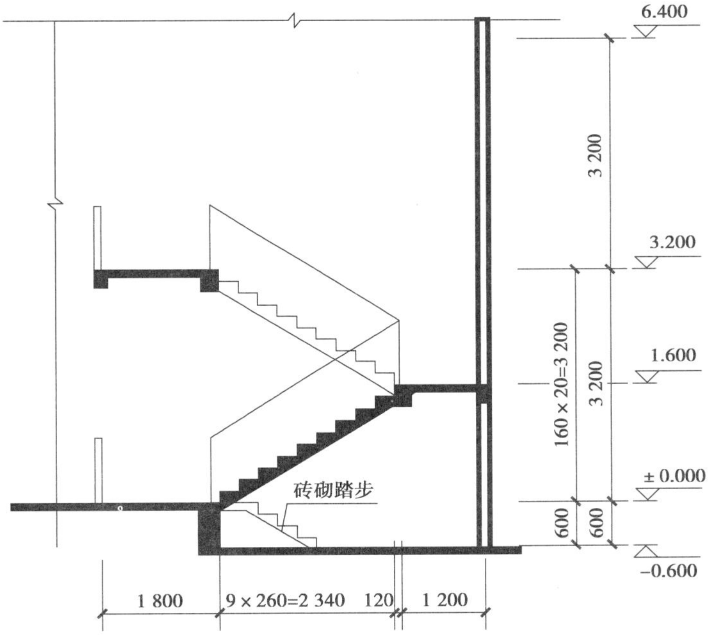

(b)楼梯剖面图

图 4.49　法式餐厅楼梯

3. 某公园中有台阶一处，如图 4.50 所示，该台阶做水泥砂浆抹面，确定该台阶装饰项目编码，并计算其清单工程量。

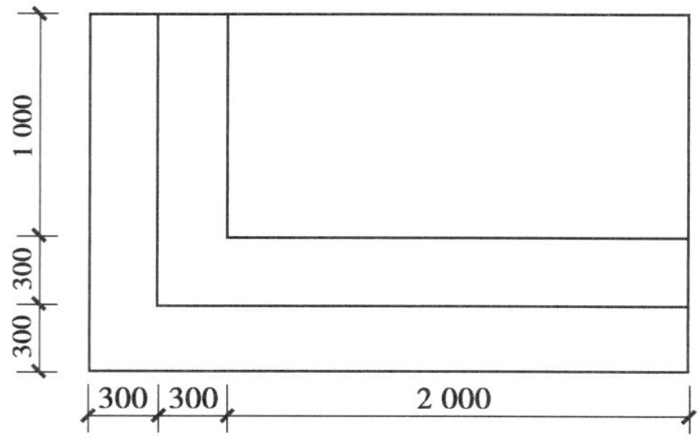

(a) 台阶平面图

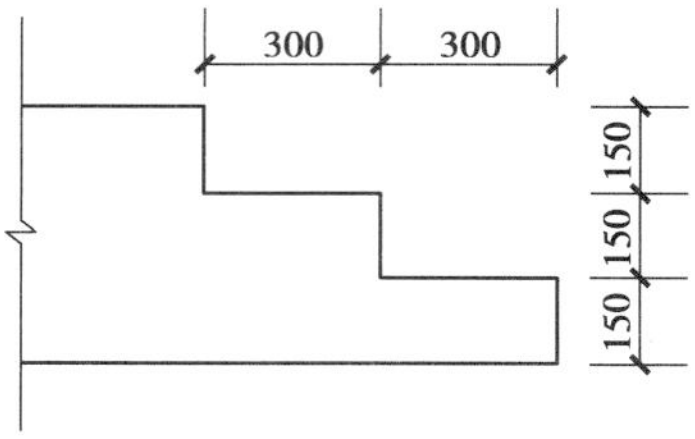

(b) 台阶立面图

图 4.50　台阶示意图

4. 某园区管理房如图 4.51 所示，墙厚 240 mm。M1 尺寸为 900 mm×2 000 mm，C1 尺寸为 1 200 mm×1 500 mm，C2 尺寸为 900 mm×1 500 mm，Z1 截面为 200 mm×400 mm，Z2 截面为 400 mm×400 mm，卫生间和休息室为坡屋面，值班室为平屋面，内墙净高 3.60 m。管理房内墙做水泥砂浆抹面，刷白色乳胶漆，墙脚做 120 mm 高踢脚线，室内屋面做天棚抹灰。Z1 做水刷石抹面，抹灰厚度 10 mm，Z2、Z3 做花岗石贴面，8 mm 厚结合层，10 mm 厚花岗石面层。

(1) 内墙抹灰项目编码是(　　　　　　)，清单工程量为(　　　　　　)。

(2) Z1 柱面抹灰项目编码是(　　　　　　)，清单工程量为(　　　　　　)。

(3) Z2、Z3 石材柱面项目编码是(　　　　　　)，清单工程量为(　　　　　　)。

(4) 室内天棚抹灰项目编码是(　　　　　　)，清单工程量为(　　　　　　)。

(5) 内墙乳胶漆项目编码是(　　　　　　)，清单工程量是为(　　　　　　)。

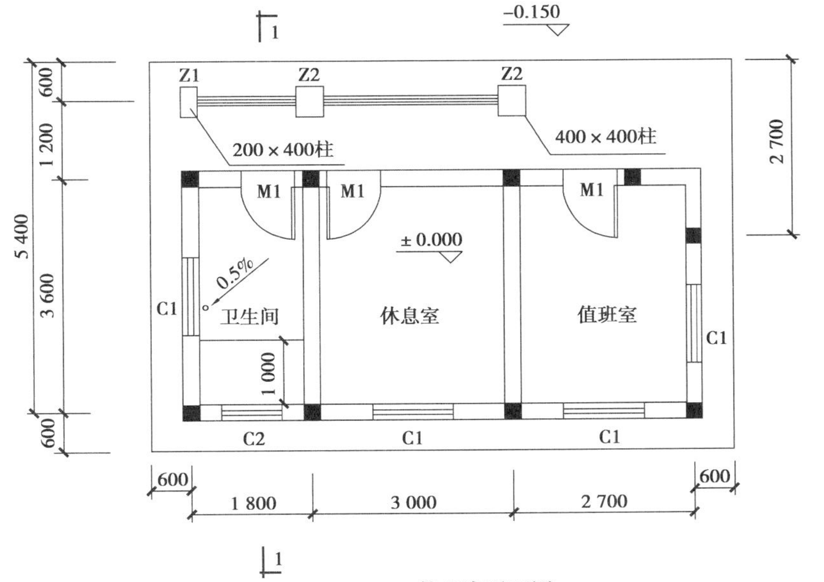

(a)管理房平面图

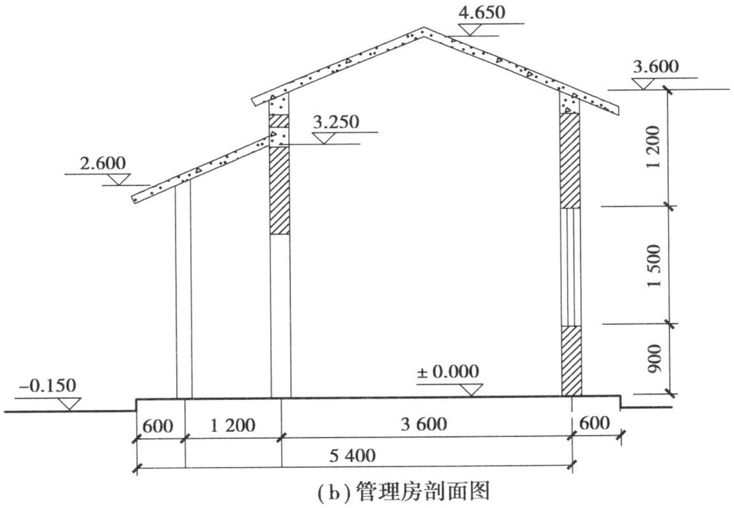

(b)管理房剖面图

图4.51　管理房

4.5 措施项目

一、单项选择题(每题的备选项中,只有1个最符合题意)

1. 编制措施项目清单的依据是(　　)。

A. 国家计价规范和计算规范

B. 拟订的施工组织设计和施工方案

C. 拟建工程的现场情况、工程特点及常见的施工方案

D. 招标文件

2. 本地区计价定额中“混凝土基础模板及支架”的计算规则一般是按照(　　)。

A. 模板与现浇混凝土基础的接触面积计算　　B. 水平投影面积计算

C. 垂直投影面积计算　　D. 现浇混凝土基础体积计算

3. 下列关于计量规范中模板及支架工程量计算的叙述正确的是(　　)。

A. 计算现浇混凝土直型墙模板及支架时,不扣除≤0.3 m^2 的孔洞,洞侧壁模板要增加

B. 现浇混凝土天沟按照模板与现浇构件的接触面积计算,按图示外挑部分尺寸的投影面积计算,挑出墙外的悬臂梁及板边不另行计算

C. 现浇混凝土台阶按图示台阶水平投影面积计算,台阶端头两侧不另计算

D. 扶手按照延长米计算

4. 现浇混凝土梁、板支撑高度超过(　　)m时,项目特征应描述支撑高度。

A. 3.0　　B. 3.6

C. 3.9　　D. 4.2

5. 本地区安全文明施工费的计算基础是(　　)。

A. 分部分项工程的定额人工费

B. 措施项目的定额人工费

C. 分部分项工程及单价措施项目(定额人工费+定额机械费)

D. 措施项目费

6. 某清单项目编码050101001001,前两位“05”表示的是(　　)。

A. 房屋建筑与装饰工程　　B. 房屋建筑工程

C. 安装工程　　D. 园林工程

7. 项目编码05B001 表示(　　)。

A. 该项目是园林工程的补充项目

B. 该项目是房屋建筑与装饰工程的补充项目

C. 该项目是安装工程的补充项目

D 该项目是市政工程的补充项目

二、多项选择题(每题的备选项中,有2个或2个以上符合题意,至少有1个错项)

1. 下列属于单价措施项目的有(　　)。

A. 脚手架　　B. 混凝土模板及支架

C. 材料二次搬运　　D. 冬雨季施工

E. 安全文明施工

2. 下列属于总价措施项目的有(　　)。

A. 草绳绕树干　　B. 树木支撑架

C. 安全文明施工　　D. 夜间施工

E. 已完工程及设备保护

3. 安全文明施工费包括(　　)。

A. 环境保护费　　B. 文明施工费

C. 安全施工费　　D. 临时设施费

E. 工程排污费

4. 措施项目清单包括(　　)。

A. 分部分项工程量清单　　B. 单价措施项目清单

C. 总价措施项目清单　　D. 其他项目清单

E. 规费清单

5. 工程量清单的编制依据有(　　)。

A. 工程量清单计算与计价规范　　B. 工程施工图纸

C. 投标人的要求　　D. 施工组织设计或施工方案

E. 招标人的要求

6. 分部分项工程量清单包括序号、项目编码、(　　)5 部分内容。

A. 计算规则　　B. 项目名称

C. 工作内容　　D. 计量单位

E. 工程量

7. 工程量清单的编制主体可以是(　　)。

A. 造价员　　B. 具有编制能力的招标人

C. 造价工程师　　D. 工程造价咨询人

E. 建设行政部门负责人

8. 编制招标工程量清单应依据(　　)。

A.《建设工程工程量清单计价规范》(GB 50500—2013)和工程量计算规范

B. 国家或省级行业建设主管部门颁发的计价定额和办法

C. 建设工程设计文件及相关文件

D. 施工现场情况、工程特点及常规施工方案、已审核的施工组织设计

E. 企业定额

三、判断题(正确的打"√",错误的打"×")

1. 措施项目清单必须根据相关工程现行国家计算规范的规定编制。(　　)

2. 措施项目必须按照规范列出的项目编制,不得自行补充。(　　)

3. 以 m^3 计量的模板及支架,其价格应该包含在混凝土及钢筋混凝土实体项目的综合单价汇总中,不单独编列项目。(　　)

4. 措施项目清单是依据施工组织设计或施工方案编制出来的。(　　)

5. 招标工程量清单必须作为招标文件的组成部分。(　　)

6. 计算规范中有两个或两个以上计量单位的清单项目,必须按照不同的计量单位分别计算工程量。(　　)

四、计算题

已知构造柱如图 4.52 所示,尺寸为 200 mm×200 mm,柱支模高度为 4.0 m,墙厚 200 mm,请计算构造柱模板工程量(结果保留两位小数)。

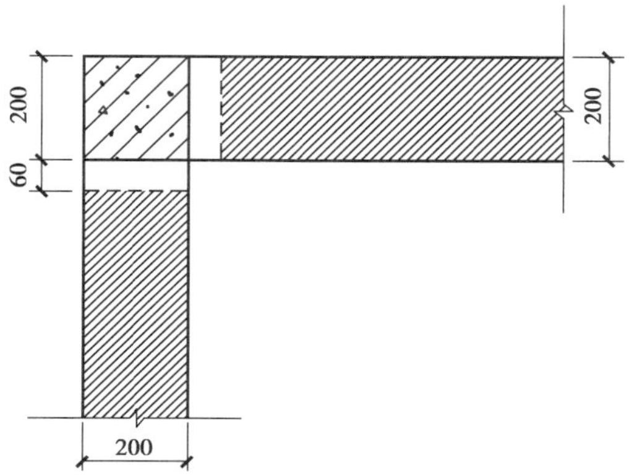

图 4.52 **构造柱示意图**

4.6　其他项目清单、规费、税金项目清单编制

一、单项选择题(每题的备选项中,只有1个最符合题意)

1.招标人在工程量清单中暂定并包括在合同价款中的,用于工程合同签订时尚未确定或不可预见的所需材料等采购、工程变更等价款调整以及索赔等支出的费用是(　　)。

A.暂列金额　　B.预留金

C.暂估价　　D.计日工

2.下列对暂列金额的说法,正确的是(　　)。

A.暂列金额不包括在合同价款中

B.暂列金额是计价规范中的零星工作项目费

C.暂列金额由发包人掌握使用

D.暂列金额由中标人掌握使用

3.本地区规费的计算基础是(　　)。

A.分部分项工程定额人工费

B.措施项目定额人工费

C.分部分项工程费+措施项目费

D.分部分项工程定额人工费+单价措施项目定额人工费

4.(　　)是指在施工过程中,承包人完成发包人提出的工程合同范围以外的零星项目或工作,按合同中约定的单价计价的一种方式。

A.暂列金额　　B.暂估价

C.计日工　　D.规费

5.规费清单中除了社会保险费、住房公积金外,还有(　　)。

A.安全文明施工费　　B.冬雨季施工费

C.工程排污费　　D.环境保护费

6.用于合同签订尚未确定或者不可预见的所需材料、工程设备、服务的采购,施工中可能发生的工程变更,合同约定调整因素出现时的合同价款调整以及发生的索赔、现场签证确认等费用的是(　　)。

A.暂列金额　　B.暂估价

C.其他项目费　　D.计日工

二、多项选择题(每题的备选项中,有2个或2个以上符合题意,至少有1个错项)

1.其他项目清单的内容主要有(　　)。

A.零星项目费　　B.暂列金额

C.计日工　　D.暂估价

E.总承包服务费

2.暂估价的内容包括(　　)。

A.人工暂估价　　B.材料暂估价

C.工程设备暂估价　　D.专业工程暂估价

E. 税金暂估价

3. 需要设置总承包服务费项目的情况是(　　)。

A. 发包人进行的专业工程发包

B. 承包人进行的专业工程分包

C. 发包人自行采购材料、工程设备,总承包人要进行保管等服务

D. 总承包人采购材料

E. 零星用工

4. 下列关于其他项目清单的编制,说法正确的有(　　)。

A. 暂列金额是预见肯定要发生而暂时无法明确数额的费用项目

B. 专业工程暂估价应包括除规费以外的所有综合单价构成内容

C. 需要纳入分部分项工程量清单项目综合单价中的暂估价是材料暂估价和工程设备暂估价

D. 总承包服务费包括总承包人为分包工程及自行采购材料、设备发生的管理费

E. 总承包服务费包括总承包人协调发包人进行的专业工程分包,对发包人自行采购的材料、工程设备进行保管以及施工现场管理竣工资料汇总整理等服务所需的费用

5. 规费项目清单的内容有(　　)。

A. 社会保险费　　B. 社会保障费

C. 住房公积金　　D. 工程排污费

E. 定额测定费

6. 下面属于社会保险费的有(　　)。

A. 养老保险费　　B. 失业保险费

C. 工伤保险费　　D. 医疗保险费

E. 生育保险费

三、判断题(正确的打"√",错误的打"×")

1. 在总价包干合同中,暂列金额全部属于中标人。(　　)

2. 不可竞争费用包括安全文明施工费、规费、税金。(　　)

3. 暂列金额是招标人提供的用于支付必然要发生但是暂时不能确定金额的一笔款项。(　　)

4. 材料暂估价在工程竣工结算时可以对材料单价进行调整,计入竣工结算造价。(　　)

5. 计日工适用的零星工作是指施工过程中应招标人要求而发生的,不是以实物计量和定价的零星项目所发生的费用。(　　)

6. 规费和税金可以作为竞争性费用。(　　)

7. 招标文件中提供了暂估单价的材料或工程设备,在计价时应按暂估单价计入综合单价。(　　)

8. 材料暂估价的单价应该包括材料买价、运杂费及采购保管费。(　　)

9. 专业工程暂估价应包括该专业工程的人工费、材料费、机具费、企业管理费、规费、利润、税金。(　　)

四、思考题

1. 建筑安装工程税金的内容包括哪些？

2. 规费和税金为何不能参与投标竞争？

五、案例题

某城市街心花园工程招标文件有如下内容：

(1)堆砌石假山工程另行发包，要求承包人完成堆砌石假山的制作、运输、安装。堆砌石假山图算量为2.58 t，按照350元/t(当时工程所在地招标期间造价信息)估算。总承包人应配合专业工程承包人完成以下工作：

①提供施工工作面并对现场进行统一管理，对竣工资料进行统一整理汇总。

②提供施工电源接入点，并承担电费。

(2)本工程以下材料暂估，见表4.16。

表4.16 材料暂估价表

序号	材料品种、规格	单位	暂估单价(根据招标人意见，结合当时本地区造价信息确定)/元
1	彩色方砖300 mm×300 mm×50 mm	m^2	30.00
2	花岗石 三合红600 mm×600 mm×20 mm	m^2	200.00

(3)按照本地区工种划分，填列计日工中的人工项目，数量暂列为10工日，材料、施工机具可暂不填列。

(4)该街心花园工程分部分项工程费2 230 000元，其中定额基价(即人工费+材料费+机具使用费)163 790.90元；单项措施项目费105 000元，其中定额基价(即人工费+材料费+机具使用费)98 900元。

请根据上述材料，利用现行计价表格编制该工程的其他项目清单。

习题5 园林工程造价计算

【练习目标】

(1)熟悉工程量清单的作用、编制主体、编制依据、编制程序;

(2)掌握综合单价的构成内容及编制方法;

(3)掌握招标控制价和投标报价包含的具体内容和计算方法;

(4)能编制招标控制价和投标报价。

5.1 分部分项工程费计算

一、单项选择题(每题的备选项中,只有1个最符合题意)

1.综合单价中的人工费的内容不包括(　　)。

A.计时工资　　B.津贴补贴

C.管理人员的工资　　D.加班加点工资

2.综合单价包含人工费、材料和工程设备费、施工机具使用费、企业管理费、利润和一定范围内的(　　)。

A.间接费　　B.措施项目费

C.规费　　D.风险费用

3.招标文件提供了暂估单价的材料,其费用应计入(　　)。

A.规费　　B.其他项目费

C.暂列金额　　D.综合单价

4.综合单价是针对一个分部分项工程项目或(　　)计算的。

A.单价措施项目　　B.总价措施项目

C.单位工程　　D.单项工程

5.非国有资金投资的建设工程,宜采用(　　)计价。

A.定额　　B.工程量清单

C.综合单价　　D.完全综合单价

6.依据《建筑工程施工发包与承包计价管理办法》,以下描述错误的是(　　)。

A. 最高投标限价应当依据工程量清单、工程计价有关规定和市场价格信息等编制

B. 招标人设有最高投标限价的，应当在招标时公布最高投标限价的总价

C. 招标时，工程量清单不应当作为招标文件的组成部分

D. 招标人设有最高投标限价的，应当在招标时公布最高投标限价的总价，以及各单位工程的分部分项工程费、措施项目费、其他项目费、规费和税金

7. 按工作程序，下列工作过程排序正确的是（　　）。

A. 计算综合单价→编制工程量清单→编制招标文件→汇总招标控制价

B. 汇总招标控制价→编制工程量清单→编制招标文件→计算综合单价

C. 编制招标文件→计算综合单价→汇总招标控制价→编制工程量清单

D. 编制工程量清单→计算综合单价→汇总招标控制价→编制招标文件

8. 编制标底或招标控制价时，确定综合单价的依据是（　　）。

A. 地区定额　　B. 行业定额

C. 企业定额　　D. 国家定额

9. 定额中的人工、材料、机械的（　　）是计算综合单价中人工费、材料费、机械费的基础。

A. 单价　　B. 消耗量

C. 单位成本　　D. 利用率

二、多项选择题（每题的备选项中，有2个或2个以上符合题意，至少有1个错项）

1. 综合单价中的材料费由材料原价、（　　）等构成。

A. 材料运输费　　B. 材料采购费

C. 利润　　D. 材料运输损耗费

E. 材料保管费

2. 工程成本由（　　）构成。

A. 税金　　B. 人、材、机费用

C. 企业管理费　　D. 规费

E. 利润

3. 定额按照编制单位和执行范围不同可分为（　　）。

A. 行业定额　　B. 企业定额

C. 地区定额　　D. 国家定额

E. 地方定额

4. 在定额中，人工、材料、机械的消耗量分别用（　　）表示。

A. 工日数　　B. 材料数量

C. 机械台班数　　D. 税率

E. 费率

三、判断题（正确的打“√”，错误的打“×”）

1. 综合单价中应包括招标文件中划分的应由投标人承担的风险范围及其费用。（　　）

2. 地区定额是由某地区建设行政主管部门每隔一段时间发布的，根据合理的施工组织设计制订的，在正常施工条件下生产一个规定计量单位工程合格产品所需人工、材料、机械台班的，适用于当地的社会平均消耗量的定额。（　　）

四、案例题

计算分部分项工程费。

(1)项目的清单工程量及计价工程量(表5.1和表5.2)

表5.1 分部分项工程量清单与计价表

<table>
<tr><th rowspan="3">序号</th><th rowspan="3">项目编码</th><th rowspan="3">项目名称</th><th rowspan="3">项目特征</th><th rowspan="3">计量单位</th><th rowspan="3">工程量</th><th colspan="3">金额/元</th></tr>
<tr><th rowspan="2">综合单价</th><th rowspan="2">合价</th><th>其中</th></tr>
<tr><th>定额人工费</th></tr>
<tr><td>1</td><td>010101004001</td><td>挖基坑土方</td><td>1. 土壤类别:三类土
2. 挖土深度
3. 弃土运距:100 m</td><td>m³</td><td>0.80</td><td></td><td></td><td></td></tr>
<tr><td>2</td><td>010501001001</td><td>基础垫层</td><td>1. 混凝土种类:商品混凝土
2. 混凝土强度等级:C15</td><td>m³</td><td>0.12</td><td></td><td></td><td></td></tr>
<tr><td>3</td><td>010401012001</td><td>零星砌砖—雕塑底座</td><td>1. 零星砌砖名称、部位:雕塑底座
2. 砖品种、规格、强度等级:MU15 页岩实心标砖,240 mm×115 mm×53 mm
3. 砂浆强度等级、配合比:M7.5 水泥砂浆(细砂)</td><td>m³</td><td>0.20</td><td></td><td></td><td></td></tr>
<tr><td colspan="4">小 计</td><td></td><td></td><td></td><td></td><td></td></tr>
</table>

表5.2 工程量计算表

序号	项目编码	项目名称	单位	清单工程量	计算式(略)
1	010101004001	挖基坑土方	m^3	0.80	
主项		人工挖基坑土方(2 m以内)	m^3	0.80	
副项		人力车运土方100 m	m^3	0.35	
2	010501001001	基础垫层	m^3	0.21	
		C15混凝土垫层	m^3	0.21	
3	010401012001	零星砌砖—雕塑底座	m^3	0.20	
		零星砌砖	m^3	0.20	

(2)相关条件

①人工费调增幅度为44%;

②施工机具使用费按当地规定予以计算;

③管理费和利润按定额计算或当地计价规定计算;

④其他条件(根据各地计价规定,其余条件可自行补充)。

(3)要求完成以下内容

①计算表5.3中各清单项目的综合单价(在此只提供一张某省综合单价分析表格,见表5.3,教学中请选择本省的综合单价分析表进行练习)。

②将综合单价填入表5.3中,并进行小计。

③涉及定额换算,应在“定额换算表”中写出换算过程。

表5.3 工程量清单综合单价分析表

<table>
<tr><td>项目编码</td><td colspan="2"></td><td>项目名称</td><td colspan="2"></td><td>计量单位</td><td colspan="2"></td><td>工程量</td><td colspan="2"></td></tr>
<tr><td colspan="12">清单综合单价组成明细</td></tr>
<tr><td rowspan="2">定额编号</td><td rowspan="2">定额项目名称</td><td rowspan="2">定额单位</td><td rowspan="2">数量</td><td colspan="4">单 价</td><td colspan="4">合 价</td></tr>
<tr><td>人工费</td><td>材料费</td><td>机械费</td><td>管理费和利润</td><td>人工费</td><td>材料费</td><td>机械费</td><td>管理费和利润</td></tr>
<tr><td></td><td></td><td></td><td></td><td></td><td></td><td></td><td></td><td></td><td></td><td></td><td></td></tr>
<tr><td></td><td></td><td></td><td></td><td></td><td></td><td></td><td></td><td></td><td></td><td></td><td></td></tr>
<tr><td></td><td></td><td></td><td></td><td></td><td></td><td></td><td></td><td></td><td></td><td></td><td></td></tr>
<tr><td colspan="8">小 计</td><td></td><td></td><td></td><td></td></tr>
<tr><td colspan="8">未计价材料费</td><td colspan="4"></td></tr>
<tr><td colspan="8">清单项目综合单价</td><td colspan="4"></td></tr>
<tr><td rowspan="6">材料费明细</td><td colspan="5">主要材料名称、规格、型号</td><td>单位</td><td>数量</td><td>单价/元</td><td>合价/元</td><td>暂估单价/元</td><td>暂估合价/元</td></tr>
<tr><td colspan="5"></td><td></td><td></td><td></td><td></td><td></td><td></td></tr>
<tr><td colspan="5"></td><td></td><td></td><td></td><td></td><td></td><td></td></tr>
<tr><td colspan="5"></td><td></td><td></td><td></td><td></td><td></td><td></td></tr>
<tr><td colspan="7">其他材料费</td><td>—</td><td></td><td>—</td><td></td></tr>
<tr><td colspan="7">材料费小计</td><td>—</td><td></td><td>—</td><td></td></tr>
</table>

5.2 措施项目费计算

一、单项选择题(每题的备选项中,只有1个最符合题意)

1. 除基础砌砖不计砌筑脚手架外,凡砌筑各种墙、柱及地沟,高度在(　　)以上者,均须计算砌筑脚手架。

A. 1.2 m　　B. 1.5 m

C. 1.6 m　　D. 1.8 m

2. 高度超过(　　)的内墙面装饰不能利用原砌筑脚手架时,可计算装饰脚手架。

A. 1.8 m　　B. 2.5 m

C. 3.6 m　　D. 5.0 m

3. 建筑的檐口高度,是指(　　)至檐口滴水的高度。

A. 设计室内地坪　　B. 屋面板上表面

C. 屋面板下表面　　D. 设计室外地坪

4. 纪念及观赏性景观项目的垂直运输机械工程量按(　　)。

A. 合同总日历天数以“天”计算　　B. 合同总工作日天数以“天”计算

C. 建筑面积　　D. 檐口高度

5. 围堰高度(　　)施工期内可能出现的最高水位。

A. 低于　　B. 高于

C. 等于　　D. 无关

6. 措施费本应是市场竞争费用,待我国建筑市场竞争秩序逐步走上正轨后,措施费都应由(　　)确定。

A. 建设行政主管部门　　B. 国务院

C. 企业自行　　D. 地方政府

二、多项选择题(每题的备选项中,有2个或2个以上符合题意,至少有1个错项)

1. 措施项目费包括(　　)。

A. 规费　　B. 单价措施项目费

C. 暂列金额　　D. 总价措施项目费

E. 总承包服务费

2. 下列属于园林工程单价措施项目费的有(　　)。

A. 垂直运输费　　B. 草绳绕树干

C. 安全文明施工费　　D. 搭设遮阴(防寒)棚工程费

E. 围堰、排水工程费

3. 根据《园林绿化工程工程量计算规范》(GB 50858—2013)的规定,“亭脚手架”有(　　)两种工程量计算规则可供选择。

A. 座　　B. m^3

C. m　　D. m^2

E. kg

4. 根据《园林绿化工程工程量计算规范》(GB 50858—2013)的规定,垂直绿化项目的垂直运输机械工程量按(　　)。

A. 垂直绿化面积以 m^2 计算　　B. 垂直绿化长度以延长米计算

C. 垂直绿化体积以 m^3 计算　　D. 垂直绿化项目整体数量以“项”计算

E. 忽略不计

5. 以下以“株”为计量单位计算工程费用的措施项目有(　　)。

A. 搭设遮阴(防寒)棚　　B. 草绳绕树干

C. 树木支撑架　　D. 反季节栽植影响措施

E. 围堰

6. 总价措施项目费的计算基数可以是(　　)。

A. 分部分项工程费

B. 措施项目费

C. 分部分项工程费与措施项目费之和

D. 定额人工费

E. 定额人工费与定额机械费之和

三、案例题

1. 总价措施项目费计算。

某城市街心花园工程位于××省××市区,建筑面积 752.73 m^2。该工程的分部分项工程及单价措施项目费 5 398 000 元,其中定额人工费 123 740.52 元,定额机械费 16 610.75 元,定额直接工程费(即人工费+材料费+施工机具使用费)467 820.90 元。

(1)补充相关条件。(教师或学生根据当地情况完善)

(2)清单编制人根据招标文件中明确的工期、施工季节、工程现场情况等,在招标工程量清单中列出了安全文明施工费、夜间施工费、冬雨季施工费 3 个总价措施项目。

(3)根据以上条件,结合本地区计价规定计算该工程的总价措施项目费,并填入表 5.4 中。

表 5.4　总价措施项目清单与计价表

序号	项目编码	项目名称	计算基础	费率/%	金额/元	调整费率/%	调整后金额/元	备注
1		安全文明施工费						
2		夜间施工费						
3		冬雨季施工费						
合　计								

2. 单价措施项目计算

(1)已知以下措施项目工程量,见表5.5。

表5.5 措施项目工程量

序号	项目编码	项目名称	项目特征	清单工程量	计价项目	计价工程量
1	050401001001	砌筑脚手架	1、搭设方式:单排 2、墙体高度:3 m	30.00 m^2	主项:砌筑脚手架	30.00 m^2
					副项:无	
2	050402004001	现浇混凝土花架柱模板及支架	断面尺寸:300 mm×300 mm	28.80 m^2	主项:现浇混凝土花架柱模板及支架	28.80 m^2
					副项:自行判断	
3	050403003001	搭设遮阴棚	1. 搭设高度:3.1 m 2. 搭设材料种类规格:单层遮阴网	47.20 m^2	主项:搭设遮阴棚(高度≤5 000 mm)	47.20 m^2
					副项:无	

(2)相关计价条件。

①本地区当前措施项目人工费调增幅度为(　　　)。

②施工机具使用费按当地规定予以计算。

③管理费和利润按定额计算或当地计价规定计算。

④其他条件(根据各地计价规定,其余条件由老师补充)。

(3)要求:完成表5.5中单价措施项目的综合分析。

5.3　其他项目费、规费及税金计算

一、单项选择题(每题的备选项中,只有1个最符合题意)

1. 安全文明施工费不得作为竞争性费用,(　　)也不得作为竞争性费用。

A. 规费和利润　　B. 规费和税金

C. 税金和利润　　D. 管理费和利润

2. 若发包人要求承包人采购已在招标文件中确定为甲供材料的,材料价格应(　　),并应另行签订补充协议。

A. 按工程造价管理机构发布的工程造价信息价格

B. 按招标文件或招标工程量清单中给定的价格

C. 由承包人确定

D. 由发、承包双方根据市场调查确定

3. 材料暂估价表中的材料单价由(　　)在工程量清单中直接给出。

A. 投标人　　B. 招标人

C. 建设行政主管部门　　D. 造价咨询企业

4. 根据本地区计价定额规定,编制招标控制价时,当招标人仅要求总承包人对其发包专业工程进行施工现场协调和统一管理、对竣工资料进行统一汇总整理等服务时,总承包服务费可按发包的专业工程估价的(　　)计算。

A. 0.5%　　B. 1%

C. 1.5%　　D. 2%

5. 根据本地区计价定额规定,编制招标控制价时,当招标人要求总承包人对其发包专业工程既进行施工现场管理协调,又要求提供相应配套服务时(如分包工程需要的脚手架、用水用电等),总承包服务费可按发包的专业工程估价的(　　)计算。

A. 1% ~3%　　B. 2% ~4%

C. 3% ~5%　　D. 4% ~6%

6. 根据本地区计价定额规定,甲供材料的配合协调费可按甲供材料费用的(　　)计算。

A. 2%　　B. 1.5%

C. 1%　　D. 0.5%

二、多项选择题(每题的备选项中,有2个或2个以上符合题意,至少有1个错项)

1. 有(　　)等情况时,应计算总承包服务费。

A. 招标人自行供应设备　　B. 招标人自行供应材料

C. 由招标人发包的专业工程　　D. 计日工

E. 材料完全由承包人采购

2. 下列关于暂列金额和暂估价的说法,正确是(　　)。

A. 暂列金额是在施工中必然会发生的款项,而暂估价是在施工中可能会发生的金额

B. 暂列金额和暂估价都包含在合同价款中

C. 暂列金额不包含在合同价款中,而暂估价包含在合同价款中

D. 暂列金额是在施工中可能会发生的款项，而暂估价在施工中是必然会发生的金额

E. 投标报价时二者的金额都不确定，竣工结算时以实际发生值为准

3. 社会保险费的计费基础是(　　)。

A. 分部分项清单定额人工费　　B. 分部分项清单人工费

C. 单价措施项目定额人工费　　D. 单价措施项目人工费

E. 分部分项工程费

4. 根据我国现行税法规定，建筑安装工程的税金包括(　　)。

A. 增值税　　B. 城市维护建设税

C. 教育费附加　　D. 地方教育附加

E. 营业税

三、判断题(正确的打"√"，错误的打"×")

1. 材料暂估价不计算具体金额，只列出"材料暂估价表"。报价时，材料暂估价表中的材料费计入"分部分项工程费"。(　　)

2. 材料暂估价表中的材料单价，结算时这些材料根据实际单价调整结算时的"分部分项工程费"。(　　)

3. 社会保险费、住房公积金在计算招标控制价时按费率的最低限计算。(　　)

4. 工程排污费按工程所在地环保部门规定按实计算。(　　)

四、案例题

1. 请根据4.6节中"案例题"的资料，结合本地区计价规定确定其他项目费，填入表5.6中。(注：明细表未在此提供，可自行补充或在备注栏写出计算过程)

表5.6　其他项目清单与计价汇总表

序号	项目名称	金额/元	结算金额	备注
1	暂列金额			
2	暂估价			
2.1	材料工程(设备暂估价)			
2.2	专业工程暂估价			
3	计日工			
4	总承包服务费			
	合　计			

2. 计算规费和税金。

已知：

(1)某城市街道街心花园工程位于××省××市区，建筑面积752.73 m^2。该工程的分部分项工程费5 398 000元，其中定额人工费123 740.52元，定额直接工程费(即人工费+材料费+施工机具使用费)467 820.90元。

(2)单价措施项目费301 000元，其中人工费6 200元，定额人工费3 400元，定额基价直接工程费(即人工费+材料费+施工机具使用费)273 800元。

(3)总价措施项目见表5.4。

(4)其他项目见表5.6。

(5)规费的内容和费率按本地区计价规定计取。

(6)税金的税率按计价规定计取。

要求:

(1)补充相关条件(教师或学生根据当地情况完善)。

(2)计算规费和税金,并填制规费、税金项目计价表(表5.7)。

表5.7　规费、税金项目计价表

序号	项目名称	计算基础	计算基数	计算费率/%	金额/元
1	规费				
2	税金				
	小计	—	—	—	

3. 招标控制价汇总。

已知:

(1)某城市街道街心花园工程位于××省××市区,建筑面积752.73 m^2。该工程的分部分项工程费5 398 000元,其中定额人工费123 740.52元,定额直接工程费(即人工费+材料费+施工机具使用费)467 820.90元。

(2)单价措施项目费301 000元,其中人工费6 200元,定额人工费3 400元。

(3)总价措施项目见表5.4。

(4)其他项目见表5.6。

(5)规费和税金见表5.7。

要求:

(1)补充相关条件(教师或学生根据当地情况完善)。

(2)根据以上条件,编制单位工程招标控制价汇总表,见表5.8。

表5.8 单位工程招标控制价汇总表

序号	汇总内容	金额/元	其中:暂估价/元
1	分部分项及单价措施项目		
1.1	绿化工程		
	……		
2	总价措施项目		
2.1	其中:安全文明施工费		
3	其他项目		
3.1	其中:暂列金额		
3.2	其中:专业工程暂估价		
3.3	其中:计日工		
3.4	其中:总承包服务费		
4	规费		
5	税金		
招标控制价合计=1+2+3+4+5			

参考文献

[1] 中华人民共和国住房和城乡建设部. 建设工程工程量清单计价规范(GB 50500—2013)[S]. 北京:中国计划出版社,2013.
[2] 中华人民共和国住房和城乡建设部. 园林绿化工程工程量计算规范(GB 50858—2013)[S]. 北京:中国计划出版社,2013.
[3] 中华人民共和国住房和城乡建设部. 房屋建筑与装饰工程工程量计算规范(GB 50854—2013)[S]. 北京:中国计划出版社,2013.
[4] 中华人民共和国住房和城乡建设部. 建设工程建筑面积计算规范(GB/T 50353—2013)[S]. 北京:中国计划出版社,2013.
[5] 规范编写组. 2013 建设工程计价计量规范辅导[M]. 北京:中国计划出版社,2013.
[6] 全国造价工程师职业资格考试培训教材编审委员会. 建设工程技术与计量(土木建筑工程)[M]. 北京:中国计划出版社,2019.
[7] 四川省建设工程造价管理总站. 四川省建设工程工程量计价定额宣贯材料[M]. 北京:中国计划出版社,2014.
[8] 四川省建设工程造价总站. 四川省建设工程工程量清单计价定额——编制说明[M]. 成都:四川科学技术出版社,2020.
[9] 中华人民共和国住房和城乡建设部. 民用建筑通用规范(GB/T 55031—2022)[S]. 北京:中国建筑工业出版社,2022.